微积分

第二版

下　册

刘华祥
曾广洪
吴庆初
桂国祥
编

高等教育出版社·北京

内容提要

本书是在适应21世纪高校课程体系和数学课程教学内容改革需要的背景下，编者根据自身多年的教学经验和教学改革的研究成果，以"经济管理类本科数学基础课程教学基本要求"为指导编写而成的。

本书共分上、下两册。下册包括多元函数微分学、二重积分、微分方程与差分方程、无穷级数，书末还附有极坐标及空间向量知识简介。本书在例题选取上注重启发性、代表性和示范性，在难度安排上遵循循序渐进、梯度推进的原则。本书图表丰富，选编的习题题型多样，题量和难度适中。在保持第一版基本结构和风格的基础上，全书纸质内容与数字化资源一体化设计，紧密配合，数字化资源包括微视频、数学实验、部分习题参考答案与提示等，在提升课程教学效果的同时，为学生提供了更广的探索空间，呈现出一个非线性网络型的立体系统。

本书可作为高等学校经济管理类和生物化学类本科各专业的微积分教材或教学参考书。

图书在版编目(CIP)数据

微积分．下册／刘华祥等编．--2版．--北京：高等教育出版社，2021.1

ISBN 978-7-04-055379-6

Ⅰ.①微…　Ⅱ.①刘…　Ⅲ.①微积分-高等学校-教材　Ⅳ.①O172

中国版本图书馆CIP数据核字(2020)第273065号

策划编辑　胡　颖　　责任编辑　胡　颖　　封面设计　王　鹏　　版式设计　马　云
插图绘制　黄云燕　　责任校对　胡美萍　　责任印制　耿　轩

出版发行　高等教育出版社
社　　址　北京市西城区德外大街4号
邮政编码　100120
印　　刷　北京宏伟双华印刷有限公司
开　　本　787mm×960mm　1/16
印　　张　11.5
字　　数　220千字
购书热线　010-58581118
咨询电话　400-810-0598

网　　址　http://www.hep.edu.cn
　　　　　http://www.hep.com.cn
网上订购　http://www.hepmall.com.cn
　　　　　http://www.hepmall.com
　　　　　http://www.hepmall.cn
版　　次　2015年3月第1版
　　　　　2021年1月第2版
印　　次　2021年1月第1次印刷
定　　价　23.50元

物 料 号　55379-00

微积分

第二版

下 册

刘华祥

曾广洪

吴庆初

桂国祥

1 计算机访问http://abook.hep.com.cn/1248635，或手机扫描二维码、下载并安装Abook应用。

2 注册并登录，进入“我的课程”。

3 输入封底数字课程账号（20位密码，刮开涂层可见），或通过Abook应用扫描封底数字课程账号二维码，完成课程绑定。

4 单击“进入课程”按钮，开始本数字课程的学习。

课程绑定后一年为数字课程使用有效期。受硬件限制，部分内容无法在手机端显示，请按提示通过计算机访问学习。

如有使用问题，请发邮件至abook@hep.com.cn。

http://abook.hep.com.cn/1248635

目录

第7章　多元函数微分学 …… 1

7.1　空间解析几何初步　多元函数 …… 1
7.2　二元函数的极限与连续性 …… 18
7.3　偏导数 …… 23
7.4　全微分 …… 30
7.5　多元复合函数求导法则 …… 37
7.6　隐函数求导公式 …… 44
7.7　多元函数的极值 …… 47
总习题七 …… 57

第8章　二重积分 …… 60

8.1　二重积分的概念及性质 …… 60
8.2　二重积分的计算 …… 65
总习题八 …… 83

第9章　微分方程与差分方程 …… 86

9.1　微分方程的基本概念 …… 86
9.2　一阶微分方程 …… 90
9.3　可降阶的高阶微分方程 …… 98
*9.4　二阶常系数线性微分方程 …… 100
9.5　微分方程的应用 …… 106
9.6　差分方程的基本概念 …… 111
9.7　一阶常系数线性差分方程 …… 115
*9.8　二阶常系数线性差分方程 …… 118

*9.9 差分方程的应用 …… 121
总习题九 …… 123

第10章 无穷级数 …… 128

10.1 常数项级数的概念与性质 …… 128
10.2 常数项级数审敛法 …… 134
10.3 幂级数 …… 145
10.4 函数展开成幂级数 …… 151
10.5 幂级数的应用 …… 159
总习题十 …… 162

附录 极坐标及空间向量知识简介 …… 166

参考文献 …… 174

部分习题参考答案与提示 …… 175

第7章

多元函数微分学

在上册中，我们研究了一元函数的微积分，主要按照函数概念、极限、连续、微分、积分这样一条研究路径，展开了对一元函数的各种特性的讨论，建立了一元微积分的基本理论. 然而现实世界中所遇到的函数，往往不是单个变量的函数，而是依赖于两个或更多个变量，即多元函数. 所以我们需要将一元函数微积分的基本概念推广到多元函数. 这就是本章及下一章将要学习的内容——多元函数微积分. 多元微积分是在一元微积分的基础上发展起来的，研究的线索基本与一元微积分平行. 但是，当把一元微积分中的有关内容和方法从一元函数推广到二元函数时，会出现某些本质上新的特殊知识；而从二元函数转到 $n(n\geqslant 3)$ 元函数时，本质上较特殊的新知识相对来说就少了. 因此，我们以后主要研究二元微积分的理论和方法，有关二元函数的结论和研究方法，一般可以推广到 $n(n\geqslant 3)$ 元函数.

虽然多元微积分的很多规律基本上与一元微积分相同，但仍有其自身的特殊性，且其内容更丰富，应用也更广泛. 因此，在学习多元微积分时，要加强与一元微积分的对比，弄清楚多元微积分与一元微积分的异同，特别要留心它们的差异.

7.1 空间解析几何初步 多元函数

我们生活的世界是一个三维空间，因此不仅有关微积分应用的许多实际问题离不开这个空间，而且多元微积分的发展也需要立足于这个三维空间的数学描述. 事实上，最基本的二元函数的图像就是空间直角坐标系下的曲面，因此空间解析几何成为研究二元函数微积分的基本工具之一. 本节将介绍空间解析几何的初步知识.

本节的另一个重点内容是介绍平面点集及二元函数的基本概念,这是多元微积分的主要讨论对象.

7.1.1 空间直角坐标系

1. 空间直角坐标系的概念

所谓空间解析几何,就是用代数的观点和方法研究空间的几何图形. 为此,需要把空间中的点和三元有序数组对应起来. 和平面解析几何一样,可通过建立空间直角坐标系来实现这种点与有序数组之间的一一对应.

为了建立空间直角坐标系,在空间中取定一点 O,自点 O 作三条互相垂直的数轴 Ox,Oy,Oz,依次记为 x **轴**(横轴)、y **轴**(纵轴)、z **轴**(竖轴),统称为**坐标轴**. 它们构成了一个空间直角坐标系,称为 $Oxyz$ 坐标系,其中 O 称为坐标原点. 通常把 x 轴和 y 轴置于水平面上,z 轴置于铅直位置,并按右手法则规定它们的正向,即右手握住 z 轴,大拇指朝上为 z 轴的正向,其余四指从 x 轴的正向以$\frac{\pi}{2}$角度转向 y 轴的正向,如图 7.1 所示. 三条坐标轴两两分别确定一个平面,这样定出的三个相互垂直的平面统称为**坐标面**,其中由 x 轴和 y 轴确定的坐标面记为 xOy **面**,由 y 轴和 z 轴确定的坐标面记为 yOz **面**,由 z 轴和 x 轴确定的坐标面记为 zOx **面**. 三个坐标面把空间分成八部分,每一部分叫做一个**卦限**. 其中在上半空间($z>0$)中,含有 x 轴、y 轴和 z 轴正半轴的那个卦限叫做**第一卦限**,从它数起,按逆时针顺序依次为第一、第二、第三、第四卦限;在下半空间($z<0$)中,与第一、第二、第三、第四卦限依次对应的为第五、第六、第七、第八卦限. 这八个卦限分别用字母Ⅰ、Ⅱ、Ⅲ、Ⅳ、Ⅴ、Ⅵ、Ⅶ、Ⅷ表示,如图 7.2 所示.

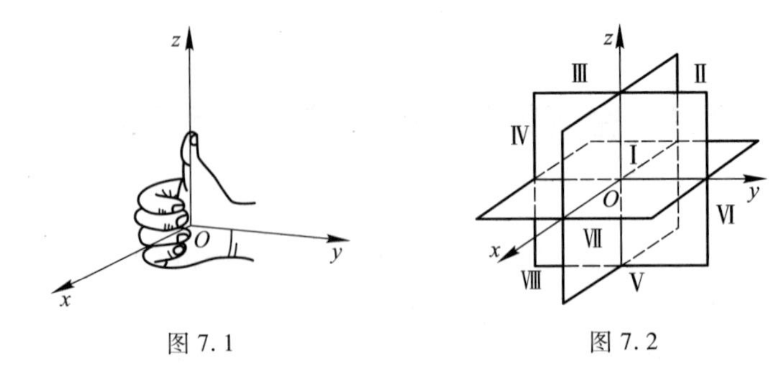

图 7.1　　图 7.2

在空间直角坐标系中，设点 M 为空间中任意一点，过点 M 分别作垂直于 x 轴、y 轴、z 轴的平面，垂足为 A,B,C. 设点 A,B,C 在 x 轴、y 轴、z 轴上的坐标分别为 x,y,z，此时点 M 与有序实数组 (x,y,z) 是一一对应关系，有序实数组 (x,y,z) 称为点 M 的**空间坐标**，记为 $M(x,y,z)$，其中 x,y,z 分别叫做点 M 的**横坐标**、**纵坐标**、**竖坐标**，如图 7.3 所示.

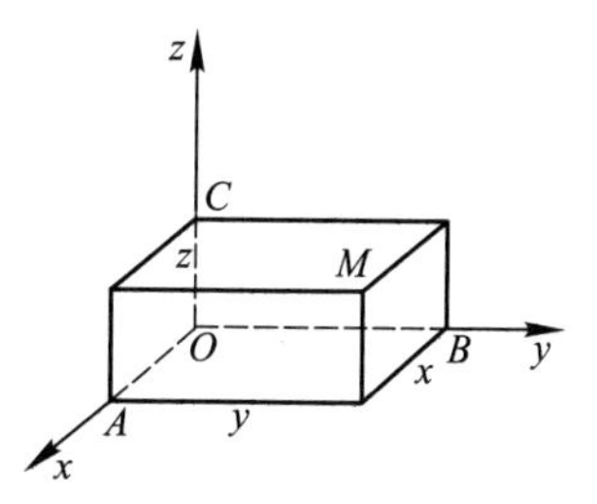

图 7.3

2. 空间两点间的距离

将平面直角坐标系下任意两点之间的距离公式加以推广，便得到空间直角坐标系下两点之间的距离公式. 推导过程如下：

设 $M_1(x_1,y_1,z_1)$，$M_2(x_2,y_2,z_2)$ 为空间直角坐标系中任意两点，记点 M_1 和 M_2 之间的距离为 $|M_1M_2|$. 如图 7.4 所示，过点 M_1 和 M_2 各作三个分别垂直于坐标轴的平面，这六个平面围成一个以 M_1M_2 为对角线的长方体，此长方体的三条边 M_1P，PN 和 NM_2 的长分别为

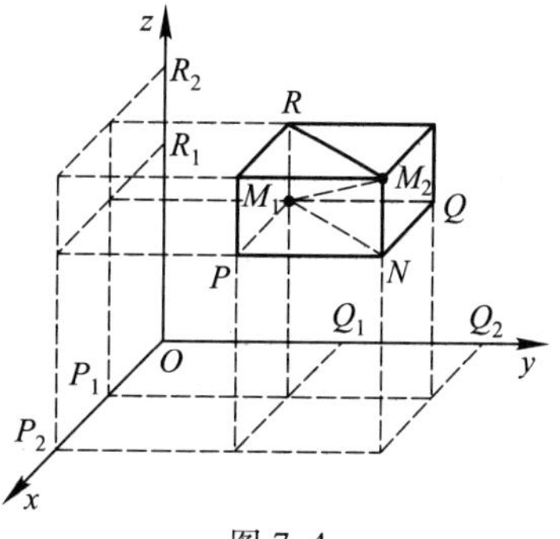

图 7.4

$$|M_1P|=|x_2-x_1|,$$
$$|PN|=|y_2-y_1|,$$
$$|NM_2|=|z_2-z_1|.$$

两次运用勾股定理可得

$$\begin{aligned}|M_1M_2|^2&=|M_1N|^2+|NM_2|^2\\&=|M_1P|^2+|PN|^2+|NM_2|^2\\&=(x_2-x_1)^2+(y_2-y_1)^2+(z_2-z_1)^2,\end{aligned}$$

从而点 M_1 和 M_2 之间的距离为

$$|M_1M_2|=\sqrt{(x_2-x_1)^2+(y_2-y_1)^2+(z_2-z_1)^2}.$$

特别地，点 $M(x,y,z)$ 到坐标原点 $O(0,0,0)$ 的距离为

$$|OM|=\sqrt{x^2+y^2+z^2}.$$

例 7.1 证明：点 $P(3,1,2)$ 到点 $A(2,-1,3)$ 和点 $B(4,3,1)$ 的距离相等.

证 利用两点之间的距离公式得

$$|PA|=\sqrt{(2-3)^2+(-1-1)^2+(3-2)^2}=\sqrt{1+4+1}=\sqrt{6},$$

$$|PB|=\sqrt{(4-3)^2+(3-1)^2+(1-2)^2}=\sqrt{1+4+1}=\sqrt{6},$$

所以

$$|PA|=|PB|.$$

即点 P 到点 A 和点 B 的距离相等.

7.1.2 空间曲面与空间曲线简介

1. 曲面及其方程

曲面是日常生活中所见的各种物体表面形状的数学抽象,而曲线则可以视为运动着的物体在空间经过的路径的抽象. 在空间解析几何中,无论是曲面还是曲线,我们都把它们看成具有某种特定性质的动点的轨迹.

定义 7.1 在空间直角坐标系中,对于给定曲面 S 和三元方程 $F(x,y,z)=0$,如果曲面 S 上任一点的坐标都满足方程 $F(x,y,z)=0$,而不在曲面 S 上的点的坐标都不满足该方程,则称方程 $F(x,y,z)=0$ 为**曲面 S 的方程**,而曲面 S 就称为**方程 $F(x,y,z)=0$ 的图形**.

上述定义表明,曲面方程规定了曲面上任意点的坐标之间存在的关系,它是曲面上的动点 $M(x,y,z)$ 在运动过程中所具有的特定性质的表示.

例 7.2 求以 $C(a,b,c)$ 为中心,以 r 为半径的球面方程.

解 由定义,球面是所有到点 C 的距离为 r 的点组成的集合(图 7.5). 所以,点 $M(x,y,z)$ 在球面上当且仅当

$$|MC|=r.$$

两边平方得 $|MC|^2=r^2$,通常写成

$$(x-a)^2+(y-b)^2+(z-c)^2=r^2.$$

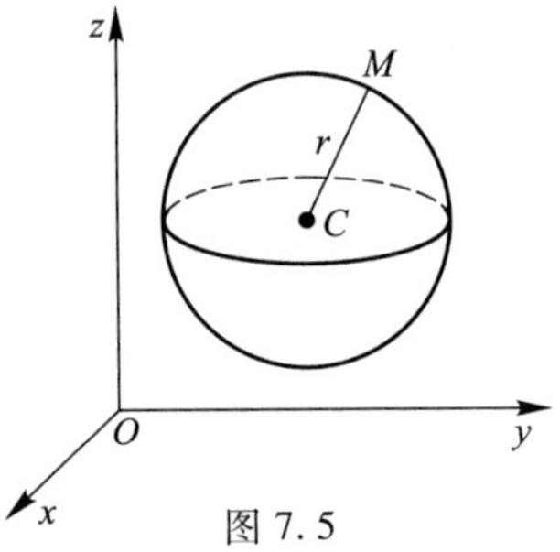

图 7.5

特别地,如果球面中心在原点 O,则该球面方程为

$$x^2+y^2+z^2=r^2.$$

在微积分中经常用到的空间曲面包括平面、柱面、旋转曲面和二次曲面,下面对它们的图形及其方程作简要介绍.

2. 平面及其方程

虽然几何中的平面是一个原始概念,但我们可以把它纳入空间解析几何的曲面范畴. 可以证明(见附录),**平面的一般方程**为三元一次方程

$$Ax+By+Cz+D=0,$$

其中 A,B,C 是不全为零的常数,D 是常数.

根据平面的一般方程,容易写出一些具有特殊位置的平面方程. 例如,通过坐标原点 $O(0,0,0)$ 的平面方程具有形式 $Ax+By+Cz=0$,换言之,经过原点的平面方程的常数项为 0;平行于 x 轴的平面方程具有形式 $By+Cz+D=0$,即平行于 x 轴的平面方程不含变量 x 的项;平行于 xOy 面的平面方程具有形式 $Cz+D=0$,即平行于 xOy 面的平面方程不含变量 x 和变量 y 的项,特别地,xOy 面的方程为 $z=0$,等等. 还可以类似写出其他具有特殊位置的平面方程,实际应用中关键是掌握这类具有特殊位置的平面方程所具有的规律,只有这样,才能触类旁通,灵活应用,而无须硬记.

例 7.3 求经过点 $P_0(-1,-3,4)$ 且通过 y 轴的平面 Π 的方程.

解 因为平面 Π 通过 y 轴,所以其方程具有形式

$$Ax+Cz=0,$$

其中 A,C 不全为零. 又因为平面 Π 经过点 $P_0(-1,-3,4)$,所以将 P_0 代入上式,得 $-A+4C=0$. 取 $A=4$,得 $C=1$. 故平面 Π 的方程为

$$4x+z=0.$$

3. 柱面及其方程

柱面是平面的推广,直观上看它是由直线织成的曲面. 下面给出柱面的定义.

定义 7.2 在空间中,给定直线 l 和曲线 C,则由平行于 l 的动直线沿曲线 C 平行移动所形成的曲面称为**柱面**. 曲线 C 称为此柱面的**准线**,动直线称为此柱面的**母线**(图 7.6).

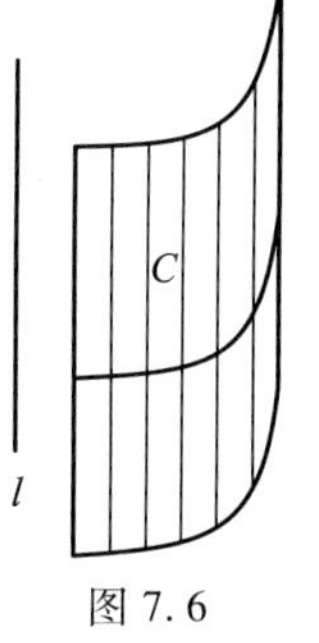

图 7.6

由定义可以看出,柱面由它的准线和母线完全确定. 但柱面的准线并不唯一,事实上,一个柱面的准线有无穷多,例如,任何与母线不平行的平面与柱面的交线都可以作为该柱面的准线. 下面我们来建立柱面的方程. 为简单起见,我们只讨论母线平行于坐标轴,且准线在坐标面上的柱面.

设柱面 S 的母线平行于 z 轴,准线 C 是 xOy 面上的曲线 $f(x,y)=0$. 如图 7.7 所示,在 S 上任取一点 $M(x,y,z)$,由柱面定义,过 M 的母线(平行于 z 轴)与 xOy 面的交点 $P(x,y,0)$ 必在准线 C 上,所以 $P(x,y,0)$ 的坐标满足方程 $f(x,y)=0$. 但这个方程不含 z 的项,因此点 $M(x,y,z)$ 的坐标也满足方程

$$f(x,y)=0.$$

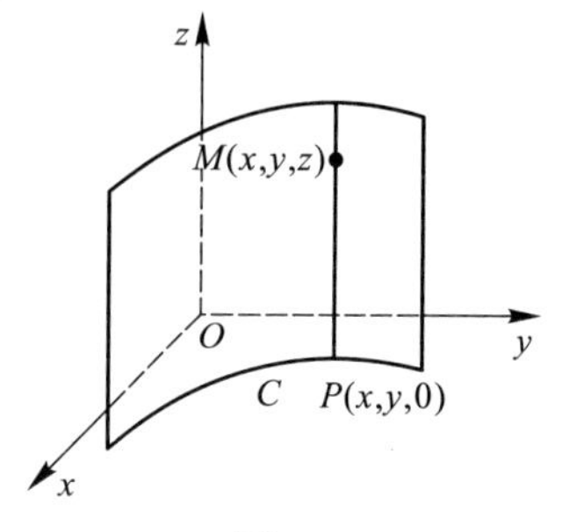

图 7.7

反过来,若点 $M(x,y,z)$ 的坐标满足方程 $f(x,y)=0$,则点 $P(x,y,0)$ 在准线 C 上,从而 $M(x,y,z)$ 在过点

$P(x,y,0)$的母线上，即 $M(x,y,z)$ 在柱面 S 上. 综上可知，在空间直角坐标系中，方程 $f(x,y)=0$ 就是以 xOy 面上曲线 C 为准线，母线平行于 z 轴的柱面方程.

同理可知，在空间直角坐标系中，只含 y,z 而不含 x 的方程 $\varphi(y,z)=0$ 和只含 x,z 而不含 y 的方程 $\psi(x,z)=0$ 分别表示母线平行于 x 轴和 y 轴的柱面.

这里需要特别注意的是，同样一个二元方程，在二维平面上，它表示曲线；而在三维空间中，它又表示一个柱面，且方程中缺三个变量中哪个变量，该柱面的母线就平行于所缺的那个变量对应的坐标轴. 所以，对于只含有两个变量的方程，它究竟代表平面曲线还是空间柱面，要视其是属于二维平面还是三维空间而定. 例如，限制在平面上考虑，$y+z=1$ 表示直线，$x^2+y^2=a^2$ 表示圆，$x^2=2pz$ 表示抛物线，它们都是平面曲线；而在空间中考虑，$y+z=1$ 代表母线平行于 x 轴的柱面（其实是平面，图 7.8(a)中仅画出第Ⅰ卦限部分图形），$x^2+y^2=a^2$ 代表母线平行于 z 轴的圆柱面（图 7.8(b)），$x^2=2pz$ 表示母线平行于 y 轴的抛物柱面（图 7.8(c)）.

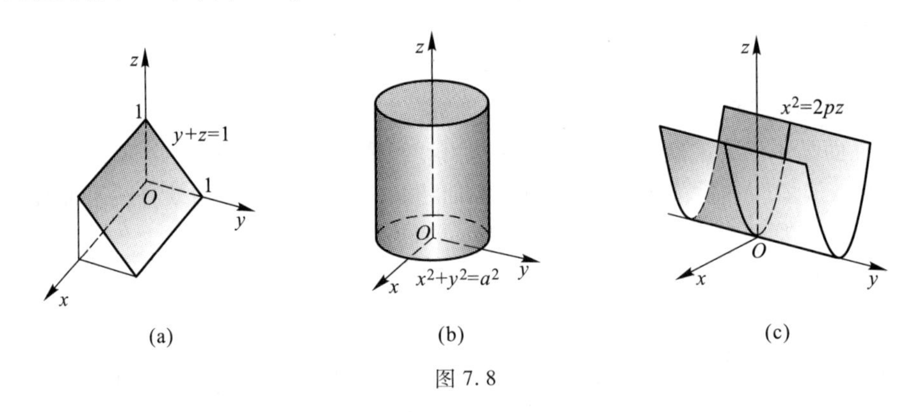

图 7.8

4. 旋转曲面及其方程

直观上看，旋转曲面是由一族形状相同的曲线沿着圆周织成的. 下面给出旋转曲面的定义.

微视频
旋转曲面及其方程

定义 7.3 给定同一平面上的曲线 C 和直线 l，则由曲线 C 绕直线 l 旋转一周所形成的曲面叫做**旋转曲面**，定直线叫做**旋转轴**，曲线 C 叫做**生成线**.

为了建立旋转曲面的方程，取 z 轴为旋转轴，曲线 C 在 yOz 面上，设其方程为 $f(y,z)=0$，C 绕 z 轴旋转一周得旋转曲面 S（图 7.9）. 设 $M(x,y,z)$ 是空间中任一点，过点 $M(x,y,z)$ 作垂直于 z 轴的平

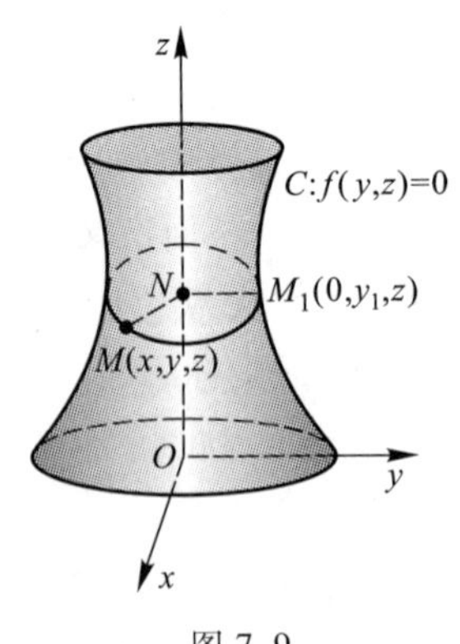

图 7.9

面,该平面交 z 轴于点 $N(0,0,z)$,交曲线 C 于点 $M_1(0,y_1,z)$,则 $M(x,y,z)$ 在旋转曲面 S 上的充要条件是 $|NM|=|NM_1|$,即

$$\sqrt{(x-0)^2+(y-0)^2+(z-z)^2}=\sqrt{(0-0)^2+(y_1-0)^2+(z-z)^2},$$

化简得 $\pm\sqrt{x^2+y^2}=y_1$. 但 y_1 满足 $f(y_1,z)=0$,故 $M(x,y,z)$ 在旋转曲面 S 上的充要条件是

$$f(\pm\sqrt{x^2+y^2},z)=0.$$

这就是旋转曲面 S 的方程.

注意这种旋转曲面方程的特点,即在生成线 C 的方程 $f(y,z)=0$ 中,保持旋转轴 z 不变,而把 y 改成 $\pm\sqrt{x^2+y^2}$,便得到该旋转曲面 S 的方程 $f(\pm\sqrt{x^2+y^2},z)=0$. 根据这个规律,可类似地写出任一坐标面上的曲线绕与其共面的坐标轴旋转所得的旋转曲面方程,如 yOz 面上平面曲线 $f(y,z)=0$ 绕 y 轴旋转所得旋转曲面的方程为 $f(y,\pm\sqrt{x^2+z^2})=0$,xOy 面上平面曲线 $h(x,y)=0$ 绕 y 轴旋转所得旋转曲面的方程为 $h(\pm\sqrt{x^2+z^2},y)=0$. 具体地,例如 yOz 面上平面曲线 $y=z^2$ 绕 y 轴旋转形成旋转抛物面 $y=x^2+z^2$,zOx 面上平面曲线 $z=|x|$ 绕 z 轴旋转形成圆锥面 $z=\sqrt{x^2+y^2}$ 等. 扫描二维码可看到具体图形及其形成过程.

5. 空间曲线及其方程

可以将空间曲线视为两个空间曲面的交线,如将圆锥曲线视为平面与圆锥面的截线,如图 7.10(a),(b)所示. 给定两个相交的空间曲面,如图 7.10(c)所示,它们的方程是 $F(x,y,z)=0$ 和 $G(x,y,z)=0$. 设它们的交线是空间的一条曲线 C,由于 C 上的任何点 $M(x,y,z)$ 既在曲面 $F(x,y,z)=0$ 上,又在曲面 $G(x,y,z)=0$ 上,所以曲线 C 上点的坐标应满足方程组

微视频
空间曲线及其方程

$$\begin{cases}F(x,y,z)=0,\\G(x,y,z)=0.\end{cases}\tag{7.1}$$

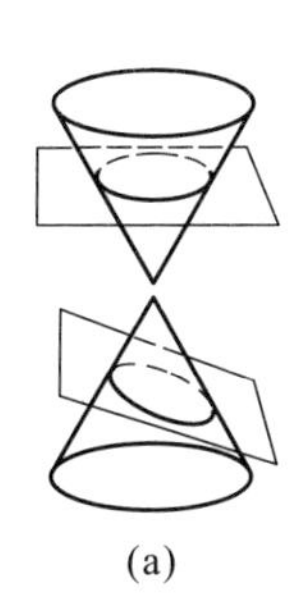

(a)

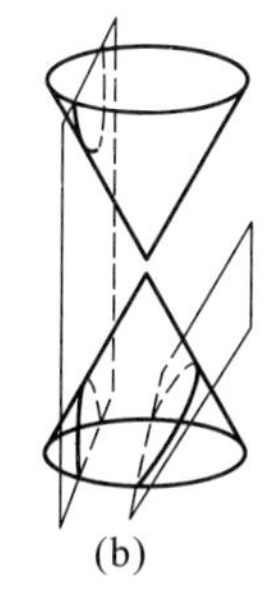

(b)

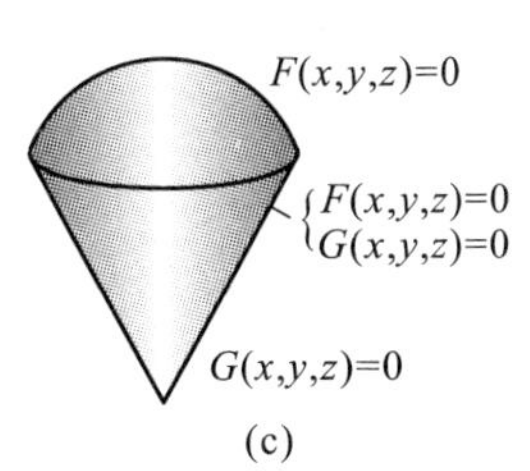

(c)

图 7.10

反过来,若点 $M(x,y,z)$ 不在交线 C 上,则 $M(x,y,z)$ 不能同时位于这两个曲面上,所以其坐标不满足方程组(7.1). 因此,两空间曲面的交线 C 可用方程组(7.1)表示,称方程组(7.1)为空间曲线的**一般方程**.

例 7.4 求空间直线的一般方程.

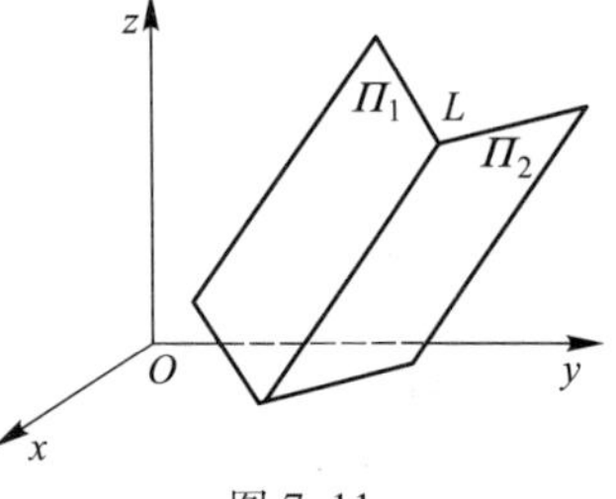

图 7.11

解 如图 7.11 所示,由于任何空间直线都可视为两个相交平面 Π_1 和 Π_2 的交线,所以可设直线 L 是下述两个相交平面的交线:

$$\Pi_1: A_1x+B_1y+C_1z+D_1=0,$$
$$\Pi_2: A_2x+B_2y+C_2z+D_2=0.$$

从而由空间曲线的一般方程知,空间直线 L 的一般方程为

$$\begin{cases}A_1x+B_1y+C_1z+D_1=0,\\A_2x+B_2y+C_2z+D_2=0,\end{cases}$$

其中 A_1,B_1,C_1 和 A_2,B_2,C_2 对应不成比例.

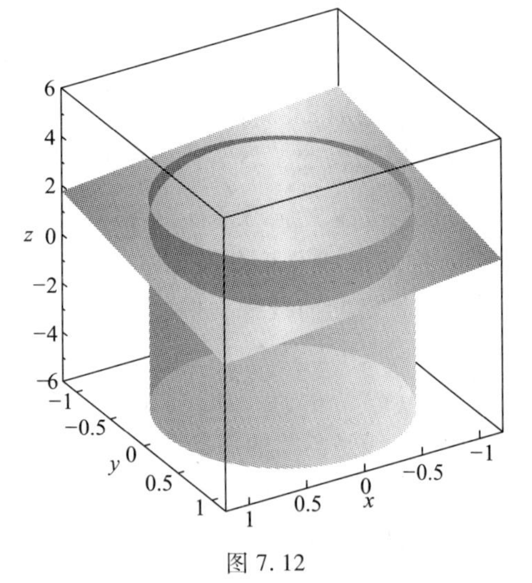

图 7.12

又如方程组

$$\begin{cases}x^2+y^2=1,\\2x+3y+4z=6\end{cases}$$

表示柱面 $x^2+y^2=1$ 与平面 $2x+3y+4z=6$ 的交线(图 7.12).

方程组

$$\begin{cases}z=\sqrt{4-x^2-y^2},\\(x-1)^2+y^2=1\end{cases}$$

表示中心在原点,半径为 2 的上半球面与母线平行于 z 轴,准线是 xOy 面上以点(1,0)为圆心,以 1 为半径的圆周的柱面的交线(图 7.13).

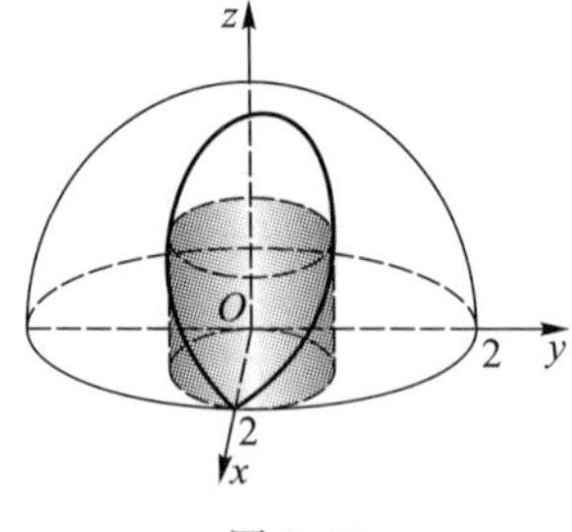

图 7.13

6. 空间曲线在坐标面上的投影及其方程

定义 7.4 设 C 是一条空间曲线,则以 C 为准线,且母线平行于 z 轴的柱面称为空间曲线 C 关于 xOy 面的**投影柱面**,投影柱面与 xOy 面的交线称为空间曲线 C 在 xOy 面上的**投影曲线**,简称为**投影**.

类似地,可定义空间曲线 C 在其他坐标面上的投影.

设空间曲线 C 的一般方程为

$$\begin{cases} F(x,y,z)=0, \\ G(x,y,z)=0. \end{cases} \tag{7.2}$$

假设它在 xOy 面上存在投影，下面来建立该投影的方程. 假定从 C 的一般方程中消去 z 后所得的方程为

$$H(x,y)=0, \tag{7.3}$$

那么当点 $M(x,y,z)$ 是 C 上任一点时，其坐标 x,y,z 满足(7.2). 而(7.3)是由(7.2)消去 z 所得，所以 x,y,z 中的前两个坐标即 x,y 满足(7.3). 但是(7.3)作为空间曲面，是一个母线平行于 z 轴，且以 xOy 面上的曲线 $H(x,y)=0$ 为准线的柱面，这表明 $M(x,y,z)$ 的坐标也满足柱面方程(7.3)，即 $M(x,y,z)$ 在此柱面上. 因此曲线 C 在此柱面上，从而该柱面包含了曲线 C 的投影柱面，而此柱面在 xOy 面的投影方程

$$\begin{cases} z=0, \\ H(x,y)=0 \end{cases} \tag{7.4}$$

包含了曲线 C 的投影(图 7.14). 所以，一般认为式(7.4)是 C 在 xOy 面上的投影方程.

类似地可以求出空间曲线 C 在其他坐标面的投影方程.

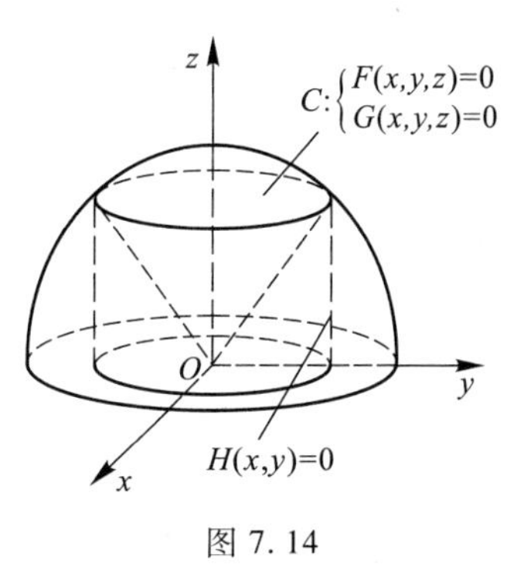

图 7.14

7. 二次曲面及其方程

在前面的讨论中，我们看到，平面的一般方程是一个三元一次方程，因此通常把平面称为一次曲面. 推而广之，我们把三元二次方程所表示的曲面叫做**二次曲面**. **二次曲面的一般方程**可以写成

$$a_1x^2+a_2y^2+a_3z^2+b_1xy+b_2zx+b_3yz+c_1x+c_2y+c_3z+d=0,$$

其中 $a_i,b_i,c_i(i=1,2,3)$，d 为常数，且 $a_i,b_i(i=1,2,3)$ 不全为零. 在平面解析几何中，在适当的坐标系下，二次曲线的一般方程总可以化成形式特别简单的标准形式，因此二次曲线的研究主要针对标准形式的方程进行. 同样地，在空间解析几何中，可以证明，通过适当的坐标系变换，总可以将二次曲面化为标准方程.

二次曲面有以下几种标准形式的方程：

(1) 椭球面 $\dfrac{x^2}{a^2}+\dfrac{y^2}{b^2}+\dfrac{z^2}{c^2}=1(a>0,b>0,c>0)$；

(2) 椭圆抛物面 $2z=\pm\left(\dfrac{x^2}{a^2}+\dfrac{y^2}{b^2}\right)(a>0,b>0)$；

(3) 椭圆锥面 $\dfrac{x^2}{a^2}+\dfrac{y^2}{b^2}-\dfrac{z^2}{c^2}=0(a>0,b>0,c>0)$；

(4) 单叶双曲面 $\frac{x^2}{a^2}+\frac{y^2}{b^2}-\frac{z^2}{c^2}=1(a>0,b>0,c>0)$;

(5) 双叶双曲面 $\frac{x^2}{a^2}+\frac{y^2}{b^2}-\frac{z^2}{c^2}=-1(a>0,b>0,c>0)$;

(6) 双曲抛物面(马鞍面) $2z=-\frac{x^2}{a^2}+\frac{y^2}{b^2}(a>0,b>0)$.

在讨论具有标准方程的二次曲面的几何形状时,主要使用所谓的**平面截痕法**,即用一系列平行于坐标面的平面截割二次曲面,考察所得截痕(交线)的形状. 根据这些截痕的形状及变化规律,再结合所考虑曲面的有界性、对称性等定性特点,就可以从整体上把握二次曲面的形状和特点.

例 7.5 作出椭球面$\frac{x^2}{a^2}+\frac{y^2}{b^2}+\frac{z^2}{c^2}=1$ 的图形.

解 ① 由所给椭球面的方程可知

$$|x|\leqslant a,\quad |y|\leqslant b,\quad |z|\leqslant c,$$

这说明椭球面完全包含在一个以原点为中心的长方体内. 这个长方体的六个边界面的方程为

$$x=\pm a,\quad y=\pm b,\quad z=\pm c.$$

② 由于椭球面的方程仅含有 x,y,z 的平方项,故椭球面既关于三个坐标面对称,又关于原点对称. 因此,三个坐标面均为对称平面,三个坐标轴均为对称轴,并称 a, b, c 为椭球面的**半轴长**.

③ 考察平行于坐标面的平面与椭球面的截痕形状.

平行于 xOy 面的平面 $z=h$ ($|h|\leqslant c$)截椭球面所得的截痕为

$$\begin{cases}\dfrac{x^2}{a^2\left(1-\dfrac{h^2}{c^2}\right)}+\dfrac{y^2}{b^2\left(1-\dfrac{h^2}{c^2}\right)}=1,\\ z=h.\end{cases}$$

它代表平面 $z=h$ 上的一个椭圆,该椭圆的两个半轴分别为$\frac{a}{c}\sqrt{c^2-h^2}$,$\frac{b}{c}\sqrt{c^2-h^2}$.
当 h 变动时得到一族平行椭圆截痕,它们的中心都在 z 轴上;当 $|h|$ 由 0 逐渐增大到 c 时,椭圆截面由大到小,最后缩成点$(0,0,\pm c)$.

类似地,用平面 $x=h$ ($|h|\leqslant a$)或 $y=h$ ($|h|\leqslant b$)去截椭球面,分别可得与上述类似的结果.

综上可知,平行于坐标面的平面如果与椭球面相交,则交线是一个椭圆或一个点. 这样,我们已经整体把握了椭球面的形状,并可据此作出其图形,如图 7.15 所示.

另外,若 a, b, c 中有两个相等,则椭球面为旋转曲面;若 a, b, c 全相等,则椭球面为球面. 这两种特殊椭球面的形状早已为大家所熟悉.

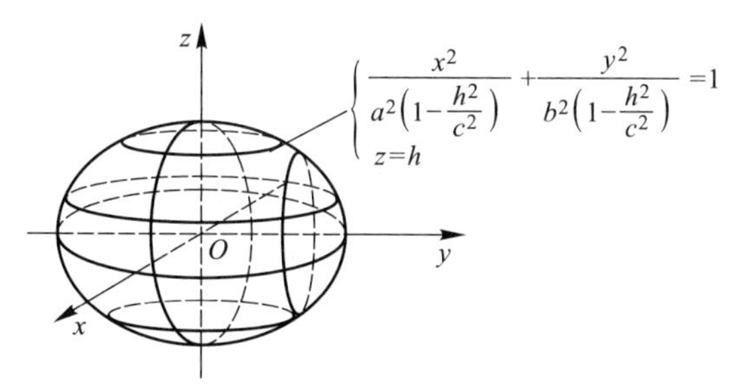

图 7.15

用同样的方法可以讨论其他具有标准形式方程的二次曲面的形状,并作出它们的图形,图 7.16 仅列出它们的典型图形.

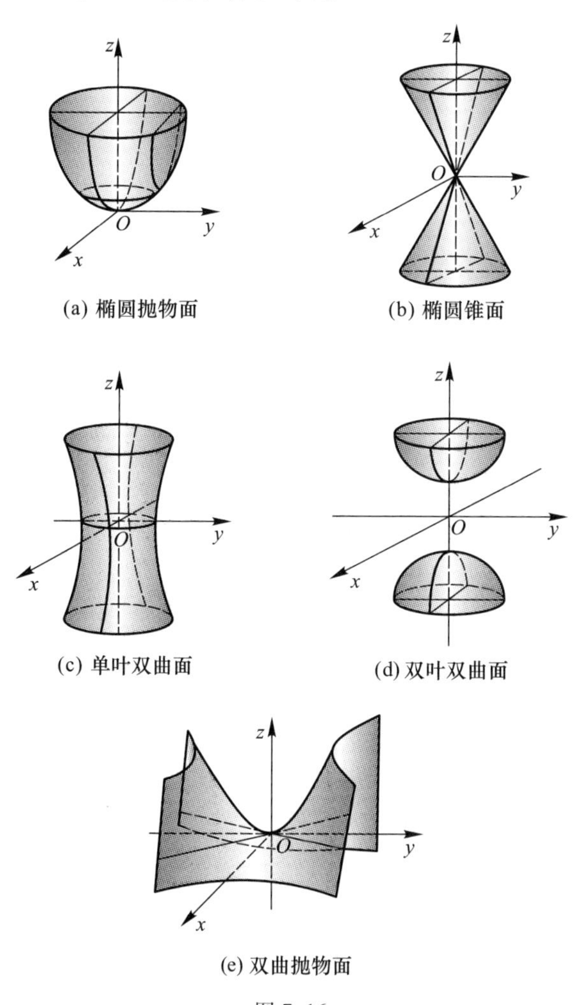

(a) 椭圆抛物面

(b) 椭圆锥面

(c) 单叶双曲面

(d) 双叶双曲面

(e) 双曲抛物面

图 7.16

7.1.3 二元函数的概念

讨论一元函数时,函数及其极限的研究经常用到数轴上的点集、两点间的距离、邻域和区间等概念. 现在,要研究二元函数及其极限,我们需要用到平面点集的有关概念,因此我们将有关概念从一维数轴推广到二维平面.

1. 平面点集

设 $P_0(x_0,y_0)$ 是 xOy 面上的一个点,δ 是某一正数. 与点 $P_0(x_0,y_0)$ 距离小于 δ 的点 $P(x,y)$ 的全体,称为点 P_0 的 **δ 邻域**,记为 $U(P_0,\delta)$(图 7.17(a)),即

$$U(P_0,\delta)=\{P \mid |PP_0|<\delta\},$$

其中 $|PP_0|$ 表示点 P 到点 P_0 的距离,即 $|PP_0|=\sqrt{(x-x_0)^2+(y-y_0)^2}$. 故 $U(P_0,\delta)$ 也可以写成

$$U(P_0,\delta)=\{(x,y) \mid \sqrt{(x-x_0)^2+(y-y_0)^2}<\delta\}.$$

几何上,$U(P_0,\delta)$ 是 xOy 面上以点 $P_0(x_0,y_0)$ 为中心、以 δ 为半径的圆的内部所有点 $P(x,y)$ 的集合.

在点 P_0 的 δ 邻域 $U(P_0,\delta)$ 中去掉中心点 P_0 后所得的点集称为点 P_0 的**去心 δ 邻域**,记为 $\mathring{U}(P_0,\delta)$(图 7.17(b)),即

$$\mathring{U}(P_0,\delta)=\{P \mid 0<|PP_0|<\delta\}.$$

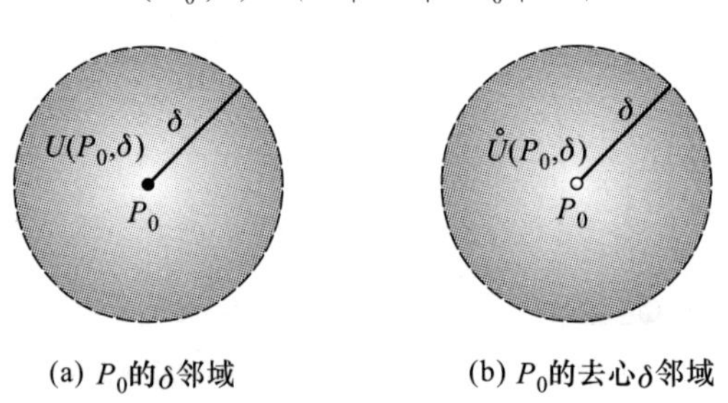

(a) P_0的δ邻域　　(b) P_0的去心δ邻域

图 7.17

若在应用中无须强调邻域半径 δ,则可用 $U(P_0)$ 表示 P_0 的某邻域,用 $\mathring{U}(P_0)$ 表示 P_0 的某去心邻域.

在一元函数的讨论中,我们用到了区间的概念. 基于对多元函数讨论的需要,现以邻域概念为基础,引进区域的概念.

定义 7.5 设 E 是平面上的任意一个点集,P 是平面上任意一点. 如果存在点 P 的一个邻域 $U(P)$ 使得 $U(P)\subset E$,则称 P 为 E 的**内点**(图 7.18(a)).

若点集 E 的每一点都是 E 的内点,则称 E 为**开集**.

定义 7.6 设 E 是平面上的任意一个点集,P 是平面上任意一点. 若对于任意正数 ε,点 P 的 ε 邻域 $U(P,\varepsilon)$ 中既含有属于 E 的点,又含有不属于 E 的点,则称 P 为 E 的**边界点**(图 7.18(b)).

E 的全体边界点组成的集合称为 E 的**边界**.

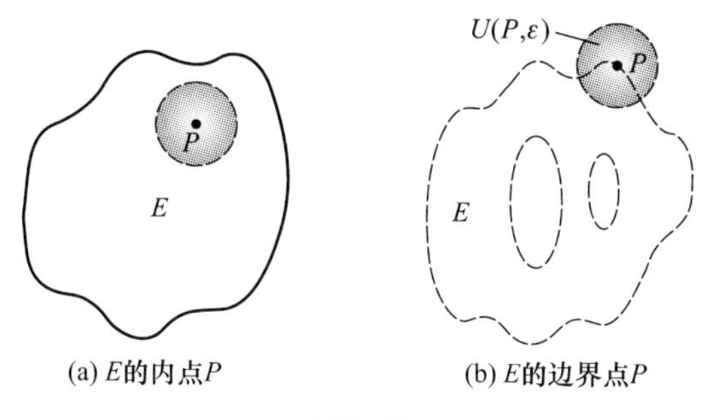

(a) E的内点P　　(b) E的边界点P

图 7.18

定义 7.7 若对于平面点集 E 内的任何两点,都可用完全属于 E 的折线将它们连接,则称集 E 是**连通集**;否则,称 E 为**非连通集**.

连通的开集称为**区域**;区域连同它的边界所成的集合,称为**闭区域**.

定义 7.8 设 E 是平面上的一个点集,若存在正数 M,使得 $E\subset U(O,M)$,其中 O 为坐标原点,则称 E 是**有界点集**;否则,称 E 是**无界点集**.

一个平面点集是否是区域或闭区域,通常容易从直观上加以判别. 例如,图 7.19 中的(a),(b),(c),(d)都是区域,(a),(b)是有界区域,(c),(d)是无界区域,(e),(f)是有界闭区域,而(g),(h)不是区域.

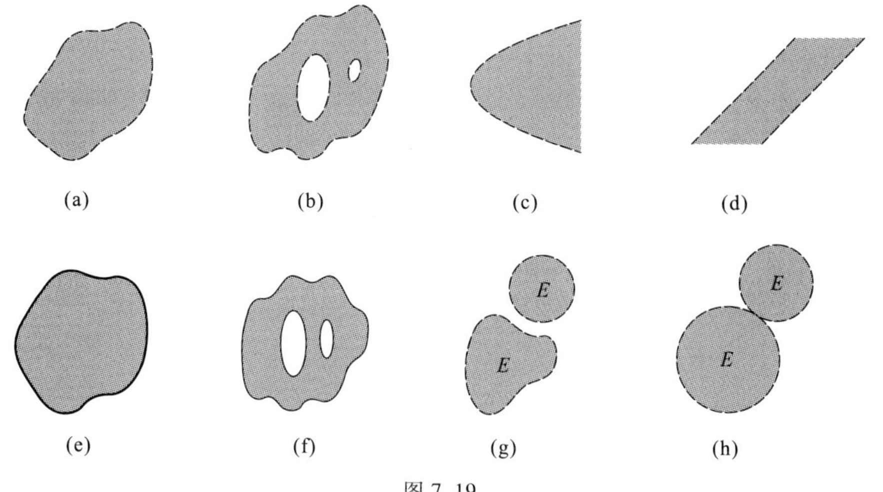

图 7.19

掌握平面点集的有关概念将有助于我们理解二元函数及其极限的概念. 平面点集的知识非常丰富,限于篇幅,我们只就有关概念作了简要介绍,有兴趣的读者可以参考数学专业教材.

2. 二元函数的定义

现实世界中的许多现象往往会受到各种因素的影响. 从数量关系上看,其实质就是某个变量会受到多个变量的制约,通常把前者叫做**因变量**,后者叫做**自变量**,这就产生了多元函数的概念.

例 7.6 在某个指定的时刻,某个地区在任何一点处气温 T 依赖于该处的经度 x 和纬度 y,因此我们可以把 T 看成是 x 和 y 的函数,即点 (x,y) 的函数,并用 $T=f(x,y)$ 来表示这个函数依赖关系. 如果要考察某个地区在一个时间段内任意时刻 t 在任何一点 (x,y) 处的气温 T,那么就应该把 T 看成 x,y 和 t 的函数,即 $T=f(t,x,y)$.

例 7.7 正圆柱的体积 V 与其底面半径 r 和高 h 的关系为 $V=\pi r^2h$. 当 $r>0$, $h>0$ 时,这个公式反映了 V 随 r 和 h 的变化情况,当 r 和 h 取定时,V 的值被唯一确定,因此 V 就是 (r,h) 的函数,可以写成 $V(r,h)=\pi r^2h$.

我们知道,一元函数是从数集到数集的对应,而二元函数概念的定义与一元函数相似,只要将定义域换为平面点集,而值域仍为实数集的子集,就可以得到二元函数的定义. 下面给出二元函数的定义.

定义 7.9 设 D 是一个平面点集,f 是一个对应法则,若对于 D 中的每一个点 $P(x,y)$,通过 f,在实数集 $\mathbf{R}$ 中有唯一确定的数 z 与 (x,y) 对应,则称 f 是定义在 D 上的一个**二元函数**,记作

$$z=f(x,y),(x,y)\in D \quad 或 \quad z=f(P),P\in D.$$

这里 D 是 f 的**定义域**,x 和 y 是**自变量**,z 是**因变量**. 同一元函数一样,我们把 $\mathbf{R}$ 的子集 $\{f(x,y)\mid(x,y)\in D\}$ 称为二元函数 f 的**值域**,记为

$$R_f=\{f(x,y)\mid(x,y)\in D\}.$$

若一个二元函数 f 是从实际问题中提出的,则其定义域应根据实际问题的意义来确定. 对于由公式表示的函数 $z=f(x,y)$,若其定义域没有指定,则我们应理解为其定义域是使该表达式有意义的点 (x,y) 的全体组成的集合,并称其为这个二元函数的**自然定义域**.

类似地,可定义三元函数 $u=f(x,y,z),(x,y,z)\in D$ 或 $n(n\geqslant 3)$ 元函数.

例 7.8 求下列函数的定义域,并在坐标面上画出函数的定义域:

(1) $f(x,y)=\sqrt{2x-y}$;

(2) $g(x,y)=\ln(9-x^2-9y^2)$;

(3) $h(x,y)=\dfrac{\sqrt{y-x^2}}{1-x^2}$.

解 (1) 为使函数 f 的表达式有意义,要求 $2x-y\geqslant 0$,所以函数的定义域为 $\{(x,y)\mid 2x-y\geqslant 0\}$,它表示 xOy 面上的直线 $y=2x$ 及其下方的半平面(图 7.20(a)).

(2) 为使函数 g 的表达式有意义,要求 $9-x^2-9y^2>0$,所以函数的定义域为 $\{(x,y)\mid 9-x^2-9y^2>0\}$,它表示 xOy 面上椭圆 $x^2+9y^2=9$ 的内部(图 7.20(b)).

(3) 为使函数 h 的表达式有意义,要求

$$\begin{cases}y-x^2\geqslant 0,\\1-x^2\neq 0,\end{cases}$$

即

$$\begin{cases}y\geqslant x^2,\\x\neq\pm 1,\end{cases}$$

所以函数的定义域为 $\{(x,y)\mid y\geqslant x^2,\ x\neq\pm 1\}$,它表示 xOy 面上的抛物线 $y=x^2$ 及其上侧去掉直线 $x=-1$ 和 $x=1$ 后的部分(图 7.20(c)).

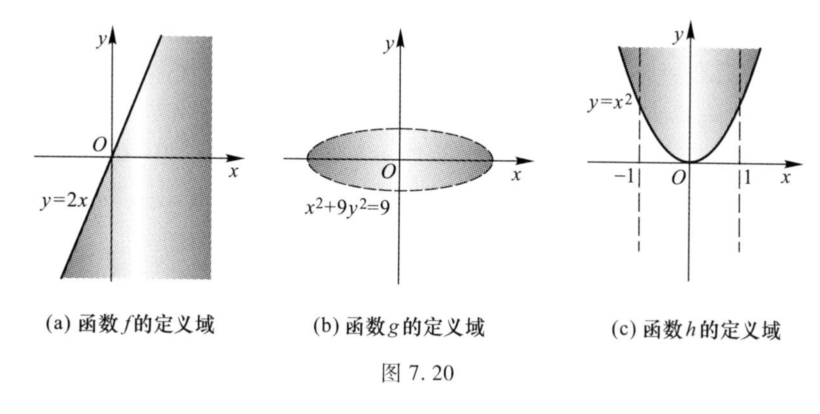

(a) 函数 f 的定义域 (b) 函数 g 的定义域 (c) 函数 h 的定义域

图 7.20

3. 二元函数的可视化表示

为了从直观上显示二元函数的行为特性,理解二元函数在定义域与值域之间的对应关系,可以利用不同的方式将其图示化.

第一种方式是箭头图示法. 我们把函数的定义域 D 表示为直角坐标面 xOy 的子集,把值域显示为 z 轴(实直线)的子集,从点 (x,y) 出发的箭头指向与之对应的数轴上的点,这就得到了二元函数关系的对应图示(图 7.21). 这种方法不仅简单,而且可以很直观地表示定义域与值域之间的对应关系. 比如,你可设想 $f(x,y)$ 表示某个形如 D 的金属薄片上点 (x,y) 处的温度,那么 z 轴上代表值域的范围就可以视为温度计的温度读数.

第二种方式是图像法.

定义 7.10 设 $z=f(x,y)$ 是定义域为 D 的二元函数,称 $\mathbf{R}^3$ 中的点集 $\{(x,y,z)\mid z=f(x,y),(x,y)\in D\}$ 为 f 的**图像**(或**图形**).

若把(x,y,z)看作空间中点的直角坐标,则f的图像一般是空间中的一张曲面S,所以二元函数f的图像S也叫做曲面$z=f(x,y)$(图7.22).

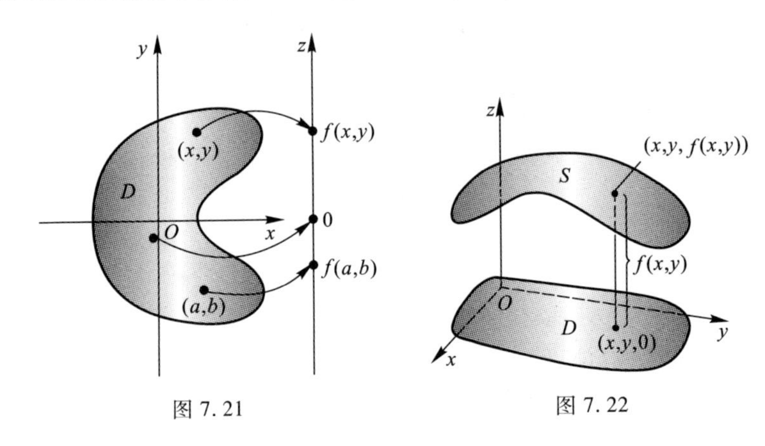

图7.21　　图7.22

例7.9 作出函数$f(x,y)=6-2x-3y$的图像.

解 f的图像就是方程$z=6-2x-3y$代表的平面.要画出此平面,可以先找出它在各坐标轴上的截距.在方程中令$y=z=0$,可得x轴上的截距$x=3$.类似地,可求得y轴和z轴上的截距分别为2和6.连接坐标轴上的点$A(3,0,0)$,$B(0,2,0)$,$C(0,0,6)$得三角形ABC,则此三角形所在的平面就是f的图像S(图7.23为其第Ⅰ卦限部分图形).

注 一般地,二元线性函数$z=ax+by+c$的图像是一个平面.

例7.10 画出$g(x,y)=x^2+4y^2$的图像.

解 函数g的定义域为$\mathbf{R}^2$,值域为$[0,+\infty)$. g的图像是方程$z=x^2+4y^2$所代表的曲面,它是椭圆抛物面.过z轴正半轴上任一点作垂直于z轴的平面,该平面截曲面所得的水平截痕是椭圆,而用平行于z轴的平面截该曲面所得的纵向截痕都是抛物线.图7.24所示的是在$D=\{(x,y)\mid x^2+4y^2\leqslant 2\}$上的函数图像.

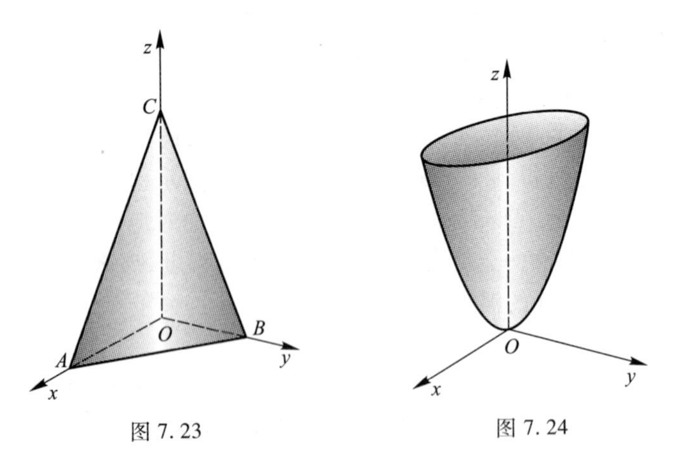

图7.23　　图7.24

第三种方式是等高线法.

定义 7.11 设 $z=f(x,y)$ 是定义域为 D 的二元函数,常数 c 属于 f 的值域,则由方程 $f(x,y)=c$ 所确定的平面曲线称为 f 的**水平等高线**,简称**等高线**.

水平等高线 $f(x,y)=c$ 是定义域 D 中所有使得 f 取常数值 c 的点构成的集合,因此从直观上说,水平等高线上方 f 的图像具有相同的"高度" c.

应该看到水平等高线与曲面的水平截痕之间的关系. 水平等高线 $f(x,y)=c$ 只是水平截面 $z=c$ 与 f 的图像的截痕在 xOy 面上的投影,所以如果我们画出了一个函数的所有水平等高线,并设想把它们都提升到常数 c 所示的高度,那么就能想象出它们将拼成整个函数图像,而且水平等高线越密集的地方,曲面就越陡峭;反之,水平等高线越分散的地方,曲面就越平缓. 因此,通过水平等高线图,可以把握函数图像的变化趋势.

例 7.11 绘制函数 $f(x,y)=5-\dfrac{x^2}{2}-y^2$ 的图像及等高线图.

解 函数 f 的定义域为 xOy 面,值域为 $(-\infty,5]$. 函数 f 在椭圆盘 $\dfrac{x^2}{2}+y^2\leqslant 5$ 上的图像是椭圆抛物面,如图 7.25 所示.

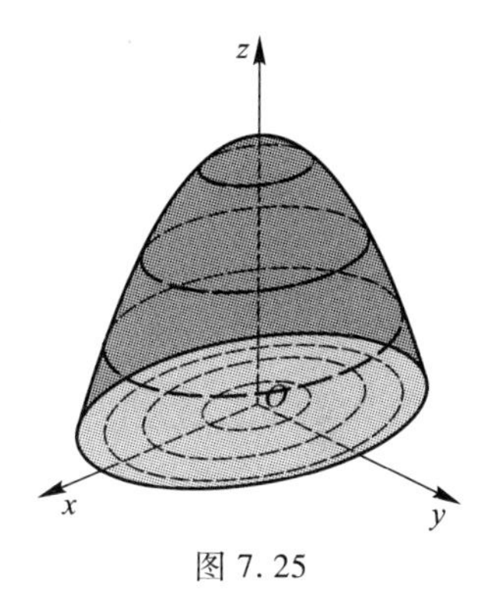

图 7.25

水平等高线 $f(x,y)=0$ 是 xOy 面上的椭圆

$$\frac{x^2}{2}+y^2=5.$$

同理,当 $0<c<5$ 时,水平等高线 $f(x,y)=c$ 是一系列中心相同的椭圆

$$\frac{x^2}{2}+y^2=5-c.$$

图 7.25 中画出了 $c=1.5,3,4.5$ 时的水平等高线及曲面上对应的水平截痕.

习 题 7.1

1. 证明 $x^2+y^2+z^2-6x+4y+2z+5=0$ 是一个球面方程,并求其半径和中心.

2. 设一平面分别截 x 轴、y 轴和 z 轴于点 $P(a,0,0)$,$Q(0,b,0)$,$R(0,0,c)$,其中 a,b,c $(abc\neq 0)$ 依次称为平面在 x 轴、y 轴和 z 轴上的截距,求该平面的方程.

3. 求下列二元函数的定义域,并画出定义域的示意图:

(1) $z=\ln(x+3y)$; (2) $z=\sqrt{\dfrac{x^2}{16}+\dfrac{y^2}{9}}$;

(3) $z=\arccos\frac{x^2+y^2}{16}+\sqrt{x^2+y^2-9}$；

(4) $z=\frac{10}{(x^2+y^2)\sqrt{10-x^2-y^2}}$.

4. 指出下列方程在平面解析几何和空间解析几何中分别表示什么图形：

(1) $y=6$；

(2) $y=x+6$；

(3) $x^2+y^2=6$；

(4) $x^2-y^2=1$.

5. 画出下列函数的图像：

(1) $z=6-x-y$；

(2) $z=\sqrt{x^2+y^2-6}$；

(3) $z=\sqrt{6-x^2-y^2}$；

(4) $z=\sqrt{x^2-y^2-6}$；

(5) $z=6-\sqrt{x^2+y^2}$；

(6) $z=x^2+y^2-6$.

*6. 除了图像法和等高线法外，还可以用坐标面上的曲线，例如 $z=y^2$ 经过旋转、对折、伸缩、平移等图形变换得到例 7.10 和例 7.11 的图像. 在计算机中进行上述实验，综合各种有用信息，猜测它们有什么特性. 在本章后续学习中验证你的猜测. 对其他常见的二元函数图像，也可以进行类似实验和研究.

7.2 二元函数的极限与连续性

本节讨论二元函数的极限与连续性.

7.2.1 二元函数的极限概念

同一元函数的极限概念一样，二元函数的极限概念也要考察当动点 $P(x,y)$ 在 f 的定义域中无限地趋于而又异于 $P_0(x_0,y_0)$ 时，函数值 $f(x,y)$ 是否有稳定的变化趋势. 如果当点 (x,y) 沿着 f 的定义域中的任何路径以任意方式无限地趋于点 (x_0,y_0) 时，$f(x,y)$ 的值都无限地趋于常数 L，我们就说当 (x,y) 趋于点 (x_0,y_0) 时 $f(x,y)$ 趋于极限 L，或者说当 (x,y) 趋于点 (x_0,y_0) 时 $f(x,y)$ 以 L 为极限. 从形式上看，二元函数的极限概念与一元函数的极限概念十分相似，但请注意，点 (x,y) 在 f 的定义域内无限接近点 (x_0,y_0) 的方式是任意的，这就决定了二元函数的极限概念更复杂. 下面给出二元函数极限的定义.

定义 7.12 设 $z=f(x,y)$ 是定义域为 D 的二元函数，且在 $P_0(x_0,y_0)\in\mathbf{R}^2$ 的任一去心邻域内都存在使 $f(x,y)$ 有定义的点，L 是一常数. 若 $\forall\varepsilon>0$，$\exists\delta>0$，使得当 $P(x,y)\in D$ 且 $0<\sqrt{(x-x_0)^2+(y-y_0)^2}<\delta$ 时，都有 $|f(x,y)-L|<\varepsilon$，则称当

$(x,y)\to(x_0,y_0)$时，$f(x,y)$的**极限**是L，记为

$$\lim_{(x,y)\to(x_0,y_0)} f(x,y)=L,\ \lim_{P\to P_0} f(x,y)=L\ \text{或}\ f(x,y)\to L\ ((x,y)\to(x_0,y_0)).$$

上述极限定义说的是$f(x,y)$与L之间的距离可以任意小，条件是只要点(x,y)与(x_0,y_0)的距离充分小（但不为0），即要求点(x,y)趋于(x_0,y_0)而异于(x_0,y_0)，并保持在D中，且(x,y)趋于(x_0,y_0)的方向和方式是任意的. 这意味着如果极限存在，则无论(x,y)以何种方式趋于(x_0,y_0)，$f(x,y)$都必须趋于同一个极限值L. 我们得到如下检验二元函数极限不存在的简单方法.

性质7.1（极限不存在的两路径检验法）　如果(x,y)沿路径C_1趋于(x_0,y_0)时$f(x,y)\to L_1$，沿路径C_2趋于(x_0,y_0)时$f(x,y)\to L_2$，且$L_1\neq L_2$，则$\lim\limits_{(x,y)\to(x_0,y_0)} f(x,y)$不存在.

例7.12　设$f(x,y)=\dfrac{2x^2y}{x^4+y^2}$，证明$\lim\limits_{(x,y)\to(0,0)} f(x,y)$不存在.

证　当点$P(x,y)$沿着曲线$y=kx^2$，$x\neq0$趋于$(0,0)$时，

$$\lim_{\substack{x\to0\\ y=kx^2}} f(x,y)=\lim_{x\to0}\frac{2x^2kx^2}{x^4+k^2x^4}=\frac{2k}{1+k^2}.$$

由此可以看出，沿着不同路径，函数的极限值不相等. 比如，当(x,y)沿着抛物线$y=x^2$趋于$(0,0)$时，极限值为1；而沿着x轴趋于$(0,0)$时，极限值是0. 所以由性质7.1知，$\lim\limits_{(x,y)\to(0,0)} f(x,y)$不存在.

图7.26(a)是该函数图形，7.26(b)是其等高线图，它们都清晰地显示出结果. 在计算机中转动图形7.26(a)，从不同角度观看，效果更佳.

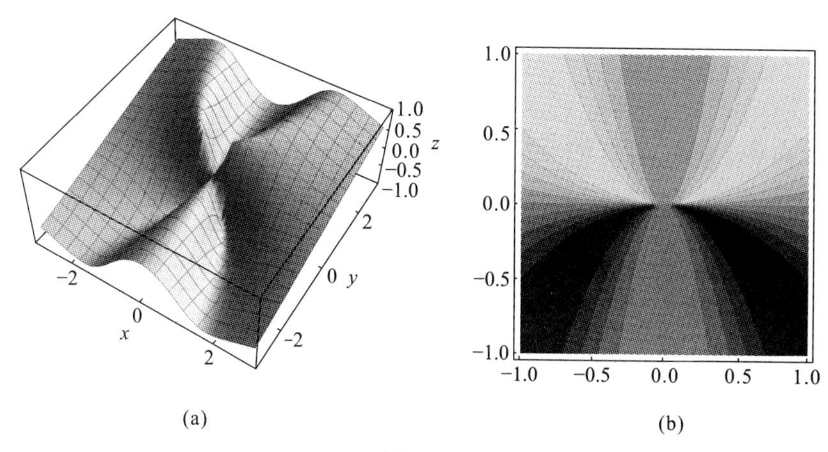

(a)　(b)

图7.26

正如上面的例子所看到的，二元函数的极限情况要比一元函数的极限情况复杂. 尽管如此，有关一元函数极限的许多性质都可以平行地推广到二元函数的极限. 例如，极限的四则运算性质、复合函数的极限运算性质、极限的唯一性、极限的夹逼准则等对二元函数的极限都成立. 这样，我们在讨论或计算二元函数的极限时，就可以使用与一元函数极限几乎完全相同的性质了.

例 7.13 求极限 $\lim\limits_{(x,y)\to(0,0)}\dfrac{xy^2}{x^2+y^2}$.

解 因为

$$0\leqslant\left|\frac{xy^2}{x^2+y^2}\right|\leqslant|x|,\quad \lim_{(x,y)\to(0,0)}|x|=0,$$

所以由夹逼准则知 $\lim\limits_{(x,y)\to(0,0)}\left|\dfrac{xy^2}{x^2+y^2}\right|=0$，故

$$\lim_{(x,y)\to(0,0)}\frac{xy^2}{x^2+y^2}=0.$$

本题也可以按极限的定义证明 $\lim\limits_{(x,y)\to(0,0)}\dfrac{xy^2}{x^2+y^2}=0$.

例 7.14 设 $y_0\neq0$，求 $\lim\limits_{(x,y)\to(0,y_0)}\dfrac{\ln(1+xy)}{x}$.

解

$$\begin{aligned}\lim_{(x,y)\to(0,y_0)}\frac{\ln(1+xy)}{x}&=\lim_{(x,y)\to(0,y_0)}\left[\frac{\ln(1+xy)}{xy}\cdot y\right]\\&=\lim_{(x,y)\to(0,y_0)}\frac{\ln(1+xy)}{xy}\cdot\lim_{(x,y)\to(0,y_0)}y\\&=\lim_{(x,y)\to(0,y_0)}\frac{xy}{xy}\cdot\lim_{(x,y)\to(0,y_0)}y\\&=y_0.\end{aligned}$$

7.2.2 二元函数的连续性

二元函数的连续性定义完全类似于一元函数的连续性.

定义 7.13 设 $f(x,y)$ 在区域 D 上有定义，$P_0(x_0,y_0)$ 为 D 的内点或边界点，若 $f(x,y)$ 满足条件：

(1) $f(x,y)$ 在点 (x_0,y_0) 处有定义；

(2) $\lim\limits_{(x,y)\to(x_0,y_0)}f(x,y)$ 存在；

(3) $\lim\limits_{(x,y)\to(x_0,y_0)}f(x,y)=f(x_0,y_0)$，

则称**函数** $f(x,y)$ **在点** (x_0,y_0) 处**连续**. 如果函数 $f(x,y)$ 在区域 D 中的每一点都连续,则称 $f(x,y)$ **在 D 内连续**,简称 $f(x,y)$ 是**连续函数**.

连续性的直观意义是,如果点 (x,y) 的变动很微小,那么 $f(x,y)$ 的值的改变也很微小,这意味着如果一个函数连续,则其图像是一个无洞或无缝的曲面.

结合二元函数的极限性质及连续性定义,不难看出,二元连续函数的四则运算法则和复合函数的连续性也都与一元函数类似. 即二元连续函数的和、差、积、商(分母不为零时)是连续函数,二元连续函数的复合函数是连续函数. 这些性质可以用来讨论二元函数的连续性.

例 7.15　证明:二元多项式函数和二元有理函数都在其定义域内连续.

证　首先,容易知道 $f(x,y)=x$, $g(x,y)=y$, $h(x,y)=c$ 都是连续函数. 由于多项式是由 f,g 和 h 这几个简单函数通过加、乘运算生成的,所以一切二元多项式都在 $\mathbf{R}^2$ 上连续. 同样地,由于有理函数是两个多项式的商,而连续函数的商在其定义域内是连续函数,所以有理函数在其定义域内连续.

微视频
二元函数的连续性

例 7.16　讨论函数

$$f(x,y)=\begin{cases}\dfrac{xy}{x^2+y^2}, & (x,y)\neq(0,0),\\ 0, & (x,y)=(0,0)\end{cases}$$

的连续性.

解　在任意点 $(x,y)\neq(0,0)$ 处, f 是连续的,这是因为此时 f 是二元有理函数.

在点 $(0,0)$ 处, f 有定义,但我们断言 f 在点 $(0,0)$ 处不连续. 事实上,有

$$\lim_{\substack{x\to0\\ y=mx}}\frac{xy}{x^2+y^2}=\lim_{x\to0}\frac{x\cdot mx}{x^2+m^2x^2}=\frac{m}{1+m^2}.$$

由于这个极限值随着 m 而变化,所以极限 $\lim\limits_{(x,y)\to(0,0)}\dfrac{xy}{x^2+y^2}$ 不存在,故 f 在点 $(0,0)$ 处不连续.

例 7.17　讨论函数 $h(x,y)=\sin\dfrac{y}{x}$ 的连续性.

解　令 $f(x,y)=\dfrac{y}{x}$,则 f 是有理函数,所以 f 在其定义域 $\{(x,y)\mid x\neq0\}$ 内连续. 又令 $g(u)=\sin u$,则 g 在 $\mathbf{R}$ 上处处连续,所以复合函数

$$g(f(x,y))=\sin\frac{y}{x}=h(x,y)$$

在其定义域 $\{(x,y)\mid x\neq0\}$ 内处处连续. 显然,函数 h 在 y 轴上每点都不连续.

二元函数的极限定义和连续性定义,二元函数极限的四则运算法则,二元连续

函数的四则运算法则,二元复合函数的连续性,以及其他相关结论等都可以平行地推广到 n $(n\geqslant 3)$ 元函数. 例如,容易知道 $\frac{1}{x^2+y^2+z^2-1}$, $\ln(x-y+z)$, $\arctan\frac{x\sin z}{x-y}$ 等都在其定义域内连续.

在计算多元函数的极限时,可以先判断它的连续性. 若多元函数在其定义域内连续,而某个点属于它的定义域,则该函数在这个点的极限就是它在这个点的函数值. 例如,易知 $\frac{e^{z-x}}{2+\cos\sqrt{\frac{1}{xyz}}}$ 在定义域 $xyz>0$ 内连续,而点 $(1,1,1)$ 在此定义域内,所以

$$\lim_{(x,y,z)\to(1,1,1)}\frac{e^{z-x}}{2+\cos\sqrt{\frac{1}{xyz}}}=\frac{e^{1-1}}{2+\cos 1}=\frac{1}{2+\cos 1}.$$

另外,闭区间上的连续函数具有很多良好的性质,如最值性、有界性等. 对于多元函数,也有类似结论. 例如,若函数 f 在有界闭区域 D 上连续,则 f 在 D 上有界,并且可以在 D 上达到最大值和最小值. 有界闭区域有很多直观的例子,如平面上包含边界的圆盘、包含边界的矩形块、包含边界的三角形块等都是平面上的有界闭区域,而球体、长方体、球面等都是三维空间中的有界闭区域.

习　题　7.2

1. 求下列极限:

(1) $\lim\limits_{(x,y)\to(0,1)}\frac{2+xy}{x^2-y^2}$;　(2) $\lim\limits_{(x,y)\to(6,0)}\frac{y}{\sin xy}$;

(3) $\lim\limits_{(x,y)\to(0,0)}(x+y)\sin\frac{1}{x^2+y^2}$;　(4) $\lim\limits_{(x,y)\to(0,0)}\frac{1-\cos(x^2+y^2)}{(x^2+y^2)e^{x^2y^2}}$;

(5) $\lim\limits_{(x,y)\to(2,3)}\frac{1}{3x-2y}$;　(6) $\lim\limits_{(x,y)\to(0,0)}\frac{\sqrt{xy+1}-1}{xy}$;

*(7) $\lim\limits_{(x,y)\to(\infty,100)}\left(1+\frac{1}{x}\right)^{\frac{x^2}{x+y}}$;　*(8) $\lim\limits_{(x,y)\to(+\infty,+\infty)}\left(\frac{xy}{x^2+y^2}\right)^{x^2}$.

2. 证明:当 $(x,y)\to(0,0)$ 时,下列函数的极限不存在:

(1) $f(x,y)=\frac{x-y}{x+y}$;　(2) $g(x,y)=\frac{x^4y^4}{(x^4+y^2)^3}$.

3. 讨论函数

$$f(x,y)=\begin{cases}(x^2+y^2)\cos\frac{1}{x^2+y^2}, & (x,y)\neq(0,0),\\ 0, & (x,y)=(0,0)\end{cases}$$

在点 $(0,0)$ 处的连续性.

7.3 偏 导 数

我们知道,利用导数可以方便地获取一元函数的各种信息,如单调性、凹凸性、极值等,因此导数在研究一元函数的特性方面发挥了重要作用.为了研究多元函数,我们也要尽可能多地了解和掌握它们的各种信息,为此,自然想到将导数或微分这个概念推广到多元函数,建立多元函数可微的概念.这个概念的建立还需做些准备工作,即要先介绍偏导数的概念.偏导数的概念本质上就是一元函数的导数概念,也就是说,只要我们将多元函数的某一个变量视为变元,而将其他变量看作常数,那么就得到一个单变量函数,然后对它求关于该变量的导数,就得到这个多元函数关于该变量的“偏”导数.因此,偏导数就是将一元函数的导数概念应用于多元函数的一个变量而得到的.本节我们将给出偏导数的定义及其几何意义,并介绍如何利用单变量函数的求导法则计算多元函数的偏导数.

7.3.1 偏导数的定义及其计算方法

设二元函数 $z=f(x,y)$ 在点 $P_0(x_0,y_0)$ 的某个邻域内有定义.如果把 x 视为变量,把 y 看成常数,如 $y=y_0$,则得到一个单变量函数,即 $g(x)=f(x,y_0)$.

定义 7.14 若 $g(x)=f(x,y_0)$ 在 x_0 处可导,则将函数 $g(x)=f(x,y_0)$ 在 x_0 处的导数 $g'(x_0)$ 称为 $z=f(x,y)$ 在点 (x_0,y_0) 处**对 x 的偏导数**,记为

$$\left.\frac{\partial z}{\partial x}\right|_{(x_0,y_0)},\quad \frac{\partial z}{\partial x}(x_0,y_0)\quad 或\quad f_x(x_0,y_0),$$

即

$$\left.\frac{\partial z}{\partial x}\right|_{(x_0,y_0)}=\frac{\partial z}{\partial x}(x_0,y_0)=f_x(x_0,y_0)=g'(x_0).$$

由导数定义,有

$$g'(x_0)=\lim_{\Delta x\to 0}\frac{g(x_0+\Delta x)-g(x_0)}{\Delta x},$$

因而偏导数的定义又可以采用下面的形式.

定义 7.14′ 若极限 $\lim\limits_{\Delta x\to 0}\dfrac{f(x_0+\Delta x,y_0)-f(x_0,y_0)}{\Delta x}$ 存在,则此极限值称为

$f(x,y)$ 在点 (x_0,y_0) 处**对 x 的偏导数**，记为 $f_x(x_0,y_0)$，即

$$f_x(x_0,y_0)=\lim_{\Delta x\to 0}\frac{f(x_0+\Delta x,y_0)-f(x_0,y_0)}{\Delta x}.$$

类似地，若让 x 固定 $(x=x_0)$，将 y 视为变量，则得到一个单变量函数 $h(y)=f(x_0,y)$，然后求 $h(y)=f(x_0,y)$ 在 y_0 处的导数，便定义了 f 在点 (x_0,y_0) 处对 y 的偏导数 $f_y(x_0,y_0)$，即

$$h'(y_0)=f_y(x_0,y_0)=\lim_{\Delta y\to 0}\frac{f(x_0,y_0+\Delta y)-f(x_0,y_0)}{\Delta y}.$$

设 D 是平面区域，若在 D 中每一点 (x,y) 处，二元函数 f 对 x 的偏导数 f_x 存在，则

$$g'(x)=f_x(x,y)=\lim_{\Delta x\to 0}\frac{f(x+\Delta x,y)-f(x,y)}{\Delta x}.$$

当把 (x,y) 看成变动的点时，$f_x(x,y)$ 就是 D 上的一个函数，称它为 **f 对 x 的偏导函数**，简称为 **f 对 x 的偏导数**. 同理，可以类似地讨论偏导函数 $f_y(x,y)$.

偏导数还有如下多种不同的记号：

$$f_x(x,y)=f'_x(x,y)=f'_x=f_x=\frac{\partial z}{\partial x}=\frac{\partial f}{\partial x}=f'_1=D_1 f=D_x f,$$

$$f_y(x,y)=f'_y(x,y)=f'_y=f_y=\frac{\partial z}{\partial y}=\frac{\partial f}{\partial y}=f'_2=D_2 f=D_y f.$$

由上述偏导数的定义可知，偏导数实质上是一元函数的导数，这样一元函数的求导公式和法则都适用于求偏导数. 例如，在求 $f(x,y)$ 对 x 的偏导数时，只要把 y 当作常数，然后将表达式对 x 求导即可.

例 7.18　设 $f(x,y)=2xy+x^3+y^2$，求 $\frac{\partial f}{\partial x}$，$\frac{\partial f}{\partial y}$，$f_x(-1,1)$，$f_y(-1,1)$.

解　把 y 视为常数，$f(x,y)$ 关于 x 求导，得

$$\frac{\partial f}{\partial x}=\frac{\partial}{\partial x}(2xy+x^3+y^2)=2y+3x^2,$$

$$f_x(-1,1)=5.$$

类似地，把 x 视为常数，$f(x,y)$ 关于 y 求导，得

$$\frac{\partial f}{\partial y}=\frac{\partial}{\partial y}(2xy+x^3+y^2)=2x+2y,$$

$$f_y(-1,1)=0.$$

例 7.19　设 $f(x,y)=\frac{2x}{x+\cos y}$，求 f_x，f_y.

解　把 y 视为常数，$f(x,y)$ 关于 x 求导，得

$$f_x(x,y)=\frac{\partial}{\partial x}\left(\frac{2x}{x+\cos y}\right)$$
$$=\frac{(x+\cos y)\frac{\partial}{\partial x}(2x)-2x\frac{\partial}{\partial x}(x+\cos y)}{(x+\cos y)^2}$$
$$=\frac{(x+\cos y)\cdot 2-2x\cdot 1}{(x+\cos y)^2}$$
$$=\frac{2\cos y}{(x+\cos y)^2}.$$

类似地,把 x 视为常数,$f(x,y)$ 关于 y 求导,得

$$f_y(x,y)=\frac{\partial}{\partial y}\left(\frac{2x}{x+\cos y}\right)$$
$$=\frac{(x+\cos y)\frac{\partial}{\partial y}(2x)-2x\frac{\partial}{\partial y}(x+\cos y)}{(x+\cos y)^2}$$
$$=\frac{(x+\cos y)\cdot 0-2x\cdot(-\sin y)}{(x+\cos y)^2}$$
$$=\frac{2x\sin y}{(x+\cos y)^2}.$$

n $(n\geqslant 3)$元函数偏导数的定义完全类似于二元函数偏导数的定义,也是把其中一个变元看作变量而把其余变元都看成常数后对这一个变量求导.

例 7.20 设 $f(x,y,z)=e^{xyz}\ln(z+\sin xy)$,求 f_x,f_y 和 f_z.

解 把 y 和 z 视为常数,$f(x,y,z)$ 关于 x 求导,得

$$f_x=e^{xyz}yz\ln(z+\sin xy)+e^{xyz}\frac{y}{z+\sin xy}\cos xy.$$

类似地,可得

$$f_y=e^{xyz}xz\ln(z+\sin xy)+e^{xyz}\frac{x}{z+\sin xy}\cos xy,$$
$$f_z=e^{xyz}xy\ln(z+\sin xy)+e^{xyz}\frac{1}{z+\sin xy}.$$

*7.3.2 偏导数的经济意义

对经济学问题中的多元函数也可以进行边际和弹性分析.

例 7.21 某商品的需求量 Q 受其价格 P 及消费者收入 Y 影响,设它们之间的函数关系为 $Q=Q(P,Y)$,且其偏导数存在. 试仿照弹性定义给出需求对价格

的偏弹性定义.

解 设消费者收入 Y 不变,当价格 P 的增量为 ΔP 时,相应需求量 Q 关于价格 P 的偏增量为 $\Delta_P Q=Q(P+\Delta P,Y)-Q(P,Y)$,而比值$\dfrac{\Delta_P Q}{\Delta P}$是需求量当价格由 P 变为 $P+\Delta P$ 时的平均变化率. 令 $\Delta P\to 0$,则偏导数

$$\frac{\partial Q}{\partial P}=\lim_{\Delta P\to 0}\frac{\Delta_P Q}{\Delta P}$$

是需求量 Q 关于价格 P 的变化率,称为**偏边际需求**. 而称

$$e_P=\lim_{\Delta P\to 0}\frac{\Delta_P Q/Q}{\Delta P/P}=\frac{P}{Q}\frac{\partial Q}{\partial P}$$

为**需求量对价格的偏弹性**.

类似可定义需求量对收入的偏弹性. 更进一步,有两种相关商品,需求量分别为 Q_1,Q_2,价格分别为 P_1,P_2,需求量同时受两种商品价格影响,即有函数 $Q_1=Q_1(P_1,P_2)$,$Q_2=Q_2(P_1,P_2)$,还可以定义商品需求量对自身价格以及对相关商品价格的偏弹性,赋予不同名称加以区别,称为需求的直接价格偏弹性和交叉价格偏弹性,等等,这些概念只是本例的类推而已(参考相关文献).

7.3.3 偏导数的几何意义

由偏导数的定义可知,$z=f(x,y)$ 在点 (x_0,y_0) 处对 x 的偏导数 $f_x(x_0,y_0)$ 就是将 y 固定在 y_0 后函数 $z=f(x,y_0)$ 在 x_0 处对 x 的导数,根据普通导数的几何意义知 $f_x(x_0,y_0)$ 是 xOz 面上的曲线 $z=f(x,y_0)$ 在点 $(x_0,z_0)=(x_0,f(x_0,y_0))$ 处的切线斜率.

另一方面,用平面 $y=y_0$ 截曲面 $z=f(x,y)$ 得到一条平面曲线

$$C_1:\begin{cases}y=y_0,\\ z=f(x,y).\end{cases}$$

易知这条平面曲线在 xOz 面的投影就是 xOz 面上的曲线 $z=f(x,y_0)$. 由于平面 $y=y_0$ 平行于 xOz 面,所以 xOz 面上的曲线 $z=f(x,y_0)$ 在点 $(x_0,z_0)=(x_0,f(x_0,y_0))$ 处的切线其实就是曲线 C_1 在点 (x_0,y_0,z_0) 处的切线的投影,因此 $f_x(x_0,y_0)$ 也就是曲线 C_1 在点 (x_0,y_0,z_0) 处的切线斜率(图 7.27(a)). 同理,$f_y(x_0,y_0)$ 就是平面曲线

$$C_2:\begin{cases}x=x_0,\\ z=f(x,y)\end{cases}$$

在点 (x_0,y_0,z_0) 处的切线斜率(图 7.27(b)).

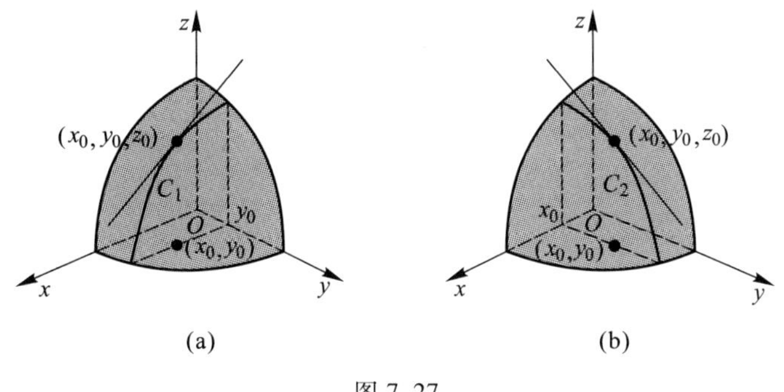

(a) (b)

图 7.27

7.3.4 高阶偏导数

设 $z=f(x,y)$ 是定义域为 D 的二元函数. 当其偏导数 f_x 或 f_y 在 D 上存在时, f_x 或 f_y 也是 D 上的二元函数,所以又可以考虑它们的偏导数 $(f_x)_x$, $(f_x)_y$, $(f_y)_x$ 和 $(f_y)_y$,称它们为 f 的**二阶偏导数**,并使用下述记号:

$$(f_x)_x=f_{xx}=f''_{11}=\frac{\partial}{\partial x}\left(\frac{\partial f}{\partial x}\right)=\frac{\partial^2 f}{\partial x^2}=\frac{\partial^2 z}{\partial x^2},$$

$$(f_x)_y=f_{xy}=f''_{12}=\frac{\partial}{\partial y}\left(\frac{\partial f}{\partial x}\right)=\frac{\partial^2 f}{\partial x\partial y}=\frac{\partial^2 z}{\partial x\partial y},$$

$$(f_y)_x=f_{yx}=f''_{21}=\frac{\partial}{\partial x}\left(\frac{\partial f}{\partial y}\right)=\frac{\partial^2 f}{\partial y\partial x}=\frac{\partial^2 z}{\partial y\partial x},$$

$$(f_y)_y=f_{yy}=f''_{22}=\frac{\partial}{\partial y}\left(\frac{\partial f}{\partial y}\right)=\frac{\partial^2 f}{\partial y^2}=\frac{\partial^2 z}{\partial y^2},$$

其中 $f_{xy}\left(\text{或}\dfrac{\partial^2 f}{\partial x\partial y}\right)$ 意指先对 x,再对 y 求偏导数,而在计算 $f_{yx}\left(\text{或}\dfrac{\partial^2 f}{\partial y\partial x}\right)$ 时,求导顺序恰好与前者相反. 这两种二阶偏导数既含有对 x 的偏导数,又含有对 y 的偏导数,通常称之为**二阶混合偏导数**,简称为**混合偏导数**. 类似地,对二阶偏导数,又可以讨论它们的偏导数,得到二元函数 f 的三阶偏导数,如此下去可以定义更高阶偏导数. 二阶及二阶以上的偏导数统称为**高阶偏导数**. 高阶偏导数的计算原则上只要一次一次地求偏导数即可,但若要计算的高阶偏导数的阶数较高,比如 n 阶偏导数,则应该找出计算规律.

例 7.22 设 $u(x,y)=xe^x\cos y$,求 u 的二阶偏导数.

解 先计算一阶偏导数,有

$$\frac{\partial u}{\partial x}=e^x\cos y+xe^x\cos y=(1+x)e^x\cos y,$$

$$\frac{\partial u}{\partial y}=-xe^x\sin y.$$

对$\frac{\partial u}{\partial x}$和$\frac{\partial u}{\partial y}$再求偏导数，得到

$$\frac{\partial^2 u}{\partial x^2}=\frac{\partial}{\partial x}\left(\frac{\partial u}{\partial x}\right)=\frac{\partial}{\partial x}[(1+x)e^x\cos y]=(2+x)e^x\cos y,$$

$$\frac{\partial^2 u}{\partial x\partial y}=\frac{\partial}{\partial y}\left(\frac{\partial u}{\partial x}\right)=\frac{\partial}{\partial y}[(1+x)e^x\cos y]=-(1+x)e^x\sin y,$$

$$\frac{\partial^2 u}{\partial y\partial x}=\frac{\partial}{\partial x}\left(\frac{\partial u}{\partial y}\right)=\frac{\partial}{\partial x}(-xe^x\sin y)=-(1+x)e^x\sin y,$$

$$\frac{\partial^2 u}{\partial y^2}=\frac{\partial}{\partial y}\left(\frac{\partial u}{\partial y}\right)=\frac{\partial}{\partial y}(-xe^x\sin y)=-xe^x\cos y.$$

注意，在这个例子中，我们看到$\frac{\partial^2 u}{\partial y\partial x}=\frac{\partial^2 u}{\partial x\partial y}$，这并非巧合，下述定理给出了保证混合偏导数与求导顺序无关的条件.

定理 7.1 设函数$f(x,y)$在(x_0,y_0)的某邻域内有定义. 若它的两个二阶混合偏导数f_{xy}和f_{yx}都在点(x_0,y_0)处连续，则$f_{xy}(x_0,y_0)=f_{yx}(x_0,y_0)$.

这个定理告诉我们，若一个函数的两个二阶混合偏导数都是连续函数，则它们相等，即与求导顺序无关. 反复运用这个定理可知，对于更高阶的混合偏导数，也有类似的结论.

7.3.5 函数偏导数存在与函数连续性的关系

我们知道，对一元函数而言，可导必连续，即若一元函数$y=f(x)$在点x_0处可导，则$f(x)$在点x_0处连续. 但是，对于多元函数而言，这个性质不再成立，也就是说，即使二元函数$z=f(x,y)$在点$P_0(x_0,y_0)$处的两个偏导数都存在，也不能保证$z=f(x,y)$在该点连续. 这是因为，二元函数在该点的偏导数存在只能保证当点$P(x,y)$沿着平行于相应坐标轴的方向趋于点$P_0(x_0,y_0)$时，函数值$f(x,y)$趋于$f(x_0,y_0)$，但不能保证当点P以任意方式趋于点P_0时，函数值$f(x,y)$趋于$f(x_0,y_0)$. 下面的例子也说明了这一点.

*__例 7.23__ 设

$$f(x,y)=\begin{cases}0, & xy\neq 0,\\ 1, & xy=0.\end{cases}$$

(1) 讨论函数在点$(0,0)$处的连续性；

(2) 证明偏导数$f_x(0,0)$和$f_y(0,0)$都存在.

解 (1) 让点(x,y)沿着直线$y=kx$趋于点$(0,0)$,则当$k\neq 0$时,有

$$\lim_{\substack{x\to 0\\ y=kx}} f(x,y)=\lim_{x\to 0} 0=0,$$

当$k=0$时,有

$$\lim_{\substack{x\to 0\\ y=0}} f(x,y)=\lim_{x\to 0} 1=1.$$

由两路径检验法知$\lim\limits_{(x,y)\to(0,0)} f(x,y)$不存在,从而$f(x,y)$在点$(0,0)$处不连续.

(2) 为了证明$f_x(0,0)$的存在性,我们把y固定在$y=0$,然后考察函数$g(x)=f(x,0)$在$x=0$处的导数. 显然有$g(x)=f(x,0)=1,x\in\mathbf{R}$,它是始终取值为1的常数函数,故$f_x(0,0)=g'(0)=0$,即$f_x(0,0)$存在. 同理可知$f_y(0,0)$也存在,且$f_y(0,0)=0$. 请读者自己画出该函数的图形.

习 题 7.3

1. 求下列函数的一阶偏导数:

(1) $z=xy^2$;

(2) $z=\dfrac{x}{\sqrt{x^2+y^2}}$;

(3) $z=\arctan\dfrac{y}{x}$;

(4) $z=\ln(x+\sqrt{x^2+y^2})$;

(5) $z=(1+xy)^y$;

(6) $u=x^{yz}$.

2. 求下列函数的二阶偏导数:

(1) $u=s^4+t^4-4s^2t^2$;

(2) $z=x^2ye^y$;

(3) $z=\ln(e^x+e^y)$;

(4) $s=\ln(u+v^2)$.

3. 已知函数$f(x,y,z)=xy^2+yz^2+zx^2$,求$f_{xx}(0,0,1)$,$f_{zx}(1,0,2)$,$f_{zy}(0,-1,0)$.

4. 已知函数$f(x,y)=e^{2x}+(y^2-1)\arctan\sqrt{\dfrac{x}{y}}$,求$f_x(x,1)$.

5. 已知函数$f(x,y)=x^2+y^2$,求$f_x(0,1)$及$f_y(0,1)$,并说明其几何意义.

*6. 已知函数$f(x,y,z)=e^{xyz}$,求f_{xyz}.

*7. 设

$$f(x,y)=\begin{cases} xy\dfrac{y^2-x^2}{x^2+y^2}, & x^2+y^2\neq 0,\\ 0, & x^2+y^2=0,\end{cases}$$

证明:$f_{xy}(0,0)$,$f_{yx}(0,0)$都存在,但$f_{xy}(0,0)\neq f_{yx}(0,0)$.

*8. 设

$$f(x,y)=\begin{cases} \dfrac{xy}{x^2+y^2}, & x^2+y^2\neq 0,\\ 0, & x^2+y^2=0,\end{cases}$$

证明:在点(0,0)处$f(x,y)$的偏导数存在,且$f_x(0,0)=f_y(0,0)=0$.

*9. 设两种商品的需求量Q_1,Q_2同时受它们的价格P_1,P_2影响,其函数关系分别为线性函数

$$Q_1=10+a_1P_1+a_2P_2,\quad Q_2=8+b_1P_1+b_2P_2,$$

试问参数a_1,a_2,b_1,b_2分别满足什么条件时,这两种商品是相互竞争的或互补的?

*10. 某商品的需求量Q同时受其自身价格P_1、另一种相关商品的价格P_2及消费者收入Y影响,其函数关系为

$$Q=\frac{1}{8}P_1^{-\frac{2}{3}}P_2^{\frac{1}{6}}Y^{\frac{1}{3}}.$$

试求该商品的各偏边际需求、需求的直接价格偏弹性、交叉价格偏弹性及收入偏弹性,并说明它们的实际意义.

7.4 全 微 分

偏导数只是反映了曲面上平行于x轴方向或y轴方向的曲线在该点的光滑性,但不能反映该点附近沿其他方向函数的变化情况,因此偏导数带给我们有关函数在该点的信息很不全面.为了弥补这一不足,我们需将一元函数的微分概念推广到二元函数中来.

文档
光滑的含义

7.4.1 多元函数全微分的概念

我们知道,若一元函数$y=f(x)$可微,则函数的增量Δy可用自变量的增量Δx的线性函数来近似求得,从而得出微分的重要知识.

现在考察二元函数$z=f(x,y)$.回忆一下二元函数的偏导数定义,二元函数对某个自变量的偏导数表示为当另一个自变量固定时,因变量相对于该自变量的变化率.根据一元函数微分学中增量与微分的关系,立即可得

$$f(x+\Delta x,y)-f(x,y)\approx f_x(x,y)\Delta x,\tag{7.5}$$

$$f(x,y+\Delta y)-f(x,y)\approx f_y(x,y)\Delta y.\tag{7.6}$$

上述两式中,左端分别称为二元函数对x和对y的**偏增量**,而右端分别称为二元函数对x和对y的**偏微分**.

但是在实际问题中,往往会遇到需要研究多元函数中各个自变量都取得增量时因变量所获得的增量,即关于全增量的问题.下面以二元函数为例进行讨论.

设函数$z=f(x,y)$在点$P_0(x_0,y_0)$的某邻域内有定义,$P(x_0+\Delta x,y_0+\Delta y)$为该

邻域内的任意一点,称这两点的函数值之差 $f(x_0+\Delta x,y_0+\Delta y)-f(x_0,y_0)$ 为函数在点 P_0 处对应于自变量增量 Δx 和 Δy 的**全增量**,记作 Δz,即

$$\Delta z=f(x_0+\Delta x,y_0+\Delta y)-f(x_0,y_0). \tag{7.7}$$

一般地,计算全增量 Δz 比较复杂.类似于一元函数的情形,我们希望用自变量的增量 Δx 与 Δy 的线性函数来近似地代替函数的全增量 Δz.为此,先看一个引例.

例如,一块长方形的金属薄片,由于热胀冷缩会产生细微变化,或者测量其长和宽时也会产生微小的误差,其长由实际的 x_0 变为 $x_0+\Delta x$,其宽由实际的 y_0 变为 $y_0+\Delta y$,那么由此引起的面积误差为

$$\begin{aligned}\Delta S&=(x_0+\Delta x)(y_0+\Delta y)-x_0y_0\\&=y_0\Delta x+x_0\Delta y+\Delta x\cdot\Delta y.\end{aligned}$$

上式中 ΔS 分成两部分,第一部分 $y_0\Delta x+x_0\Delta y$ 是 Δx 与 Δy 的线性函数,即图 7.28 中带有斜线的两个矩形面积之和;第二部分 $\Delta x\cdot\Delta y$ 是图 7.28 中右上角的小矩形的面积,当 $\Delta x\to0,\Delta y\to0$ 时可以略去.即当测量误差 Δx 和 Δy 都很小时,面积的误差 ΔS 可以用第一部分来近似代替.

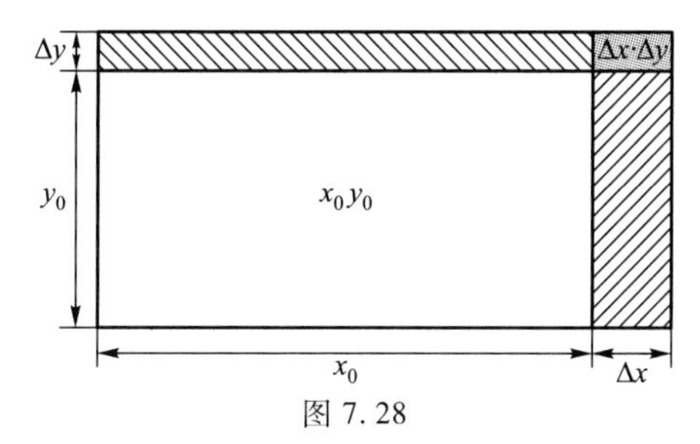

图 7.28

再如测量一个以边长 x 的正方形为底,高为 y 的长方体体积时产生的误差等实际问题都可以类似处理.

受此启发,一般地,可以从中抽象概括出如下定义.

定义 7.15 设函数 $z=f(x,y)$ 在点 (x_0,y_0) 的某个邻域内有定义.如果存在两个与 Δx 和 Δy 无关而仅与 x_0 和 y_0 有关的常数 A,B,使得函数 $f(x,y)$ 在点 (x_0,y_0) 处的全增量 Δz 可以表示为

$$\Delta z=f(x_0+\Delta x,y_0+\Delta y)-f(x_0,y_0)=A\cdot\Delta x+B\cdot\Delta y+o(\rho), \tag{7.8}$$

其中 $\rho=\sqrt{(\Delta x)^2+(\Delta y)^2}$,则称函数 f 在点 (x_0,y_0) 处**可微**,$A\cdot\Delta x+B\cdot\Delta y$ 叫做 $f(x,y)$ 在点 (x_0,y_0) 处的**全微分**,记作 $\mathrm{d}z\big|_{(x_0,y_0)}$ 或 $\mathrm{d}f(x_0,y_0)$,即

$$\mathrm{d}z\big|_{(x_0,y_0)}=A\cdot\Delta x+B\cdot\Delta y.$$

注 若函数 $f(x,y)$ 在点 (x_0,y_0) 处可微,则称二元线性函数 $l(x,y)=$

$f(x_0,y_0)+A(x-x_0)+B(y-y_0)$为函数$f(x,y)$在$(x_0,y_0)$的**线性近似**，并把$z=l(x,y)$的图像叫做曲面$z=f(x,y)$在点$M_0(x_0,y_0,f(x_0,y_0))$的切平面. 式(7.8)等价于

$$f(x,y)=f(x_0,y_0)+A(x-x_0)+B(y-y_0)+\varepsilon_1(x-x_0)+\varepsilon_2(y-y_0), \tag{7.9}$$

其中$\varepsilon_1\to 0,\varepsilon_2\to 0(x\to x_0,y\to y_0)$，所以在点$(x_0,y_0)$邻近，$f$的线性近似$l(x,y)$定义的切平面是曲面$z=f(x,y)$的“良好”逼近.

7.4.2 全微分存在的条件

由二元函数可微的定义，立即得到可微与连续的关系，即有

定理7.2 若函数$f(x,y)$在点(x_0,y_0)处可微，则$f(x,y)$在点(x_0,y_0)处连续.

这个结果非常合理，因为在某点“可微”，意味着在该点曲面足够光滑，以至于它在该点附近几乎像切平面那样平直，这显然强于仅在该点连续的要求.

直接用定义7.15来验证一个函数的可微性有时是很困难的，因此我们需要寻找判定函数可微的条件. 我们知道，对一元函数而言，导数存在与可微具有等价性，且$dy=f'(x_0)dx$. 那么，对于二元函数而言，可微性与偏导数存在怎样的关系呢？下面我们来探讨这个问题.

定理7.3 若函数$f(x,y)$在点(x_0,y_0)处可微，则f在这点的两个偏导数都存在，且$A=f_x(x_0,y_0)$，$B=f_y(x_0,y_0)$，其中A,B分别是$f(x,y)$全微分式中Δx与Δy的系数.

证 设$z=f(x,y)$在点(x_0,y_0)处可微，则存在常数A,B，使得对于点(x_0,y_0)的某个邻域内的任一点$(x_0+\Delta x,y_0+\Delta y)$，有

$$\Delta z=f(x_0+\Delta x,y_0+\Delta y)-f(x_0,y_0)=A\cdot\Delta x+B\cdot\Delta y+o(\sqrt{(\Delta x)^2+(\Delta y)^2}).$$

特别地，当$\Delta y=0$时，有

$$\Delta z=f(x_0+\Delta x,y_0)-f(x_0,y_0)=A\cdot\Delta x+o(|\Delta x|).$$

上式两边同时除以Δx，再令$\Delta x\to 0$，取极限得

$$\lim_{\Delta x\to 0}\frac{f(x_0+\Delta x,y_0)-f(x_0,y_0)}{\Delta x}=\lim_{\Delta x\to 0}\left(A+\frac{o(|\Delta x|)}{\Delta x}\right)=A,$$

故偏导数$f_x(x_0,y_0)$存在，且$f_x(x_0,y_0)=A$. 同理可证$f_y(x_0,y_0)=B$.

同一元函数微分的情形一样，习惯上将自变量的增量$\Delta x,\Delta y$分别记作dx，dy，并分别称为自变量x,y的微分. 这样我们可以把函数$z=f(x,y)$在点$M_0(x_0,y_0)$处的全微分表示为

$$\mathrm{d}z\Big|_{M_0}=f_x(x_0,y_0)\,\mathrm{d}x+f_y(x_0,y_0)\,\mathrm{d}y=\frac{\partial z}{\partial x}\Big|_{(x_0,y_0)}\mathrm{d}x+\frac{\partial z}{\partial y}\Big|_{(x_0,y_0)}\mathrm{d}y,$$

其中$\frac{\partial z}{\partial x}\Big|_{(x_0,y_0)}\mathrm{d}x$ 与$\frac{\partial z}{\partial y}\Big|_{(x_0,y_0)}\mathrm{d}y$ 分别称为函数关于自变量 x,y 的偏微分,于是二元函数的全微分等于它的两个偏微分之和,这表明二元函数的微分遵循**叠加原理**.

定理 7.2 和定理 7.3 表明,连续与偏导数存在是二元函数可微的必要条件,但它们并不是充分条件,即二元函数连续及偏导数存在并不保证该二元函数可微.

微视频
全微分存在的
必要条件实例

***例 7.24** 设

$$f(x,y)=\begin{cases}\dfrac{x^2y}{x^2+y^2}, & x^2+y^2\neq 0,\\ 0, & x^2+y^2=0,\end{cases}$$

证明:$f(x,y)$ 在点(0,0)处连续,$f_x(0,0)$,$f_y(0,0)$ 存在,但在点(0,0)处不可微.

证 ① 类似于例 7.13,可得

$$\lim_{(x,y)\to(0,0)}\frac{x^2y}{x^2+y^2}=0=f(0,0),$$

所以该函数在点(0,0)处连续.

②
$$f_x(0,0)=\lim_{\Delta x\to 0}\frac{f(0+\Delta x,0)-f(0,0)}{\Delta x}=0,$$

$$f_y(0,0)=\lim_{\Delta y\to 0}\frac{f(0,0+\Delta y)-f(0,0)}{\Delta y}=0.$$

③ 用反证法. 设该函数在点(0,0)处可微,则由定义 7.15 及②得

$$\lim_{(\Delta x,\Delta y)\to(0,0)}\frac{\Delta f-(0\cdot\Delta x+0\cdot\Delta y)}{\sqrt{(\Delta x)^2+(\Delta y)^2}}=\lim_{(\Delta x,\Delta y)\to(0,0)}\frac{(\Delta x)^2\Delta y}{\sqrt{[(\Delta x)^2+(\Delta y)^2]^3}}=0.$$

另一方面,若令 $\Delta y=k\Delta x$,则

$$\lim_{\substack{\Delta x\to 0\\ \Delta y=k\Delta x}}\frac{(\Delta x)^2\Delta y}{\sqrt{[(\Delta x)^2+(\Delta y)^2]^3}}=\lim_{\Delta x\to 0}\frac{k(\Delta x)^3}{|(\Delta x)^3|\sqrt{(1+k^2)^3}}.$$

由两路径检验法知,此极限不存在,矛盾. 故该函数在点(0,0)处不可微.

注 在点(0,0)附近其图像如图 7.29 所示,形如一张"凹凸不平的纸",从图中可以看出结论的正确性,即在点(0,0)处,函数虽连续,且曲面被 $x=0,y=0$ 截得的截痕(曲线)有水平切线,但无切平面. 在计算机中从不同侧面观察它,效果更佳.

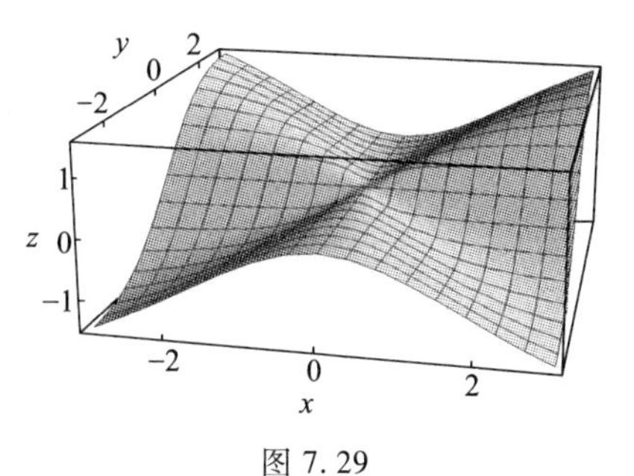

图 7.29

从上面的讨论可以看到，对于二元函数，函数连续及偏导数存在还不足以保证函数的可微性，这反映了二元函数可微性的要求更复杂些. 那么，还要附加什么条件才能保证函数可微呢？下面是一个简单而又便于使用的判别条件.

定理 7.4（可微的充分条件）　若函数 $f(x,y)$ 的偏导数 $f_x(x,y)$ 和 $f_y(x,y)$ 在点 (x_0,y_0) 的某个邻域内存在，且偏导数均在点 (x_0,y_0) 处连续，则 $f(x,y)$ 在点 (x_0,y_0) 处可微.

上述定理只是一个保证函数可微的充分条件，而非必要条件，举例说明如下.

*__例 7.25__　设

$$f(x,y)=\begin{cases}x^2\sin\dfrac{1}{x}, & x\neq 0,\\ 0, & x=0.\end{cases}$$

证明：(1) $f(x,y)$ 在点 $(0,0)$ 处可微；

(2) $f_x(x,y)$ 在点 $(0,0)$ 的邻域内存在，但在点 $(0,0)$ 处不连续.

证　(1) 当 $\Delta x\to 0,\Delta y\to 0$ 时，有

$$\begin{aligned}\Delta z&=f(0+\Delta x,0+\Delta y)-f(0,0)\\&=\begin{cases}(\Delta x)^2\sin\dfrac{1}{\Delta x}, & \Delta x\neq 0,\\ 0, & \Delta x=0\end{cases}\\&=0\cdot\Delta x+0\cdot\Delta y+o(\Delta x)\\&=0\cdot\Delta x+0\cdot\Delta y+o\left(\sqrt{(\Delta x)^2+(\Delta y)^2}\right),\end{aligned}$$

所以函数在点 $(0,0)$ 处可微.

(2) 当 $x\neq 0$ 时，$f_x(x,y)=2x\sin\dfrac{1}{x}-\cos\dfrac{1}{x}$. 在点 $x=0$ 处，因

$$f(x,0)=\begin{cases}x^2\sin\dfrac{1}{x}, & x\neq 0,\\ 0, & x=0,\end{cases}$$

故

$$\begin{aligned}f(0+\Delta x,0)-f(0,0)&=\begin{cases}(\Delta x)^2\sin\dfrac{1}{\Delta x}, & \Delta x\neq 0,\\ 0, & \Delta x=0\end{cases}\\&=0\cdot\Delta x+o(\Delta x).\end{aligned}$$

于是一元函数 $f(x,0)$ 在 $x=0$ 处可微，且其导数 $\dfrac{\mathrm{d}}{\mathrm{d}x}f(x,0)\Big|_{x=0}=0$. 从而

$$f_x(x,y)=\begin{cases}2x\sin\dfrac{1}{x}-\cos\dfrac{1}{x}, & x\neq 0,\\ 0, & x=0.\end{cases}$$

易见 $\lim\limits_{(x,y)\to(0,0)} f_x(x,y)$ 不存在,所以 $f_x(x,y)$ 在点(0,0)处不连续.

注 $f(x,y)$ 在点(0,0)附近,其图像如图 7.30 所示,形如一张"折皱了的纸",请读者通过观察图像去体会结论的正确性.

至此,我们看到二元函数的偏导数连续、函数可微、偏导数存在及函数连续之间存在的关系,即偏导数连续蕴含着函数可微,函数可微蕴含着偏导数存在及函数连续,但反过来的蕴含关系一般并不成立.

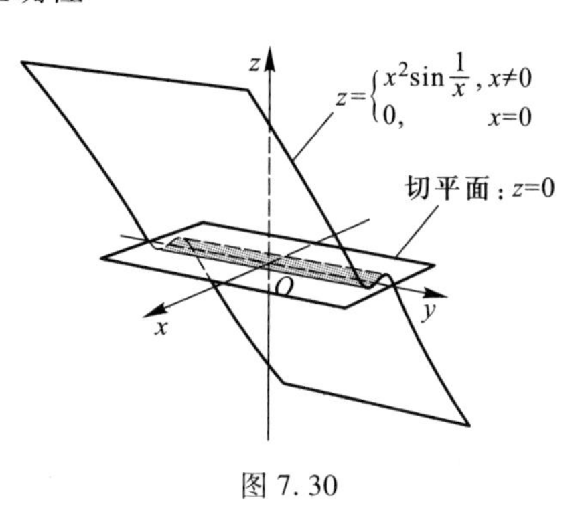

图 7.30

如果函数 $f(x,y)$ 在区域 D 的每一点都可微,则称 **$f(x,y)$ 在 D 内可微**. 由上面的讨论可知,对于每一点 $(x,y)\in D$,f 在点 (x,y) 处的全微分

$$\mathrm{d}z=f_x(x,y)\,\mathrm{d}x+f_y(x,y)\,\mathrm{d}y=\frac{\partial z}{\partial x}\mathrm{d}x+\frac{\partial z}{\partial y}\mathrm{d}y.$$

二元函数可微的概念及其相关结论都可以平行地推广到一般的 $n\ (n\geqslant 3)$ 元函数. 例如,设三元函数 $u=f(x,y,z)$ 可微,则其全微分为

$$\mathrm{d}u=f_x(x,y,z)\,\mathrm{d}x+f_y(x,y,z)\,\mathrm{d}y+f_z(x,y,z)\,\mathrm{d}z=\frac{\partial u}{\partial x}\mathrm{d}x+\frac{\partial u}{\partial y}\mathrm{d}y+\frac{\partial u}{\partial z}\mathrm{d}z.$$

例 7.26 求函数 $z=x^2+xy+3y^2$ 在点(1, 1.5)处的全微分.

解 因为

$$\frac{\partial z}{\partial x}=2x+y,\qquad \frac{\partial z}{\partial y}=x+6y,$$

$$\left.\frac{\partial z}{\partial x}\right|_{(1,1.5)}=3.5,\quad \left.\frac{\partial z}{\partial y}\right|_{(1,1.5)}=10,$$

所以

$$\mathrm{d}z\,\big|_{(1,1.5)}=3.5\mathrm{d}x+10\mathrm{d}y.$$

例 7.27 设函数 $u=xz\mathrm{e}^{-y^2-z^2}$,计算函数 u 的全微分.

解 因为

$$\frac{\partial u}{\partial x}=z\mathrm{e}^{-y^2-z^2},\quad \frac{\partial u}{\partial y}=-2xyz\mathrm{e}^{-y^2-z^2},\quad \frac{\partial u}{\partial z}=x(1-2z^2)\,\mathrm{e}^{-y^2-z^2},$$

所以

$$\mathrm{d}u=z\mathrm{e}^{-y^2-z^2}\mathrm{d}x-2xyz\mathrm{e}^{-y^2-z^2}\mathrm{d}y+x(1-2z^2)\mathrm{e}^{-y^2-z^2}\mathrm{d}z.$$

7.4.3 全微分的简单应用

同一元函数微分类似,多元函数的全微分可以在近似计算中发挥一定的作用.例如,对于可微的二元函数 $z=f(x,y)$,由微分的定义可得

$$f(x,y)\approx l(x,y)=f(x_0,y_0)+f_x(x_0,y_0)(x-x_0)+f_y(x_0,y_0)(y-y_0),$$

其中点 (x,y) 与 (x_0,y_0) 靠得比较近.如果 $f(x_0,y_0)$, $f_x(x_0,y_0)$ 和 $f_y(x_0,y_0)$ 都已知或易于计算,那么利用上式可以对二元函数进行近似计算.

例 7.28 设有本金 $P_0=100$ 万元,现在将其存入银行,年利率 $r=0.036$.若存期 $T=2.014$ 年,试估算到期的本息和.

解 考虑函数 $f(x,y)=P_0x^y$.把 $\Delta x=r=0.036$ 和 $\Delta y=0.014$ 分别看作 x 在 $x_0=1$ 和 y 在 $y_0=2$ 取得的增量,由线性近似公式得到期的本息和为

$$\begin{aligned}P_0\cdot 1.036^{2.014}&=f(1+0.036,2+0.014)\\&\approx f(1,2)+f_x(1,2)\times 0.036+f_y(1,2)\times 0.014.\end{aligned}$$

容易求得

$$\begin{gathered}f(1,2)=P_0,\\ f_x(x,y)=P_0yx^{y-1},\quad f_y(x,y)=P_0x^y\ln x,\\ f_x(1,2)=2P_0,\quad f_y(1,2)=0,\end{gathered}$$

所以

$$P_0\cdot 1.036^{2.014}\approx P_0+2P_0\times 0.036=1.072P_0=107.2(\text{万元}).$$

这相当于存期为两年的本息和,这与精确的本息和已相当接近.

例 7.29 设有一批长、宽、高分别为 30 cm,20 cm 和 20 cm 的长方体金属盒子.为了提高盒子外表面的光洁度,要在其外表面镀上一层铜,厚度为 0.005 cm,试估计每只盒子需要多少克铜(铜的密度是 8.9 g/cm³).

解 把每只盒子视为一个长方体,设其边长分别为 x,y 和 z,则其体积为 $V=V(x,y,z)=xyz$.当盒子的外表面镀上一层铜后,相当于盒子的长、宽、高都分别取得了增量 $\Delta x=\Delta y=\Delta z=0.01$ cm,于是每只盒子所需镀铜的体积为

$$\begin{aligned}\Delta V&=V(30+\Delta x,\ 20+\Delta y,\ 20+\Delta z)-V(30,20,20)\\&\approx V_x(30,20,20)\Delta x+V_y(30,20,20)\Delta y+V_z(30,20,20)\Delta z\\&=(20\times 20+30\times 20+30\times 20)\times 0.01=16(\mathrm{cm}^3).\end{aligned}$$

于是,每只盒子需要的铜约为

$$16\times 8.9=142.4(\mathrm{g}).$$

习 题 7.4

1. 求下列全微分:

(1) $z=x^2\sin 3y$,求 $\mathrm{d}z$;

(2) $z=\ln(x^2+y^2)$,求 $\mathrm{d}z$;

(3) $z=\mathrm{e}^{xy^2}$,求 $\mathrm{d}z$;

(4) $u=y^{xz}$,求 $\mathrm{d}u$;

(5) $f(x,y)=\dfrac{x}{y^2}$,求 $\mathrm{d}f(3,1)$;

(6) $z=\dfrac{y}{\sqrt{x^2+y^2}}$,求 $\mathrm{d}z\big|_{(3,4)}$.

2. 求下列近似值:

(1) $0.98^{6.01}$;

(2) $\sqrt{1.02^3+1.99^3}$.

3. 某企业的成本 C 与两种产品 A 和 B 的产量 Q_1,Q_2 之间的关系为

$$C=Q_1^2-\frac{1}{2}Q_1Q_2+Q_2^2.$$

现在 A 的产量从 100 增加到 105, B 的产量从 50 增加到 52,求成本的增加量.

7.5 多元复合函数求导法则

7.5.1 多元复合函数求导的链式法则

与一元复合函数求导运算的链式法则类似,多元复合函数求导运算也有链式法则. 不过由于多元函数的复合形式具有多样性,从而此时的链式法则更为复杂些. 下面我们主要讨论其中三种类型.

类型 1 适合于复合函数的中间变量均为一元函数的情形.

定理 7.5 设 $x=\varphi(t)$ 和 $y=\psi(t)$ 都在 t 处可导,$z=f(x,y)$ 在与 t 相应的点 $(x,y)=(\varphi(t),\psi(t))$ 处可微,则复合函数 $z=f[\varphi(t),\psi(t)]$ 在 t 处可导,且

$$\frac{\mathrm{d}z}{\mathrm{d}t}=\frac{\partial f}{\partial x}\cdot\frac{\mathrm{d}x}{\mathrm{d}t}+\frac{\partial f}{\partial y}\cdot\frac{\mathrm{d}y}{\mathrm{d}t} \quad 或 \quad \frac{\mathrm{d}z}{\mathrm{d}t}=\frac{\partial z}{\partial x}\cdot\frac{\mathrm{d}x}{\mathrm{d}t}+\frac{\partial z}{\partial y}\cdot\frac{\mathrm{d}y}{\mathrm{d}t}. \tag{7.10}$$

*__证__ 设对应于 t 取得的增量为 Δt,$x=\varphi(t)$ 和 $y=\psi(t)$ 产生的相应增量为 Δx

和 Δy,由此导致 $z=f(x,y)$ 产生的增量为 Δz. 由于 f 可微,故按定义 7.15,有

$$\Delta z=\frac{\partial f}{\partial x}\Delta x+\frac{\partial f}{\partial y}\Delta y+o(\rho),$$

其中 $\rho\to 0$ ($\Delta x\to 0$, $\Delta y\to 0$). 上式两边同时除以 Δt,得

$$\frac{\Delta z}{\Delta t}=\frac{\partial f}{\partial x}\frac{\Delta x}{\Delta t}+\frac{\partial f}{\partial y}\frac{\Delta y}{\Delta t}+\frac{o(\rho)}{\Delta t}.$$

由于 $\varphi(t)$ 和 $\psi(t)$ 在 t 处可导,所以它们在 t 处连续,故当 $\Delta t\to 0$ 时,有 $\Delta x\to 0$,$\Delta y\to 0$,从而又有 $\rho\to 0$ ($\Delta t\to 0$). 令 $\Delta t\to 0$,在上式两边取极限得

$$\begin{aligned}\frac{\mathrm{d}z}{\mathrm{d}t}&=\lim_{\Delta t\to 0}\frac{\Delta z}{\Delta t}\\&=\frac{\partial f}{\partial x}\lim_{\Delta t\to 0}\frac{\Delta x}{\Delta t}+\frac{\partial f}{\partial y}\lim_{\Delta t\to 0}\frac{\Delta y}{\Delta t}+\lim_{\Delta t\to 0}\left[\frac{o(\rho)}{\rho}\sqrt{\left(\frac{\Delta x}{\Delta t}\right)^2+\left(\frac{\Delta y}{\Delta t}\right)^2}\right]\\&=\frac{\partial f}{\partial x}\frac{\mathrm{d}x}{\mathrm{d}t}+\frac{\partial f}{\partial y}\frac{\mathrm{d}y}{\mathrm{d}t}+0\\&=\frac{\partial f}{\partial x}\frac{\mathrm{d}x}{\mathrm{d}t}+\frac{\partial f}{\partial y}\frac{\mathrm{d}y}{\mathrm{d}t}.\end{aligned}$$

为了理解这个链式法则,可以画出路径图(图 7.31). 从图中可见,要计算$\frac{\mathrm{d}z}{\mathrm{d}t}$,先看从 z 出发经过每个中间变量到达自变量 t 的路径有几条,然后沿每一条路径运用单变量复合函数的链式法则求导,最后把每条路径上求得的结果相加,便得$\frac{\mathrm{d}z}{\mathrm{d}t}$.

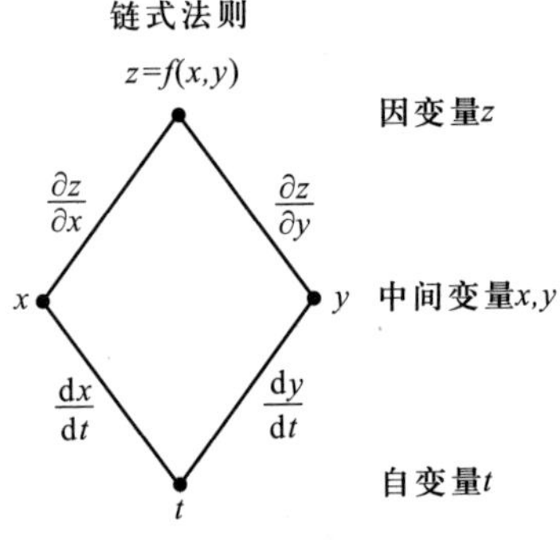

图 7.31

例 7.30 设 $z=T(x,y)=xy^2+x^2y$ 表示平面区域 D 上点 (x,y) 处的温度,参数方程 $x=\cos 2t$,$y=\sin t$ 表示平面 D 中的一条曲线路径 C,那么复合函数 $z=T(\cos 2t,\ \sin t)$ 便表示沿着曲线路径 C 上点的温度(图 7.32). 求$\frac{\mathrm{d}z}{\mathrm{d}t}$在 $t=\frac{\pi}{2}$的值,并说明其物理意义.

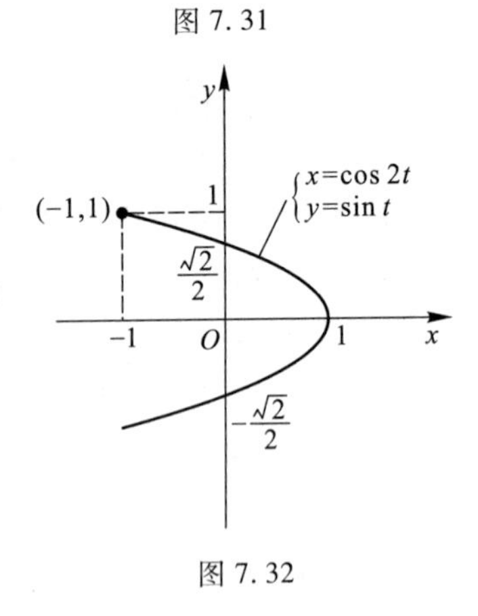

图 7.32

解 根据链式法则,可得

$$\frac{\mathrm{d}z}{\mathrm{d}t}=\frac{\partial z}{\partial x}\cdot\frac{\mathrm{d}x}{\mathrm{d}t}+\frac{\partial z}{\partial y}\cdot\frac{\mathrm{d}y}{\mathrm{d}t}$$

$$=(y^2+2xy)(-2\sin 2t)+(2xy+x^2)\cos t.$$

因为只要求$\frac{\mathrm{d}z}{\mathrm{d}t}$在 $t=\frac{\pi}{2}$的值，所以可以先简单地算一下 x 和 y 在 $t=\frac{\pi}{2}$的值. 当 $t=\frac{\pi}{2}$时，有 $x=-1,y=1$. 所以

$$\left.\frac{\mathrm{d}z}{\mathrm{d}t}\right|_{t=\frac{\pi}{2}}=(1-2)\cdot(-2\sin\pi)+(-2+1)\cos\frac{\pi}{2}=0.$$

由于导数$\frac{\mathrm{d}z}{\mathrm{d}t}$代表着变化率，它的物理意义是：沿着曲线 C，温度 T 在 $t=\frac{\pi}{2}$对应点$(-1,1)$处温度变化的速度为 0.

定理 7.5 的结论可以推广到中间变量有 $n\ (n\geqslant 3)$ 个且中间变量全是一元函数的情形. 例如，设 $z=f(u,v,w)$ 可微，$u=\varphi(t)$，$v=\psi(t)$ 和 $w=\omega(t)$ 可导，则它们复合而成的函数 $z=f[\varphi(t),\ \psi(t),\ \omega(t)]$ 可导，且有如下链式法则：

$$\frac{\mathrm{d}z}{\mathrm{d}t}=\frac{\partial z}{\partial u}\cdot\frac{\mathrm{d}u}{\mathrm{d}t}+\frac{\partial z}{\partial v}\cdot\frac{\mathrm{d}v}{\mathrm{d}t}+\frac{\partial z}{\partial w}\cdot\frac{\mathrm{d}w}{\mathrm{d}t}.$$

类型 2 适合于复合函数的中间变量均为多元函数的情形.

定理 7.6 若 $u=\varphi(x,y)$ 和 $v=\psi(x,y)$ 在点(x,y)处的偏导数都存在，且 $z=f(u,v)$在与(x,y)相应的点$(u,v)=(\varphi(x,y),\psi(x,y))$处可微，则复合函数 $z=f[\varphi(x,y),\psi(x,y)]$在点$(x,y)$处存在偏导数，且

$$\frac{\partial z}{\partial x}=\frac{\partial z}{\partial u}\cdot\frac{\partial u}{\partial x}+\frac{\partial z}{\partial v}\cdot\frac{\partial v}{\partial x},\tag{7.11}$$

$$\frac{\partial z}{\partial y}=\frac{\partial z}{\partial u}\cdot\frac{\partial u}{\partial y}+\frac{\partial z}{\partial v}\cdot\frac{\partial v}{\partial y}.\tag{7.12}$$

事实上，在计算$\frac{\partial z}{\partial x}$时，我们总是把 y 当作常数，因此中间变量 u 和 v 可视作一元函数而应用定理 7.5，只不过这里涉及二元函数，所以应将式(7.10)中的 d 改为 ∂，且 t 换成 x，从而利用式(7.10)而得到式(7.11). 同理，可利用式(7.10)得到式(7.12).

图 7.33 是定理 7.6 的路径图. 从图 7.33(a)中，我们看到，z 到自变量 x 的路径有两条，沿着每一条路径都是把 y 看作常数，再利用一元函数的链式法则关于 x 求导，然后把所得结果相加，便得到$\frac{\partial z}{\partial x}$. 类似地，图 7.33(b)所示的是计算$\frac{\partial z}{\partial y}$的链式法则.

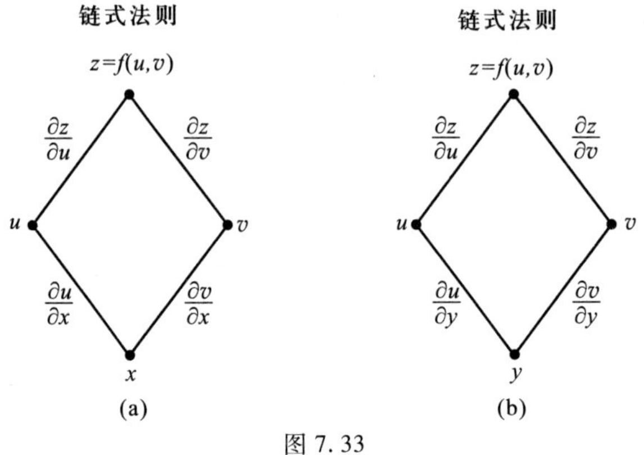

图 7.33

例 7.31　设 $z=e^x\sin y, x=st^2, y=s^2t$，求$\frac{\partial z}{\partial s}$和$\frac{\partial z}{\partial t}$.

解　应用类型 2 的链式法则，可得

$$\begin{aligned}\frac{\partial z}{\partial s}&=\frac{\partial z}{\partial x}\cdot\frac{\partial x}{\partial s}+\frac{\partial z}{\partial y}\cdot\frac{\partial y}{\partial s}\\&=(e^x\sin y)t^2+(e^x\cos y)(2st)\\&=t^2e^{st^2}\sin(s^2t)+2ste^{st^2}\cos(s^2t),\end{aligned}$$

$$\begin{aligned}\frac{\partial z}{\partial t}&=\frac{\partial z}{\partial x}\cdot\frac{\partial x}{\partial t}+\frac{\partial z}{\partial y}\cdot\frac{\partial y}{\partial t}\\&=(e^x\sin y)(2st)+(e^x\cos y)s^2\\&=2ste^{st^2}\sin(s^2t)+s^2e^{st^2}\cos(s^2t).\end{aligned}$$

对于中间变量多于两个，或自变量多于两个的情形，也有类似的结论. 例如，设 $u=\varphi(x,y), v=\psi(x,y), w=\omega(x,y)$ 都在点 (x,y) 处存在偏导数，$z=f(u,v,w)$ 在相应于 (x,y) 的点 (u,v,w) 处可微，则复合函数 $z=f[\varphi(x,y),\psi(x,y),\omega(x,y)]$ 在点 (x,y) 处存在偏导数，且有如下链式法则：

$$\frac{\partial z}{\partial x}=\frac{\partial z}{\partial u}\cdot\frac{\partial u}{\partial x}+\frac{\partial z}{\partial v}\cdot\frac{\partial v}{\partial x}+\frac{\partial z}{\partial w}\cdot\frac{\partial w}{\partial x},$$

$$\frac{\partial z}{\partial y}=\frac{\partial z}{\partial u}\cdot\frac{\partial u}{\partial y}+\frac{\partial z}{\partial v}\cdot\frac{\partial v}{\partial y}+\frac{\partial z}{\partial w}\cdot\frac{\partial w}{\partial y}.$$

当然，类型 2 的链式法则还有其他变通形式，如自变量也可以为 $n(n\geqslant 3)$ 个，等等. 总之，不管出现何种情形，相应的链式法则的本质是一样的，那就是复合函数对某个自变量求偏导数时，总是把其余自变量看作常数，再沿因变量到自变量的每一条路径按照一元函数链式法则对该变量求导数，然后把所得结果相加.

例 7.32　设 $u=x^2y+y^2z, x=rse^t, y=rs^2e^{-t}, z=rs\sin t$，求 $\frac{\partial u}{\partial s}$ 在点 $(r,s,t)=(2,1,0)$ 处的值.

解　利用类型 2 的链式法则，可得

$$\frac{\partial u}{\partial s}=\frac{\partial u}{\partial x}\cdot\frac{\partial x}{\partial s}+\frac{\partial u}{\partial y}\cdot\frac{\partial y}{\partial s}+\frac{\partial u}{\partial z}\cdot\frac{\partial z}{\partial s}$$

$$=2xyre^t+(x^2+2yz)\cdot 2rse^{-t}+y^2r\sin t.$$

当 $r=2, s=1, t=0$ 时，有 $x=2, y=2, z=0$，所以

$$\left.\frac{\partial u}{\partial s}\right|_{(2,1,0)}=16+16+0=32.$$

类型 3　适合于复合函数的中间变量既有一元函数又有多元函数的情形，这种情形可以视为前两种情形的混合.

定理 7.7　设 $u=\varphi(x,y)$ 在点 (x,y) 处存在偏导数，$v=\psi(y)$ 在点 y 处可导，$z=f(u,v)$ 在相应点 $(u,v)=(\varphi(x,y),\psi(y))$ 处可微，则复合函数 $z=f[\varphi(x,y),\psi(y)]$ 在点 (x,y) 处存在偏导数，且

$$\frac{\partial z}{\partial x}=\frac{\partial z}{\partial u}\cdot\frac{\partial u}{\partial x},\quad \frac{\partial z}{\partial y}=\frac{\partial z}{\partial u}\cdot\frac{\partial u}{\partial y}+\frac{\partial z}{\partial v}\cdot\frac{\mathrm{d}v}{\mathrm{d}y}.$$

这一情形可视为类型 2 的特例，换言之，我们完全可以把 $v=\psi(y)$ 看作是一个与 x 无关的二元函数，从而 $\frac{\partial v}{\partial x}=0$ 总成立. 因而利用定理 7.6，并注意到此时的 $\frac{\partial v}{\partial y}$ 其实就是 $\frac{\mathrm{d}v}{\mathrm{d}y}$，可知本定理结论成立. 对于中间变量多于两个，而中间变量既有一元函数又有多元函数的情形，也有类似的结论. 下面通过例子加以说明.

例 7.33　设 $u=f(x,xy,xyz)$，f 具有二阶连续偏导数，求 $\frac{\partial u}{\partial x}, \frac{\partial u}{\partial y}, \frac{\partial u}{\partial z}$ 及 $\frac{\partial^2 u}{\partial x^2}$.

解　令 $v=xy, w=xyz$，则 $u=f(x,v,w)$，这时自变量个数为 3，中间变量个数为 2，且中间变量中二元函数有一个，三元函数有一个，因此这是一个较为典型的混合型函数复合情形. 其路径图如图 7.34 所示，从因变量 u 到自变量 x 的路径有三条.

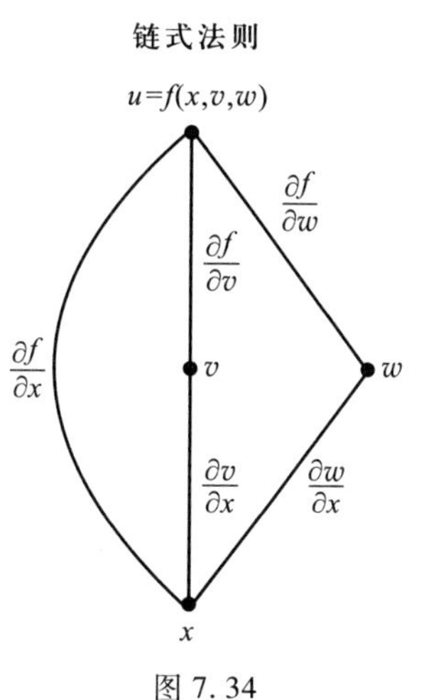

图 7.34

由链式法则得

$$\frac{\partial u}{\partial x}=\frac{\partial f}{\partial x}+\frac{\partial f}{\partial v}\frac{\partial v}{\partial x}+\frac{\partial f}{\partial w}\frac{\partial w}{\partial x}=f_1'+yf_2'+yzf_3'.$$

同理，可求得

$$\frac{\partial u}{\partial y}=\frac{\partial f}{\partial v}\frac{\partial v}{\partial y}+\frac{\partial f}{\partial w}\frac{\partial w}{\partial y}=xf'_2+xzf'_3,$$

$$\frac{\partial u}{\partial z}=\frac{\partial f}{\partial w}\frac{\partial w}{\partial z}=xyf'_3.$$

注意上面式子中 $\frac{\partial u}{\partial x}$ 和 $\frac{\partial f}{\partial x}$ 的区别，前者表示复合函数 $u=f(x,xy,xyz)$ 对自变量 x 的偏导数，即此时 x,y 和 z 是自变量，我们是把 y 和 z 当成常数后，对自变量 x 求导；而后者表示把 $u=f(x,v,w)$ 中的 v 和 w 当成常数后，对变量 x 求导，因此两者在意义上是不同的. 在对混合型复合函数用链式法则时，这种符号上的区别是重要的，如果把后者改记为$\frac{\partial u}{\partial x}$，则会造成混淆而导致错误. 另外，我们在上述式子中还使用了记号 $f'_i(i=1,2,3)$，它表示对第 i 个变量求偏导数，这种偏导数记号的优点是明确了对自变量和对中间变量求偏导数的区别. 这种记法尤其适用于求高阶偏导数.

微视频
复合函数微分法之更复杂例子

下面我们来计算 $\frac{\partial^2 u}{\partial x^2}$，此时应把 $\frac{\partial u}{\partial x}=f'_1+yf'_2+yzf'_3$ 看成复合函数，即

$$\frac{\partial u}{\partial x}=f'_1(x,xy,xyz)+yf'_2(x,xy,xyz)+yzf'_3(x,xy,xyz).$$

然后再利用链式法则求 $\frac{\partial u}{\partial x}$ 对 x 的偏导数：

$$\begin{aligned}\frac{\partial^2 u}{\partial x^2}&=\frac{\partial}{\partial x}\left(\frac{\partial u}{\partial x}\right)\\&=\frac{\partial}{\partial x}(f'_1(x,xy,xyz)+yf'_2(x,xy,xyz)+yzf'_3(x,xy,xyz))\\&=\frac{\partial}{\partial x}f'_1(x,xy,xyz)+y\frac{\partial}{\partial x}f'_2(x,xy,xyz)+yz\frac{\partial}{\partial x}f'_3(x,xy,xyz)\\&=f''_{11}+yf''_{12}+yzf''_{13}+y(f''_{21}+yf''_{22}+yzf''_{23})+yz(f''_{31}+yf''_{32}+yzf''_{33})\\&=f''_{11}+2yf''_{12}+2yzf''_{13}+y^2f''_{22}+2y^2zf''_{23}+y^2z^2f''_{33}.\end{aligned}$$

注 函数 $f'_i(i=1,2,3)$ 的复合关系与函数 f 的复合关系是“一脉相承”的，因此其路径图与图 7.34 一样，请读者自己画出. 总之，画路径图可以帮助我们理清多元函数多种多样的复合关系，从而顺利地给出相应链式法则.

7.5.2 一阶全微分的形式不变性

与一元函数的一阶微分形式的不变性类似，多元函数的一阶全微分也具有不变性. 下面以二元函数一阶全微分的形式不变性为例加以说明.

设函数 $z=f(u,v)$ 存在连续偏导数. 则当 u 和 v 是自变量时,$z=f(u,v)$ 的一阶全微分为

$$\mathrm{d}z=\frac{\partial z}{\partial u}\mathrm{d}u+\frac{\partial z}{\partial v}\mathrm{d}v.$$

如果 u 和 v 是中间变量,即 $u=\varphi(x,y)$,$v=\psi(x,y)$,且它们存在连续的偏导数,则由链式法则及可微的充分条件知,复合函数 $z=f[\varphi(x,y),\psi(x,y)]$ 可微,且它的全微分为

$$\begin{aligned}\mathrm{d}z&=\frac{\partial z}{\partial x}\mathrm{d}x+\frac{\partial z}{\partial y}\mathrm{d}y\\&=\left(\frac{\partial z}{\partial u}\frac{\partial u}{\partial x}+\frac{\partial z}{\partial v}\frac{\partial v}{\partial x}\right)\mathrm{d}x+\left(\frac{\partial z}{\partial u}\frac{\partial u}{\partial y}+\frac{\partial z}{\partial v}\frac{\partial v}{\partial y}\right)\mathrm{d}y\\&=\frac{\partial z}{\partial u}\left(\frac{\partial u}{\partial x}\mathrm{d}x+\frac{\partial u}{\partial y}\mathrm{d}y\right)+\frac{\partial z}{\partial v}\left(\frac{\partial v}{\partial x}\mathrm{d}x+\frac{\partial v}{\partial y}\mathrm{d}y\right)\\&=\frac{\partial z}{\partial u}\mathrm{d}u+\frac{\partial z}{\partial v}\mathrm{d}v.\end{aligned}$$

这表明,对于函数 $z=f(u,v)$,不论 u,v 是自变量还是中间变量,它的全微分都可以写成

$$\mathrm{d}z=\frac{\partial z}{\partial u}\mathrm{d}u+\frac{\partial z}{\partial v}\mathrm{d}v.$$

这个性质叫做**一阶全微分形式不变性**.

一阶全微分形式不变性其实是多元复合函数的链式法则的产物,它对于求复合函数的偏导数或全微分是很有帮助的. 特别是在函数复合关系较为复杂时,利用它不仅能做到层次清楚,计算快捷简约,而且还有利于避免出错.

另外,一元函数微分的四则运算法则对于多元函数的全微分也都成立. 因此在求多元函数的全微分时,可以运用这套法则.

例 7.34 求函数 $u=\dfrac{x}{x^2+y^2+z^2}$ 的全微分及偏导数.

解 利用一阶全微分形式不变性及微分的四则运算法则,可得

$$\begin{aligned}\mathrm{d}u&=\mathrm{d}\left(\frac{x}{x^2+y^2+z^2}\right)\\&=\frac{(x^2+y^2+z^2)\mathrm{d}x-x\mathrm{d}(x^2+y^2+z^2)}{(x^2+y^2+z^2)^2}\\&=\frac{(x^2+y^2+z^2)\mathrm{d}x-x(2x\mathrm{d}x+2y\mathrm{d}y+2z\mathrm{d}z)}{(x^2+y^2+z^2)^2}\\&=\frac{y^2+z^2-x^2}{(x^2+y^2+z^2)^2}\mathrm{d}x-\frac{2xy}{(x^2+y^2+z^2)^2}\mathrm{d}y-\frac{2xz}{(x^2+y^2+z^2)^2}\mathrm{d}z.\end{aligned}$$

再利用全微分的表达式,可得

$$\frac{\partial u}{\partial x}=\frac{y^2+z^2-x^2}{(x^2+y^2+z^2)^2},\quad \frac{\partial u}{\partial y}=-\frac{2xy}{(x^2+y^2+z^2)^2},\quad \frac{\partial u}{\partial z}=-\frac{2xz}{(x^2+y^2+z^2)^2}.$$

上述计算过程不仅显示了一阶全微分形式不变性的优点,而且也提供了计算偏导数的另一种途径.即求偏导数时,我们可以先计算全微分,则表达式中 dx,dy 和 dz 前面的系数项就分别是该函数对三个自变量的偏导数.

习 题 7.5

1. 求解下列问题(其中 f 可微):

(1) 设 $z=u^v$,$u=x^2+y^2$,$v=xy$,求 $\frac{\partial z}{\partial x}$, $\frac{\partial z}{\partial y}$;

(2) 设 $z=e^{3x-2y}$,$x=\sin\theta$,$y=\theta^3$,求 $\frac{dz}{d\theta}$;

(3) 设 $z=f(u,v)$,其中 $f(u,v)$ 具有连续偏导数,$u=x^2-y^2$,$v=e^{xy}$,求 $\frac{\partial z}{\partial x}$, $\frac{\partial z}{\partial y}$;

(4) 设 $z=\arctan\frac{x+y}{x-y}$,求 $\frac{\partial^2 z}{\partial x^2}$, $\frac{\partial^2 z}{\partial y^2}$;

(5) 设 $f(x,y)=\sin(xy^2)$,求 $f_{xx}(1,1)$, $f_{yx}\left(\frac{\pi}{2},1\right)$;

(6) 设 $u=u(x,z)$ 由 $u=e^{x+3y+5z}$ 及 $y=z^2\cos x$ 复合而成,求 $u_x(0,1)$, $u_z(0,1)$.

2. 若函数 $f(x,y)$ 满足 $f(tx,ty)=t^kf(x,y)$(k 为正整数),则称 $f(x,y)$ 是 k 次齐次函数.证明 k 次齐次可微函数 $f(x,y)$ 满足

$$xf_x(x,y)+yf_y(x,y)=kf(x,y),$$

并且找出若干个齐次函数的实例.

3. 设 $z=f(6x-y)+g(x,xy)$,其中函数 $f(t)$ 二阶可导,$g(u,v)$ 具有二阶连续的偏导数,求 z_{xx}, z_{xy}.

7.6 隐函数求导公式

在学习一元函数导数时,我们曾经提到过隐函数概念,介绍过隐函数求导法,但那时并未涉及这种方法的理论依据.现在,有了多元复合函数的链式法则,就可以为以前学习的隐函数求导过程提供一个更完整的描述.而且还会看到,这种隐函数求导法可以有更一般的推广.下面我们主要讨论其中两种类型.

7.6.1 由二元方程确定的一元隐函数求导公式

对于方程 $F(x,y)=0$ 确定的隐函数 $y=f(x)$,若函数 $F(x,y)$ 存在连续偏导数,

并且它关于 y 的偏导数 $F_y \neq 0$,则 $F(x,y)$ 可微. 于是,应用上节类型 1 的链式法则对 $F(x,y)=0$ 的两边关于 x 求偏导数. 因为此时 x 和 y 都是 x 的函数,故得到

$$\frac{\partial F}{\partial x}\frac{\mathrm{d}x}{\mathrm{d}x}+\frac{\partial F}{\partial y}\frac{\mathrm{d}y}{\mathrm{d}x}=0.$$

但$\dfrac{\mathrm{d}x}{\mathrm{d}x}=1$,所以

$$\frac{\mathrm{d}y}{\mathrm{d}x}=-\frac{\dfrac{\partial F}{\partial x}}{\dfrac{\partial F}{\partial y}}=-\frac{F_x}{F_y}.$$

这就是由二元方程 $F(x,y)=0$ 所确定的隐函数 $y=f(x)$ 的求导公式.

例 7.35 设 $\mathrm{e}^{y-x}+xy^2-x=1$,求 $\dfrac{\mathrm{d}y}{\mathrm{d}x}$ 在点 $x=0$ 处的值.

解 令 $F(x,y)=\mathrm{e}^{y-x}+xy^2-x-1$,则 $F(x,y)$ 在 $\mathbf{R}^2$ 上存在连续的偏导数. 当 $x=0$ 时,从方程解得唯一的 $y=0$,故 $F(0,0)=0$. 又

$$F_y(0,0)=(\mathrm{e}^{y-x}+2xy)\big|_{(0,0)}=1\neq 0,$$

文档
隐函数存在定理

因此

$$\frac{\mathrm{d}y}{\mathrm{d}x}=-\frac{F_x}{F_y}=\frac{\mathrm{e}^{y-x}-y^2+1}{\mathrm{e}^{y-x}+2xy}.$$

从而

$$\left.\frac{\mathrm{d}y}{\mathrm{d}x}\right|_{x=0}=\left.\frac{\mathrm{e}^{y-x}-y^2+1}{\mathrm{e}^{y-x}+2xy}\right|_{(0,0)}=2.$$

7.6.2 由三元方程确定的二元隐函数求导公式

二元方程 $F(x,y)=0$ 确定的隐函数求导方法和公式可以推广到一般的 $n(n\geqslant 3)$ 元方程. 例如,设 $F(x,y,z)=0$ 确定了 z 作为 x 和 y 的二元连续可微隐函数 $z=z(x,y)$. 若函数 $F(x,y,z)$ 存在连续偏导数,且它关于 z 的偏导数 $F_z\neq 0$,则 $F(x,y,z)$ 可微. 于是,应用上节混合型复合函数的链式法则,对 $F(x,y,z)=0$ 两边分别关于 x 和 y 求偏导数,可得

$$\frac{\partial F}{\partial x}+\frac{\partial F}{\partial z}\frac{\partial z}{\partial x}=0,\quad \frac{\partial F}{\partial y}+\frac{\partial F}{\partial z}\frac{\partial z}{\partial y}=0,$$

分别解得

$$\frac{\partial z}{\partial x}=-\frac{F_x}{F_z},\quad \frac{\partial z}{\partial y}=-\frac{F_y}{F_z}.$$

这就是由三元方程 $F(x,y,z)=0$ 所确定的隐函数 $z=z(x,y)$ 的求导公式.

隐函数求导法还有更一般的推广,如通过增加变元的个数和方程的个数,可以将这种方法推广到多元方程组确定的隐函数,而且每一种推广背后都有一个相应的隐函数存在定理为基础,有兴趣的读者可以参考数学专业教材. 隐函数求导法也是后面要介绍的拉格朗日乘数法的基础.

其实不必刻意去记忆隐函数求导公式,具体求导时,只要利用链式法则,按照前面介绍的推导公式的办法,就可以很方便地进行计算. 下面再看两个例子.

例 7.36 设 $z=z(x,y)$ 是由方程 $x^3+3y^2+8xz^2-3z^2y-9=0$ 确定的隐函数,求 $\frac{\partial z}{\partial x},\frac{\partial z}{\partial y}$ 在点(1, 1)处的值.

解 将 $x^3+3y^2+8xz^2-3z^2y-9=0$ 中 z 看成 x 和 y 的函数,然后利用链式法则. 方程两边分别关于 x 和 y 求偏导数,得

$$3x^2+8z^2+16xz\frac{\partial z}{\partial x}-6yz\frac{\partial z}{\partial x}=0,$$

$$6y+16xz\frac{\partial z}{\partial y}-3z^2-6yz\frac{\partial z}{\partial y}=0.$$

又当 $(x,y)=(1,1)$ 时, $z=-1$ 或 $z=1$. 将它们分别代入上述两个方程,可得

$$\left.\frac{\partial z}{\partial x}\right|_{(1,1)}=-\frac{11}{10},\quad \left.\frac{\partial z}{\partial y}\right|_{(1,1)}=-\frac{3}{10}$$

或

$$\left.\frac{\partial z}{\partial x}\right|_{(1,1)}=\frac{11}{10},\quad \left.\frac{\partial z}{\partial y}\right|_{(1,1)}=\frac{3}{10}.$$

例 7.37 设 $z=z(x,y)$ 是由方程 $x+y+z-ye^{z+x+y}=0$ 所确定的函数,求 dz.

解 利用一阶全微分形式不变性及全微分的四则运算法则,直接对方程两边求微分得

$$dx+dy+dz-d(ye^{z+x+y})=0,$$

即

$$dx+dy+dz-e^{z+x+y}dy-ye^{z+x+y}(dx+dy+dz)=0.$$

由此解出

$$dz=-dx-\frac{ye^{z+x+y}+e^{z+x+y}-1}{ye^{z+x+y}-1}dy.$$

当然,本题也可以用隐函数求导法,先计算 z 的两个偏导数,然后写出其微分表达式. 但上述解法更快捷,这说明在实际计算中,不必拘泥于隐函数求导法.

习 题 7.6

1. 求下列隐函数的偏导数或微分：

(1) $xy-\ln y=\mathrm{e}$，求$\dfrac{\mathrm{d}y}{\mathrm{d}x}$；

(2) $\sin(\theta t)+e^t=\theta^2$，求$\dfrac{\mathrm{d}\theta}{\mathrm{d}t}$；

(3) $z^x=y^z$，求$\dfrac{\partial z}{\partial x}, \dfrac{\partial z}{\partial y}$；

(4) $yz-\sin z=x-y$，求$\dfrac{\partial z}{\partial x}$；

(5) $\mathrm{e}^{-xy}-3z+\mathrm{e}^z=0$，求 $\mathrm{d}z$；

(6) $x+y^2+z^3=xy+2z$，求 $z_x(1,1), z_y(1,1)$.

2. 设$f(x,y,z)=\mathrm{e}^x yz^2$，其中 $z=z(x,y)$ 是由 $x+y+z+xyz=0$ 所确定的函数，求 $f_x(0,1)$.

3. 设 $z^3-3xyz=1$，求$\dfrac{\partial^2 z}{\partial x\partial y}$.

4. 设 $x^2+y^2+z^2=4z$，求$\dfrac{\partial^2 z}{\partial y^2}, \dfrac{\partial^2 z}{\partial y\partial x}$.

7.7 多元函数的极值

极值是函数最基本的特性之一，在研究函数图像的几何特征和实际问题中都有重要应用. 本节我们要把极值的概念推广到多元函数，并介绍寻求多元函数极值的方法，主要以二元函数为例进行探讨.

在 7.2 中我们已经知道，二元连续函数在有界闭区域上必有最值. 这些最值可能会在区域的边界上达到，也可能会在区域的内部达到. 当最值在区域内部达到时，这种最值就是所谓的极值，最值点也就是所谓的极值点. 本节我们将会看到，二元函数取得极值的情况与一元函数取得极值的情况非常类似，寻求极值的方法也基本相同. 比如，在极值点上要么二元函数的两个一阶偏导数都为零，要么至少有一个一阶偏导数不存在；在使偏导数都为零的点上是否一定取得极值，也一样需要进行判断；同导数在求一元函数极值中所起的作用一样，偏导数在研究二元函数的极值方面也将发挥重要作用.

7.7.1 二元函数的极值

从图 7.35 中可以看到，在函数 f 的图像上，有两个位置处于局部最高的点上,在这样的位置,函数值$f(x_0,y_0)$比其邻近的函数值$f(x,y)$都要大,它们都是所谓的局部最大值,而这两个局部最大值中的较大者则是该函数的最大值.同样,f也有两个局部最低的位置,在这样的位置上,函数值$f(x_0,y_0)$比其邻近的函数值$f(x,y)$都要小,它们都是所谓的局部最小值,而这两个局部最小值中的较小者则是该函数的最小值.

定义 7.16 设二元函数f在点$P_0(x_0,y_0)$的某邻域$U(P_0)$有定义.如果对于任意$(x,y)\in \mathring{U}(P_0)$,有

$$f(x,y)<f(x_0,y_0),$$

则称f在点(x_0,y_0)处有**局部最大值**或**极大值**,点(x_0,y_0)称为f的**极大值点**,$f(x_0,y_0)$称为f的**极大值**;如果对于任意$(x,y)\in \mathring{U}(P_0)$,有

$$f(x,y)>f(x_0,y_0),$$

则称f在点(x_0,y_0)处有**局部最小值**或**极小值**,点(x_0,y_0)称为f的**极小值点**,$f(x_0,y_0)$称为f的**极小值**.

微视频
二元函数的极值

极大值与极小值统称为**极值**,极大值点与极小值点统称为**极值点**.

例如,函数$z=5x^2+6y^2$在点$(0,0)$处有极小值.这是因为对于点$(0,0)$的任一邻域内异于$(0,0)$的点,函数值都为正,而在点$(0,0)$处的函数值为零.从几何上看这是显然的,因为点$(0,0,0)$是开口朝上的椭圆抛物面$z=5x^2+6y^2$的顶点.

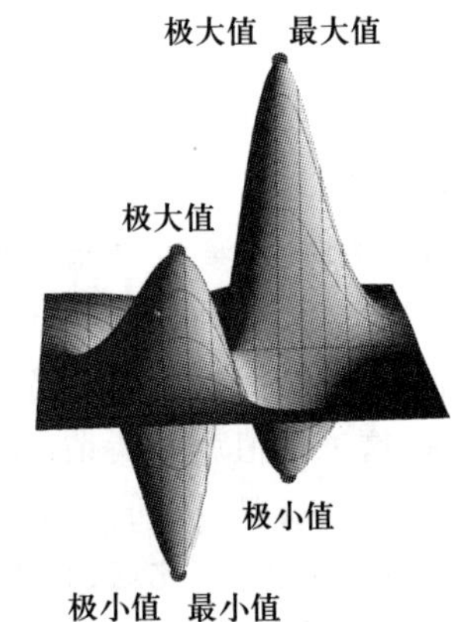

图 7.35

又如函数$z=3-\sqrt{x^2+y^2}$在点$(0,0)$处有极大值.这是因为在点$(0,0)$处函数值为3,而对于点$(0,0)$的任一邻域内异于$(0,0)$的点,函数值都小于3.从几何上看这是显然的,因为点$(0,0,3)$是位于平面$z=3$下方的圆锥面$z=3-\sqrt{x^2+y^2}$的顶点.

由极值的定义可以看出,函数的极值是一个局部概念.如图 7.35 所示,如果将上述定义中$P_0(x_0,y_0)$的邻域改为函数f的定义域D,并把相应的不等式改为对D中每一异于点(x_0,y_0)的点成立,则称函数f在点(x_0,y_0)处有最大值或最小值,点(x_0,y_0)称为f的最大值点或最小值点,$f(x_0,y_0)$称为f的最大值或最小值.

若二元函数$z=f(x,y)$在点(x_0,y_0)处取得了极大值(或极小值),则固定$y=y_0$,一元函数$g(x)=f(x,y_0)$在点x_0处有极大值(或极小值);同理,固定$x=x_0$,

一元函数 $h(y)=f(x_0,y)$ 在点 y_0 处也有极大值(或极小值). 于是,由一元函数的极值必要条件立即可得到下述定理.

定理 7.8(二元函数极值的必要条件) 若函数 $f(x,y)$ 在点 (x_0,y_0) 处取得极值,且 $f(x,y)$ 在点 (x_0,y_0) 处的两个一阶偏导数都存在,则有 $f_x(x_0,y_0)=f_y(x_0,y_0)=0$.

定义 7.17 若在点 (x_0,y_0) 处有 $f_x(x_0,y_0)=0$, $f_y(x_0,y_0)=0$,则称点 (x_0,y_0) 为 $f(x,y)$ 的**驻点**或**稳定点**.

定理 7.8 告诉我们,若 f 的偏导数存在,则 f 的极值点必是 f 的驻点. 但驻点不一定是极值点.

例 7.38 设 $f(x,y)=x^2+2y^2-2x-12y+20$,求函数的极值.

解 由题意,

$$f_x(x,y)=2x-2,\quad f_y(x,y)=4y-12.$$

当 $x=1,y=3$ 时,这两个偏导数都等于零,所以 $(1,3)$ 是唯一驻点. 又通过配方得

$$f(x,y)=(x-1)^2+2(y-3)^2+1.$$

显然,对任意点 (x,y),有 $f(x,y)\geqslant 1$,所以 $f(1,3)=1$ 是 f 的极小值. 事实上,它是 f 的最小值,而且 $(1,3)$ 是 f 的唯一极值点.

$z=f(x,y)=x^2+2y^2-2x-12y+20$ 的图像是一椭圆抛物面,而 $(1,3,1)$ 则是该椭圆抛物面的顶点,如图 7.36 所示.

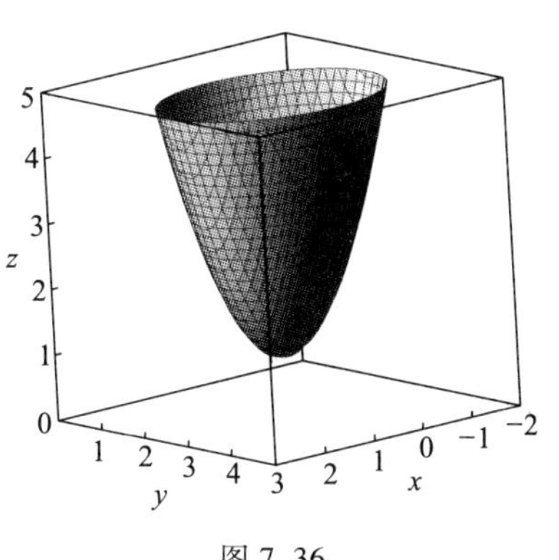

图 7.36

例 7.39 设 $f(x,y)=xy$,研究函数的极值.

解 由题意,

$$f_x(x,y)=y,\quad f_y(x,y)=x.$$

令 $f_x(x,y)=y=0$, $f_y(x,y)=x=0$,解得唯一驻点 $(0,0)$.

现在我们来考察平面 $y=x$ 与曲面 $z=f(x,y)=xy$ 的交线 $\begin{cases}y=x,\\z=xy,\end{cases}$ 即

$$\begin{cases}y=x,\\z=x^2.\end{cases}$$

这是一条位于平面 $y=x$ 上的以 $(0,0,0)$ 为顶点的开口向上的抛物线. 在此抛物线上,当 $x\neq 0$ 时,有

$$z=f(x,x)=x^2>0=f(0,0).$$

再考虑 $y=-x$ 与曲面 $z=f(x,y)=xy$ 的交线 $\begin{cases}y=-x,\\z=xy,\end{cases}$ 即

$$\begin{cases} y=-x, \\ z=-x^2. \end{cases}$$

这是一条位于平面 $y=-x$ 上的以(0,0,0)为顶点的开口向下的抛物线. 在此抛物线上,当 $x\neq 0$ 时,有

$$z=f(x,-x)=-x^2<0=f(0,0).$$

所以,在原点(0,0)的任何邻域内,总包含着 f 取正值的点,也包含着 f 取负值的点(图 7.37). 由此可知,$f(0,0)$ 不可能是 f 的极值. 由于(0,0)是 f 的唯一驻点,所以 f 没有极值.

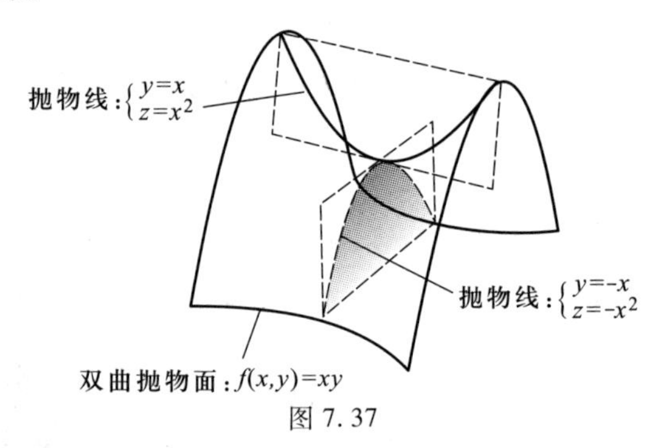

图 7.37

注 例 7.39 说明,驻点未必是函数的极值点. $f(x,y)=xy$ 的图像是双曲抛物面,从图 7.37 我们看到,在原点(0,0)附近,沿 $y=x$ 方向,$f(0,0)$ 是最小值;而沿 $y=-x$ 方向,$f(0,0)$ 又是最大值. 在原点邻近,函数的图像像马鞍形,所以也把点(0,0)叫做 f 的**鞍点**.

下面我们介绍二元函数在驻点取得极值的充分条件.

定理 7.9(二元函数极值的充分条件) 设函数 $f(x,y)$ 在 $P_0(x_0,y_0)$ 的某个邻域 $U(P_0)$ 内存在连续的二阶偏导数,且 P_0 是函数的驻点,即 $f_x(x_0,y_0)=f_y(x_0,y_0)=0$. 记

$$A=f_{xx}(x_0,y_0),\quad B=f_{xy}(x_0,y_0),\quad C=f_{yy}(x_0,y_0),$$

则

(1) 当 $AC-B^2>0$ 时,函数 f 在点 (x_0,y_0) 处取得极值,且当 $A>0$ 时 f 有极小值 $f(x_0,y_0)$,当 $A<0$ 时 f 有极大值 $f(x_0,y_0)$;

(2) 当 $AC-B^2<0$ 时,函数 f 在点 (x_0,y_0) 处不取极值;

(3) 当 $AC-B^2=0$ 时,函数 f 在点 (x_0,y_0) 处可能取得极值,也可能不取极值.

通常将满足定理中情形(2)的点 (x_0,y_0) 叫做**鞍点**. 而对于满足情形(3)的点 (x_0,y_0),f 是否取得极值,需要进一步判断. 对于这种情形,可以建立更精细的判别条件,有兴趣的读者可以参考数学专业教材. 另外,定理中的判别式 $AC-B^2$

通常也写成形式

$$AC-B^2=\begin{vmatrix} f_{xx} & f_{xy} \\ f_{xy} & f_{yy} \end{vmatrix},$$

以便于记忆.

例 7.40 求函数 $f(x,y)=x^3+y^3-3xy+1$ 的极值和鞍点.

解 先求驻点. 令

$$f_x(x,y)=3x^2-3y=0,\quad f_y(x,y)=3y^2-3x=0,$$

解得 $x=0,y=0$ 或 $x=1,y=1$. 所以驻点为 $(0,0)$ 和 $(1,1)$.

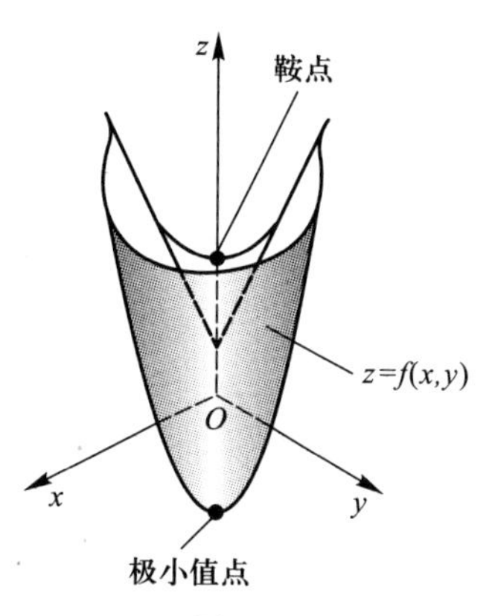

图 7.38

再计算二阶偏导数和判别式. 有

$$A=f_{xx}=6x,\quad B=f_{xy}=-3,\quad C=f_{yy}=6y,$$

$$AC-B^2=f_{xx}f_{yy}-(f_{xy})^2=36xy-9.$$

在点 $(0,0)$ 处,由于 $AC-B^2=-9<0$,所以由定理 7.9 的情形(2)知点 $(0,0)$ 是鞍点;

在点 $(1,1)$ 处,由于 $AC-B^2=27>0$,且 $A=6>0$,所以由定理 7.9 的情形(1)知 $f(1,1)=0$ 是极小值. 函数 f 的图形如图 7.38 所示.

讨论函数的极值问题时,由定理 7.8 可知,如果函数在所讨论的区域内具有偏导数,那么极值只可能在驻点处取得. 但是,如果函数在个别点处的偏导数不存在,这些点当然不是驻点,却有可能是极值点. 例如,函数 $z=\sqrt{x^2+y^2}$, $z=3-\sqrt{x^2+y^2}$ 等在点 $(0,0)$ 处就是如此. 因此在考察函数的极值问题时,除了要考虑其驻点外,还应该考虑偏导数不存在的点(如果有这些点).

7.7.2 二元函数的最值

正如本节开头所提到的,二元连续函数在有界闭区域 D 上可达最值,而且其最值或者在 D 的边界点上达到,或者在 D 的内部达到. 若属于后一种情形,则此时的最值必是极值,最值点也必是极值点,因而必是驻点或至少有一个偏导数不存在的点. 这样,求二元连续函数 $f(x,y)$ 在有界闭区域上的最值可按下面的步骤进行:

(1) 求出 f 在 D 中的所有驻点和一阶偏导数不存在的点;

(2) 计算 f 在所有驻点及一阶偏导数不存在的点的取值;

(3) 求出 f 在 D 的边界上的最值;

(4) 比较第(2)步和第(3)步中计算所得的诸值,其中最大者就是 f 的最大值,最小者就是 f 的最小值.

*例 7.41 试在由 x 轴、y 轴和直线 $x+y=5$ 所围成的三角形闭区域 D 上求函数 $f(x,y)=y^2-4xy+4x$ 的最值.

解 ① 求函数 f 在 D 内的驻点.

令

$$f_x(x,y)=-4y+4=0,\quad f_y(x,y)=2y-4x=0,$$

解得唯一驻点 $\left(\frac{1}{2},1\right)$. f 在此驻点的取值为 $f\left(\frac{1}{2},1\right)=1$.

② 计算函数 f 在 D 边界上的最值.

在线段 $L_1=\{(x,0)\mid 0\leqslant x\leqslant 5\}$ 上,$f(x,0)=4x$ 是线性函数,易知 f 在 L_1 上的最小值是 $f(0,0)=0$,最大值是 $f(5,0)=20$.

在线段 $L_2=\{(x,5-x)\mid 0\leqslant x\leqslant 5\}$ 上,有

$$g(x)=f(x,5-x)=5x^2-26x+25,\quad 0\leqslant x\leqslant 5.$$

令 $g'(x)=10x-26=0$,解得 $x=2.6$. 又 $g(0)=25$,$g(5)=20$,$g(2.6)$ 是抛物线 $g(x)$ 的顶点的纵坐标,所以 $g(2.6)<g(5)<g(0)$. 因此,f 在 L_2 上的最小值是 $f(2.6,2.4)=-8.8$,最大值是 $f(0,5)=25$.

在线段 $L_3=\{(0,y)\mid 0\leqslant y\leqslant 5\}$ 上,有

$$h(y)=f(0,y)=y^2,\quad 0\leqslant y\leqslant 5.$$

显然,这是一条抛物线段,易知 f 在 L_3 上的最小值为 $f(0,0)=0$,最大值为 $f(0,5)=25$.

③ 比较①和②中计算所得的诸值,可知 f 在 D 上的最大值是 $f(0,5)=25$,最小值是 $f(2.6,2.4)=-8.8$. f 的图像如图 7.39 所示.

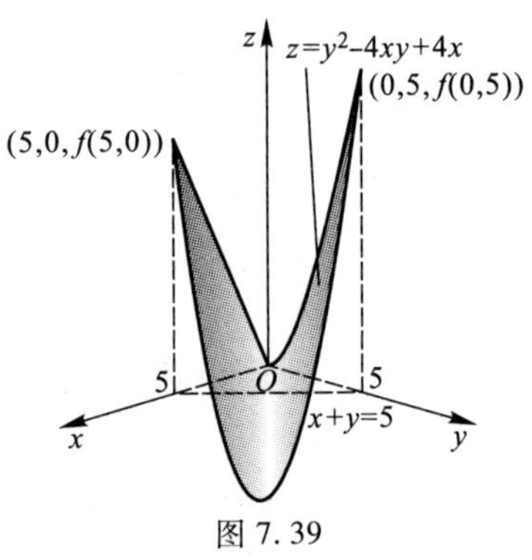

图 7.39

限于篇幅,这里只取其一幅侧面图,在计算机中可以转动图形,通过观看 f 的不同侧面图来检查所得的结果. 另外,对本章的其他图像,也可在计算机中进行类似操作. 如有兴趣,还可以编程,在计算机中呈现用一系列截痕生成曲面的动态过程,效果更佳. 对于本节的图像,还可以考虑绘制等高线图,来检查所得的结果.

例 7.42 某厂要用铁皮做成一个无盖的长方体盒子,其表面积为 108 cm^2,求这种盒子的最大容积.

解 设盒子的长、宽、高分别为 x cm,y cm,z cm,则其容积为

$$V=xyz.$$

又由已知,这个无盖盒子所用铁皮面积

$$2yz+2zx+xy=108,$$

由此解出 $z=\dfrac{108-xy}{2(x+y)}$. 于是

$$V=V(x,y)=xy\frac{108-xy}{2(x+y)}=\frac{108xy-x^2y^2}{2(x+y)},\quad x>0,y>0.$$

所以问题归结为求函数 $V=V(x,y)$ 的最值.

计算偏导数得

$$\frac{\partial V}{\partial x}=\frac{y^2(108-2xy-x^2)}{2(x+y)^2},\quad \frac{\partial V}{\partial y}=\frac{x^2(108-2xy-y^2)}{2(x+y)^2}.$$

令 $\dfrac{\partial V}{\partial x}=0,\dfrac{\partial V}{\partial y}=0$,则在 $V(x,y)$ 的定义域 $D=\{(x,y)\mid x>0,y>0\}$ 中解得唯一驻点为(6,6).

根据问题的实际意义可知,容积 V 的最大值一定存在,且在开区域 $D=\{(x,y)\mid x>0,y>0\}$ 内达到,所以这个最大值点一定是函数 $V(x,y)$ 的极大值点,从而也必是驻点. 现在我们求得了唯一驻点,因此可以断定,当 $x=y=6$ 时,V 取得最大值. 由于当 $x=y=6$ 时,$z=3$,故

$$V_{\max}=6\times6\times3=108(\mathrm{cm}^3).$$

这个例子说明,在实际问题中,如果根据问题的性质可以断定函数在某个区域内有最值,则此最值也一定是极值. 此时,如果在该区域内只有唯一驻点,那么该驻点就是所要求函数的最值点,驻点处的函数值也就是所要求的最值.

7.7.3 条件极值与拉格朗日乘数法

在例 7.42 中,我们遇到了求容积函数 $V(x,y,z)=xyz$ 在条件 $2yz+2zx+xy=108$ 限制下的极值问题;在例 7.41 中,其实也遇到了类似的问题,即除了要求 f 在区域 D 内的极值外,还要求 f 在区域 D 的边界上的最值. 如果我们把区域 D 的边界看成由方程 $g(x,y)=k$(k 为常数)确定的平面曲线,则求 f 在区域 D 的边界上的极值也就变成了求函数 $f(x,y)=y^2-4xy+4x$ 在条件 $g(x,y)=k$ 限制下的极值. 函数在某些条件限制下的极值,称为**条件极值**. 可见条件极值问题是常见的问题. 本节我们要介绍处理这类问题的基本方法,即**拉格朗日乘数法**.

以求二元函数 $f(x,y)$ 在条件 $g(x,y)=k$ 限制下的极值为例,拉格朗日乘数法求解步骤如下:

第一步 构造拉格朗日函数. 即令

$$L(x,y,\lambda)=f(x,y)+\lambda[g(x,y)-k].$$

第二步 求可能的极值点. 把 $L(x,y,\lambda)$ 视为三个变量的函数,求 $L(x,y,\lambda)$

的普通极值的必要条件,即解方程组

$$\begin{cases} L_x = f_x(x,y) + \lambda g_x(x,y) = 0, \\ L_y = f_y(x,y) + \lambda g_y(x,y) = 0, \\ L_\lambda = g(x,y) - k = 0, \end{cases}$$

得到 $L(x,y,\lambda)$ 的驻点 (x,y,λ),而由此得到的点 (x,y) 就是二元函数 $f(x,y)$ 在条件 $g(x,y)=k$ 限制下的可能极值点.

第三步　判别点 (x,y) 是否确实是极值点. 为此,同样可以建立类似于判定普通极值充分条件那样的二阶导数检验法,有兴趣的读者可以参考数学专业教材. 不过,在许多问题中,往往可以根据问题本身的性质或直观的几何意义进行判定. 比如,如果实际问题的条件极值肯定存在,而由必要条件方程组求得了若干组解,那么通过比较函数在各组解上的值即可求得条件极值,或者如果只有一组解,那么这组解必定就是所求的条件极值点.

例 7.43　用拉格朗日乘数法重新求解例 7.42.

解　如例 7.42 所述,问题归结为求 $V=xyz$ 在条件 $g(x,y,z)=2yz+2zx+xy=108$ 限制下的最大值. 构造拉格朗日函数

$$L(x,y,z,\lambda) = xyz + \lambda(2yz+2zx+xy-108).$$

令

$$\begin{cases} L_x = yz + \lambda(2z+y) = 0, \\ L_y = xz + \lambda(2z+x) = 0, \\ L_z = xy + 2\lambda(y+x) = 0, \\ L_\lambda = 2yz+2zx+xy-108 = 0. \end{cases}$$

为了求解此方程组,用 x, y 和 z 分别去乘前三个方程,可得

$$xyz = -\lambda(2zx+xy),$$
$$xyz = -\lambda(2yz+xy),$$
$$xyz = -2\lambda(yz+zx).$$

由此可知,$\lambda \neq 0$(否则,将得到 $yz=zx=xy=0$,这与最后一个方程矛盾),于是有

$$zx = yz = \frac{1}{2}xy.$$

由于 $x\neq 0, y\neq 0, z\neq 0$,所以

$$x = y = 2z.$$

再将它们代入最后一个条件方程,得 $12z^2=108$,但 $z>0$,解得

$$z=3, x=6, y=6,$$

这是唯一驻点. 又根据问题的实际意义,条件最大值一定存在,而此条件最大值必是条件极大值,现在驻点只有 $(6,6,3)$,故点 $(6,6,3)$ 就是所求的条件最大值

点. 于是

$$V_{max}=6\times6\times3=108(\mathrm{cm}^3).$$

这和例 7.42 的结果一致.

例 7.44 设某公司所属的甲、乙两厂生产同一种产品. 当甲、乙两厂的产量(单位:件)分别为 x,y 时,总成本为

$$C(x,y)=3x^2+xy+y^2+200\ 000.$$

(1) 现投入总成本 530 000 元,问如何分配甲、乙两厂的生产指标,才能使甲、乙两厂的产量之和为最大?

(2) 若甲、乙两厂的产量之和为 600 件,问如何分配甲、乙两厂的生产指标,才能使总成本最小?

解 (1) 该问题是在约束条件 $3x^2+xy+y^2+200\ 000=530\ 000$ 下求目标函数 $f(x,y)=x+y$ 的最大值. 构造拉格朗日函数

$$L(x,y,\lambda)=x+y+\lambda(3x^2+xy+y^2+200\ 000-530\ 000).$$

令

$$\begin{cases}L_x=1+6\lambda x+\lambda y=0,\\ L_y=1+\lambda x+2\lambda y=0,\\ L_\lambda=3x^2+xy+y^2-330\ 000=0.\end{cases}$$

由上述前两式消去 λ 得 $y=5x$. 再将它代入第三式,得 $x^2=10\ 000$. 因 $x>0$,故

$$x=100,\quad y=500,$$

因而(100,500)是本问题唯一驻点. 又由问题的实际意义知条件最大值存在,且条件最大值点必是驻点,因此(100,500)就是所求的条件最大值点. 所以甲厂生产 100 件、乙厂生产 500 件时两厂产量之和为最大,且最大产量为 600 件.

(2) 本问题是在约束条件 $x+y=600$ 下求目标函数

$$C(x,y)=3x^2+xy+y^2+200\ 000$$

的最小值. 构造拉格朗日函数

$$L(x,y,\mu)=3x^2+xy+y^2+200\ 000+\mu(x+y-600).$$

令

$$\begin{cases}L_x=6x+y+\mu=0,\\ L_y=x+2y+\mu=0,\\ L_\mu=x+y-600=0,\end{cases}$$

解得唯一的驻点为

$$x=100,\quad y=500.$$

注意到实际问题便知,为使总成本最小,甲厂应生产 100 件,乙厂应生产 500 件.

习 题 7.7

1. 判断下列二元函数在点(0,0)处是否存在极值,并画图检查所得结果:

(1) $z=5-\sqrt{x^2+y^2}$;　　(2) $z=\sqrt{5-x^2-y^2}$;

(3) $z=3x^2+y^2$;　　(4) $z=x^2-y^2$.

2. 求下列函数的极值:

(1) $z=y^3-x^3-3xy$;　　(2) $z=x^2+xy+y^2-12\ln x$;

(3) $z=(6x-x^2)(8y-y^2)$;　　(4) $z=xy\mathrm{e}^{-\frac{1}{2}(x^2+y^2)}$.

*3. 求二元函数

$$z=f(x,y)=x^2+y^2-x-y-xy$$

在由直线 $x+y=3$,x 轴及 y 轴所围成的闭区域 D 上的最大值和最小值.

*4. 求二元函数

$$z=f(x,y)=x^2+y^2-x-y$$

在由圆 $x^2+y^2=1$ 所围成的闭区域 D 上的最大值和最小值.

5. 求函数 $f(x,y,z)=x+z$ 在条件 $x^2+y^2+z^2=1$ 限制下的最大值和最小值.

6. 某企业的成本 C 与两种产品 A 和 B 的产量 Q_1,Q_2 之间的关系为

$$C=3Q_1^2-2Q_1Q_2+5Q_2^2+2.$$

求:(1) 两种产品的边际成本;(2) 在产量总额定为30时的最小成本.

7. 某企业在两个相互分割的市场上销售同一种产品,两个市场的需求函数分别为

$$P_1=18-2Q_1,\quad P_2=12-Q_2,$$

其中 Q_1,Q_2 分别表示该产品在两个市场的销量(等于需求量,单位:t),P_1,P_2 分别表示该产品在两个市场的销售价格(单位:万元/t),并且该企业生产该产品的总成本 C(单位:万元)与该产品的总销量 Q_1+Q_2 之间的关系为

$$C=2(Q_1+Q_2)+5.$$

试分别求企业在实行下列两种价格策略情形下所能达到的最大利润,并据此分析哪种策略更好:

(1) 价格无差别策略(即统一销售价格);

(2) 价格差别策略.

8. 销售某产品需要同时作两种不同方式的广告宣传.设广告费分别为 x,y(单位:万元)时,销售收入 s(单位:万元)与 x,y 之间的关系为

$$s=\frac{300x}{x+6}+\frac{150y}{y+12}.$$

若所得利润是销售收入的$\frac{1}{5}$,并要扣除广告费.现有广告费预算总金额为18万元,问

(1) 应该如何分配广告费,才能使利润最大?

(2) 最大利润为多少?

9. 现要修建一条灌溉用渠道,其横截面是一等腰梯形,面积是一个定值(由水的流

量所确定). 在渠道的表面抹一层水泥,问梯形的上、下底及腰成什么比例时所用的水泥最省?

总习题七

1. 设

$$f(x,y)=\begin{cases}1, & 0<y<x^2,\\ 0, & \text{其他}.\end{cases}$$

有人这样讨论 $\lim\limits_{(x,y)\to(0,0)} f(x,y)$ 的存在性:

当点 (x,y) 沿着直线 $y=kx$ 趋于 $(0,0)$ 时,最终都要进入使 $f(x,y)=0$ 的范围,由此可知 $\lim\limits_{\substack{x\to 0\\ y=kx}} f(x,y)=0$,这说明 (x,y) 沿着这无穷多个特定的方向趋于 $(0,0)$,极限值都相同,故 $\lim\limits_{(x,y)\to(0,0)} f(x,y)$ 存在,且 $\lim\limits_{(x,y)\to(0,0)} f(x,y)=0$.

你认为他的解法正确吗? 并说明理由.

2. 偏导数、可微及极值是本章学习的几个重要知识. 讨论简单二元函数 $z=\sqrt{x^2+y^2}$, $z=x^3+y^3$, $z=x^2+y^2$ 和 $z=-x^2-y^2$ 在 $(0,0)$ 处的连续性、可微性、是否存在偏导数及极值. 结合截痕法和等高线法,用手工或计算机绘出这四个函数的图形,验证所得结果;并与一元函数 $y=|x|$, $y=x^3$, $y=x^2$ 和 $y=-x^2$ 的相关知识及图形进行对比,分析联系和区别,加深对知识的理解.

3. 选择题:

(1) 已知方程 $z=xy$,则 $\dfrac{\partial z}{\partial x}\cdot\dfrac{\partial x}{\partial y}\cdot\dfrac{\partial y}{\partial z}=(\quad)$;

A. 0 　　B. 1

C. -1 　　D. xyz

(2) 设

$$f(x,y)=\begin{cases}\dfrac{xy}{\sqrt{x^2+y^2}}, & x^2+y^2\neq 0,\\ 0, & x^2+y^2=0,\end{cases}$$

则 $f(x,y)$ 在点 $(0,0)$ 处:① 连续;② 偏导数存在;③ 可微,上述三个结论中正确的是(　　);

A. ①和② 　　B. ②和③

C. ①和③ 　　D. ①、②和③

(3) 可微函数 $f(x,y)$ 在点 (x_0,y_0) 处取得极大值,则下列结论中正确的是(　　);

A. $f(x_0,y)$在$y=y_0$处的导数大于零

B. $f(x_0,y)$在$y=y_0$处的导数等于零

C. $f(x_0,y)$在$y=y_0$处的导数小于零

D. $f(x_0,y)$在$y=y_0$处的导数不存在

(4) 函数$z=f(x,y)$的全微分为$dz=xdx+ydy$,则$f(x,y)$在点$(0,0)$处:① 连续;② 取得极值;③ 偏导数存在,上述三个结论中正确的是(　　).

A. ①和②　　　　B. ②和③

C. ①和③　　　　D. ①、②和③

4. 填空题:

(1) 设二元函数$z=xe^{x+y}+(x+1)\ln(1+y)$,则$dz\big|_{(1,0)}=$________;

(2) 设函数$f(u)$可微,且$f'(0)=\dfrac{1}{2}$,则$z=f(4x^2-y^2)$在点$(1,2)$处的全微分$dz\big|_{(1,2)}=$________;

(3) 设$z=\left(\dfrac{y}{x}\right)^{\frac{x}{y}}$,则$\dfrac{\partial z}{\partial x}\bigg|_{(1,2)}=$________;

(4) 设$f(x,y)$有连续偏导数,$f(x,x^2)=1$,$f_1'(x,x^2)=x$,则$f_2'(x,x^2)=$________;

(5) 设函数$z=f(x,y)$由方程$2xz-2xyz+\ln(xyz)=0$确定,则全微分$dz\big|_{(1,1)}=$________.

5. 求解下列问题:

(1) 设$f(u,v)$是二元可微函数,且$z=f\left(\dfrac{y}{x},\dfrac{x}{y}\right)$,求$x\dfrac{\partial z}{\partial x}-y\dfrac{\partial z}{\partial y}$;

(2) 设$f(u)$具有二阶连续导数,且$g(x,y)=f\left(\dfrac{y}{x}\right)+yf\left(\dfrac{x}{y}\right)$,求$x^2g_{xx}-y^2g_{yy}$;

(3) 设$f(u,v)$具有二阶连续偏导数,且满足$f_{uu}+f_{vv}=1$. 又$g(x,y)=f\left[xy,\dfrac{1}{2}(x^2-y^2)\right]$,求$g_{xx}+g_{yy}$;

(4) 设$xz=e^{y+z}$,求z_{xy}.

6. 设$z=e^{-\left(\frac{1}{x}+\frac{1}{y}\right)}$,证明:$x^2z_x+y^2z_y=2z$.

7. 求方程

$$x^2+y^2+z^2-2x+2y-6z-70=0$$

确定的函数$z=f(x,y)$的极值.

8. 求二元函数$S=\pi(R^2+r^2)(R,r>0)$在限制条件$\sqrt{R^2-c^2}+r=c$下的最小值,其中常数$c>0$. 画图解释其几何意义,并说明用此数学模型可以有效地解决一个实际

问题:园林绿化中,固定的旋转喷水龙头对正方形绿地进行浇灌时,该如何设置各龙头的喷射半径,使得绿地面积与受水面积之比达到最大,又能节约用水.

9. 某种产品的总产量取决于用工量 L 和资本投入量 K. 柯布-道格拉斯(Cobb-Douglas)模型用生产函数 $P=bL^{\alpha}K^{1-\alpha}$ 模拟总产量,其中 b 和 α 都是正常数,且 $\alpha<1$. 如果单位用工成本为 m,单位投资成本是 n,公司预算的总成本为 p,求公司所能达到的最大产量.

*10. 拉格朗日乘数法可以推广到函数 f 有 $n(n\geqslant 3)$ 个自变量,约束条件有 $m\ (1\leqslant m<n)$ 个方程的情形. 例如,请给出关于求函数 $f(x,y,z)$ 在条件

$$\begin{cases}g_1(x,y,z)=k_1,\\ g_2(x,y,z)=k_2\end{cases}$$

限制下的极值点的拉格朗日乘数法的流程;并解决下述实际问题:

假设某电视机厂产销平衡,销量等于产量,均为 q. 销售部门根据市场分析,预测销量 q 与每台电视机的销售价格 p 之间的关系为

$$q=M\mathrm{e}^{-ap}(M>0,a>0),$$

其中 M 为市场最大需求量,a 是价格系数. 同时,生产部门根据对生产环节的分析,测算每台电视机的成本 c 与产量 q 之间的关系为

$$c=c_0-k\ln q\ (k>0,q>1),$$

其中 c_0 是只生产一台电视机的成本,k 是规模系数. 试问应如何确定销售价格 p,才能使该厂获得最大利润?

只要我们掌握了拉格朗日乘数法的理论和方法,对于再多的限制条件,也可以在提出流程的算法后,通过数学软件编程,把烦琐的计算交给计算机完成.

*11. 用计算机输出 $z=\sin(xy)$ 的两幅图,如图 7.40,观察在原点附近的切平面 $z=0$,你会发现随着作图区域变小,曲面与切平面“重合”. 再换其他函数的图形,做做实验,去体会全微分知识中局部线性化的意义及 $\Delta x\to 0,\Delta y\to 0$ 的重要性.

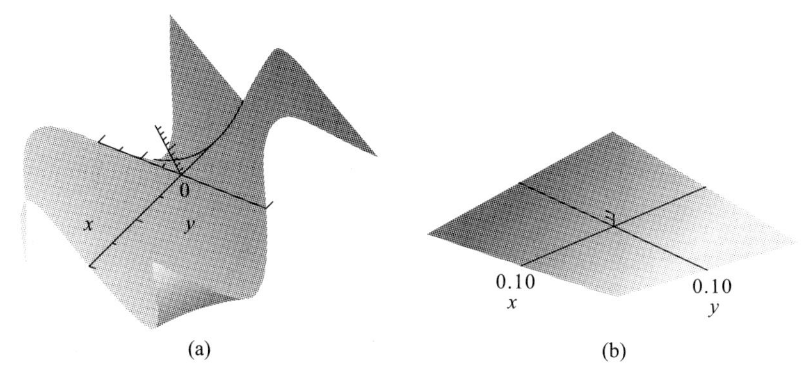

图 7.40

第8章
二重积分

本章要将一元函数的定积分推广为二元函数的重积分. 我们知道，定积分是某种特定和式的极限，把这种概念推广到定义在平面区域上的二元函数的情形，便得到重积分的概念. 本章将介绍二重积分的概念、性质、计算及其应用.

8.1 二重积分的概念及性质

8.1.1 二重积分的概念

与定积分类似，二重积分的概念也是从实际问题中抽象出来的. 下面我们仿照导出定积分概念时所用的“分割、近似、求和及取极限”的方法来计算曲顶柱体的体积，并引出二重积分的定义.

例 8.1(**曲顶柱体的体积**) 设 $f(x,y)$ 是定义在 xOy 面的有界闭区域 D 上的非负连续函数，几何上 $z=f(x,y)$ 是在 D 上方的一个曲面. 我们把以 D 为底，以 $z=f(x,y)$ 为顶，以母线通过 D 的边界且平行于 z 轴的柱面为侧面的立体 Ω 叫做**曲顶柱体**. Ω 可以用集合来描述为 $\Omega=\{(x,y,z)\in\mathbf{R}^3 \mid 0\leqslant z\leqslant f(x,y),(x,y)\in D\}$. 我们的目标是要计算曲顶柱体 Ω 的体积 V.

(1) **分割——化整为零** 把 D 划分成 n 个小块(闭区域) $\Delta\sigma_1,\Delta\sigma_2,\cdots,\Delta\sigma_n$ (为方便起见，每个小块 $\Delta\sigma_i$ 的面积仍记为 $\Delta\sigma_i$)，相应地，曲顶柱体被分成了 n 个小曲顶柱体. 记以 $\Delta\sigma_i$ 为底，$z=f(x,y)$ 为顶，母线通过 $\Delta\sigma_i$ 的边界且平行于 z 轴的柱面为侧面的小曲顶柱体的体积为 ΔV_i $(i=1,2,\cdots,n)$.

（2）**近似——以直代曲** 对每个小闭区域 $\Delta\sigma_i$，记 $d_i=\max\{|M_1M_2|\,|\,M_1,M_2\in\Delta\sigma_i\}$，并称之为 $\Delta\sigma_i$ 的直径. 当这些小闭区域的直径都很小时，由于 $f(x,y)$ 连续，所以对每个小闭区域 $\Delta\sigma_i$ 而言，$f(x,y)$ 的变化都很小，因此每个小曲顶柱体都可近似地看成平顶柱体. 即，如果我们任取 $(\xi_i,\eta_i)\in\Delta\sigma_i$，则 ΔV_i 近似地等于以 $\Delta\sigma_i$ 为底，以 $f(\xi_i,\eta_i)$ 为高的平顶柱体的体积（图 8.1），即

$$\Delta V_i\approx f(\xi_i,\eta_i)\Delta\sigma_i\quad(i=1,2,\cdots,n).$$

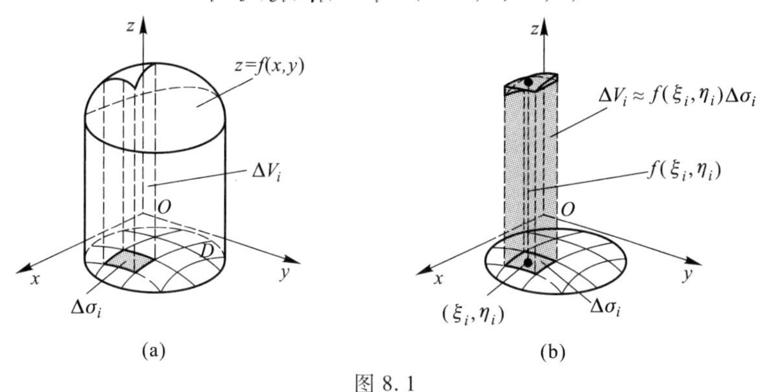

图 8.1

（3）**求和——积零为整** 对 n 个小曲顶柱体的体积求和，并用相应的小平顶柱体体积代替小曲顶柱体体积，得所求曲顶柱体的体积 V 的近似值

$$V=\sum_{i=1}^{n}\Delta V_i\approx\sum_{i=1}^{n}f(\xi_i,\eta_i)\Delta\sigma_i.$$

（4）**极限——精确求值** 直观告诉我们，当 D 无限细分，即让 $\lambda=\max\limits_{1\leqslant i\leqslant n}\{d_i\}\to 0$ 时，上述和式的极限应是所求曲顶柱体的体积 V，即

$$V=\lim_{\lambda\to 0}\sum_{i=1}^{n}f(\xi_i,\eta_i)\Delta\sigma_i.\tag{8.1}$$

除了曲顶柱体的体积以外，还有许多实际问题所涉及的量也都可归结为形如(8.1)的和式的极限. 为了更一般地研究这类和式的极限，我们抽象出如下二重积分的定义.

定义 8.1 设函数 $f(x,y)$ 是 xOy 面上有界闭区域 D 上的有界函数. 将 D 任意分为 n 个小闭区域 $\Delta\sigma_1,\Delta\sigma_2,\cdots,\Delta\sigma_n$（每个小闭区域 $\Delta\sigma_i$ 的面积仍记为 $\Delta\sigma_i$），记 $d_i=\max\{|M_1M_2|\,|\,M_1,M_2\in\Delta\sigma_i\}$（称其为 $\Delta\sigma_i$ 的直径），$\lambda=\max\limits_{1\leqslant i\leqslant n}\{d_i\}$（称其为分割的**细度**）. 在 $\Delta\sigma_i$ 上任取一点 (ξ_i,η_i) $(i=1,2,\cdots,n)$，作乘积 $f(\xi_i,\eta_i)\Delta\sigma_i$，并作和式

$$\sum_{i=1}^{n}f(\xi_i,\eta_i)\Delta\sigma_i.$$

微视频
二重积分的概念

若当 $\lambda\to 0$ 时,上述和式的极限存在,且它的值不依赖于区域 D 的分法,也不依赖于点 (ξ_i,η_i) 的取法,则称这个极限值为函数 $f(x,y)$ 在 D 上的**二重积分**,记作 $\iint\limits_D f(x,y)\mathrm{d}\sigma$,即

$$\iint\limits_D f(x,y)\mathrm{d}\sigma=\lim_{\lambda\to 0}\sum_{i=1}^{n} f(\xi_i,\eta_i)\Delta\sigma_i, \tag{8.2}$$

其中 $f(x,y)$ 称为**被积函数**,$f(x,y)\mathrm{d}\sigma$ 称为**被积表达式**,$\mathrm{d}\sigma$ 称为**面积微元**,x 与 y 称为**积分变量**,D 称为**积分区域**,$\sum\limits_{i=1}^{n} f(\xi_i,\eta_i)\Delta\sigma_i$ 称为**积分和**.

上述定义中的极限的精确含义是,$\forall\varepsilon>0$,$\exists\delta>0$,使得对于 D 上的任意分割,只要 $\lambda<\delta$,不管 (ξ_i,η_i) 在 $\Delta\sigma_i$ 上如何选取,恒有

$$\left|\iint\limits_D f(x,y)\mathrm{d}\sigma-\sum_{i=1}^{n} f(\xi_i,\eta_i)\Delta\sigma_i\right|<\varepsilon.$$

根据二重积分的定义,曲顶柱体的体积可表示为

$$V=\iint\limits_D f(x,y)\mathrm{d}\sigma.$$

这个关系可以看作二重积分的几何意义.

如果上述二重积分定义中的极限存在,则称 $f(x,y)$ 为**可积函数**,或者说 $f(x,y)$ 在闭区域 D 上**可积**. 可以证明,有界闭区域上的连续函数是可积函数. 还可以证明,有界闭区域上除去有限个点或有限条光滑曲线外处处连续的有界函数也是可积函数. 基于这些事实,以下我们总假定被积函数 $f(x,y)$ 在积分区域 D 上是可积的.

我们知道,如果函数 $f(x,y)$ 在闭区域 D 上可积,那么二重积分的值不依赖于 D 的分割及点 (ξ_i,η_i) 的取法,因此可以选取特殊的分割、特殊的积分和来计算二重积分定义中的极限. 特别地,在直角坐标系下,我们可以选取规则的分割,即用平行于 x 轴和 y 轴的两组直线来分割 D,在这种分割下,小闭区域可以分成两类,一类包含边界点,另一类都是闭矩形区域. 由于积分和中那些包含边界点的小闭区域所对应的项之和在取极限时趋于零,所以这些小闭区域可以略去不计. 而对于闭矩形区域 $\Delta\sigma_i$,若设它的边长分别为 Δx_i 和 Δy_i,则有 $\Delta\sigma_i=\Delta x_i\Delta y_i$,因此取极限后得到的面积微元 $\mathrm{d}\sigma$ 可记为 $\mathrm{d}\sigma=\mathrm{d}x\mathrm{d}y$,进而可把二重积分记为

$$\iint\limits_D f(x,y)\mathrm{d}\sigma=\iint\limits_D f(x,y)\mathrm{d}x\mathrm{d}y,$$

并把 $\mathrm{d}x\mathrm{d}y$ 称为直角坐标系下的面积微元.

例 8.2　若 $D=\{(x,y)\mid a\leqslant x\leqslant b,c\leqslant y\leqslant d\}$,则记为 $D=[a,b]\times[c,d]$,称为

闭矩形区域.现考虑以闭矩形区域 $D=[0,2]\times[0,2]$ 为底,$z=f(x,y)=30-x^2-4y^2$ 为顶的曲顶柱体.用平行于 x 轴和 y 轴的两组直线将 $D=[0,2]\times[0,2]$ 等分成 $n=m\times m$ 个面积相同的小正方形闭区域 $\Delta\sigma_i$ $(i=1,2,\cdots,n)$,在每一个小闭区域 $\Delta\sigma_i$ 上选取 (ξ_i,η_i) 为其右上角点.利用数学软件,我们作出了该曲顶柱体,并就 $m=4,8,16$ 等值,作出了各积分和所代表的 $n=16,64,256$ 个小平顶柱体体积之和,见图 8.2.从图中可以看出,当 m 越来越大时,积分和越来越逼近曲顶柱体的体积,后面我们会看到,此曲顶柱体体积的精确值为 $\frac{280}{3}$.

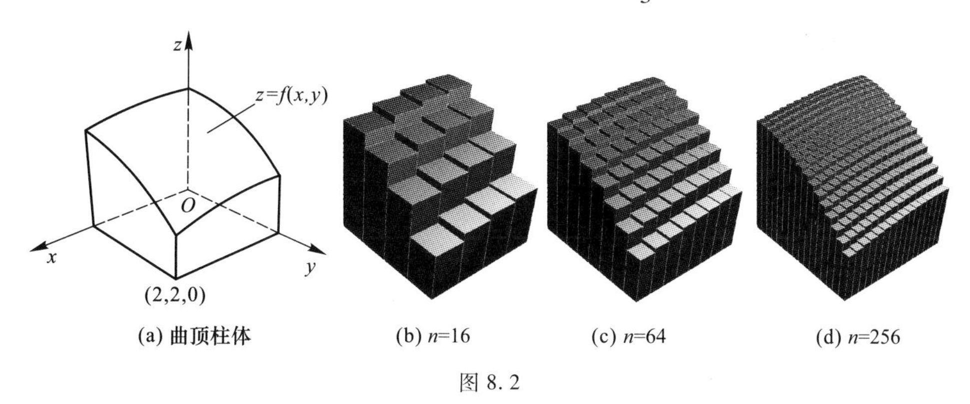

(a) 曲顶柱体 (b) $n=16$ (c) $n=64$ (d) $n=256$

图 8.2

8.1.2 二重积分的性质

由于二重积分也是特定和式的极限,所以二重积分有着与定积分性质类似的性质,这些性质的证明也与定积分性质的证明十分类似.因此,下面我们只是罗列二重积分的一些基本性质,而把它们的证明略去.

设 $f(x,y)$ 和 $g(x,y)$ 都是有界闭区域 D 上的可积函数,则

性质 8.1 $$\iint\limits_D [f(x,y)+g(x,y)]\mathrm{d}\sigma=\iint\limits_D f(x,y)\mathrm{d}\sigma+\iint\limits_D g(x,y)\mathrm{d}\sigma.$$

即函数和的二重积分等于函数的二重积分的和.

性质 8.2 $\iint\limits_D kf(x,y)\mathrm{d}\sigma=k\iint\limits_D f(x,y)\mathrm{d}\sigma$($k$ 是常数).

即常数因子可移到二重积分号外面.

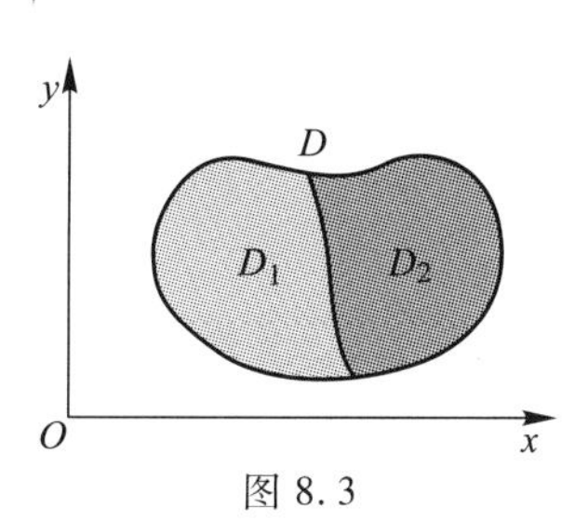

图 8.3

性质 8.3 设 $D=D_1\cup D_2$,其中 D_1 和 D_2 都是闭区域,且 D_1 和 D_2 除边界外没有公共点(图 8.3),则

$$\iint\limits_{D} f(x,y)\,\mathrm{d}\sigma=\iint\limits_{D_1} f(x,y)\,\mathrm{d}\sigma+\iint\limits_{D_2} f(x,y)\,\mathrm{d}\sigma.$$

性质 8.3 称为二重积分对积分区域的**可加性**. 这一性质与定积分对区间的可加性十分相似. 一般地,如果闭区域 D 被有限条曲线分为有限个部分闭区域,那么在 D 上的二重积分等于在各部分闭区域上的二重积分的和.

性质 8.4 若 $f(x,y)\leqslant g(x,y),(x,y)\in D$,则

$$\iint\limits_{D} f(x,y)\,\mathrm{d}\sigma\leqslant\iint\limits_{D} g(x,y)\,\mathrm{d}\sigma.$$

性质 8.5 $|f(x,y)|$ 在 D 上可积,且有

$$\left|\iint\limits_{D} f(x,y)\,\mathrm{d}\sigma\right|\leqslant\iint\limits_{D} |f(x,y)|\,\mathrm{d}\sigma.$$

性质 8.6 若 $f(x,y)=1,(x,y)\in D,\sigma$ 表示 D 的面积,则

$$\iint\limits_{D} f(x,y)\,\mathrm{d}\sigma=\iint\limits_{D} 1\,\mathrm{d}\sigma=\sigma.$$

这一性质的几何意义是以 D 为底且高为 1 的平顶柱体的体积在数值上等于该柱体的底面积.

性质 8.7 若 $m\leqslant f(x,y)\leqslant M,(x,y)\in D,\sigma$ 表示 D 的面积,则

$$m\sigma\leqslant\iint\limits_{D} f(x,y)\,\mathrm{d}\sigma\leqslant M\sigma.$$

性质 8.8(二重积分中值定理) 若 $f(x,y)$ 在 D 上连续,σ 表示 D 的面积,则至少存在一点 $(\xi,\eta)\in D$ 使得

$$\iint\limits_{D} f(x,y)\,\mathrm{d}\sigma=f(\xi,\eta)\cdot\sigma.$$

二重积分中值定理的几何意义是:如果 $z=f(x,y)$ 是位于 D 上方的连续曲面,则以 $z=f(x,y)$ 为顶,以 D 为底的曲顶柱体的体积与一个以 $(\xi,\eta)\in D$ 的函数值 $f(\xi,\eta)$ 为高,以 D 为底的平顶柱体的体积相等(图 8.4).

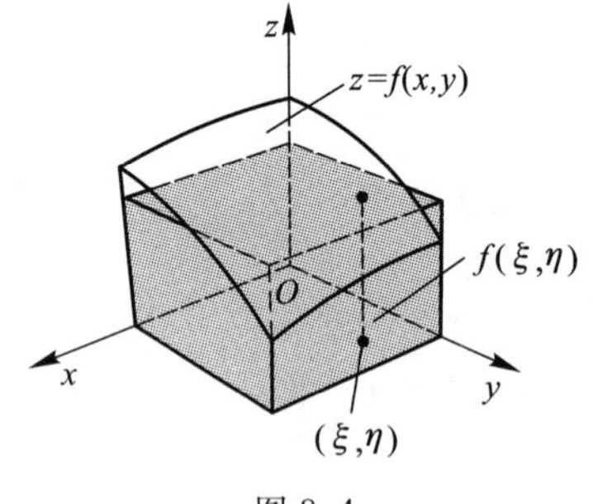

图 8.4

与一元函数在一个区间上的平均值概念类似,称 $\dfrac{1}{\sigma}\iint\limits_{D} f(x,y)\,\mathrm{d}\sigma$ 为函数 f 在闭区域 D 上的平均值.

例 8.3 设 D 是以原点为中心、以 4 为半径的闭圆盘,试估计二重积分 $\iint\limits_{D} \mathrm{e}^{\cos x\sin y}\,\mathrm{d}\sigma$ 的值.

解 由于$-1\leqslant\cos x\leqslant 1,-1\leqslant\sin y\leqslant 1,(x,y)\in D$,所以

$$-1\leqslant\cos x\sin y\leqslant 1,\quad e^{-1}\leqslant e^{\cos x\sin y}\leqslant e.$$

故有 $m=e^{-1},M=e$. 又 $\sigma=16\pi$,所以利用性质 8.7 可得

$$\frac{16\pi}{e}\leqslant\iint_D e^{\cos x\sin y}d\sigma\leqslant 16\pi e.$$

习 题 8.1

1. 设某未知量占有平面有界闭区域 D,将例 8.1 中的连续函数 $f(x,y)>0$ 推广为该未知量在 D 上的密度函数,试用例 8.1 的思想方法解释二重积分可以用来解决已知面密度函数的平面薄片的质量、已知光合作用函数的叶片产生的叶绿素、已知人口密度函数的某地区人口数等实际问题.

2. 利用二重积分的几何意义计算:

(1) $\iint\limits_D 2dxdy$,其中 $D=\{(x,y)\mid 1\leqslant x^2+y^2\leqslant 9\}$;

(2) $\iint\limits_D\sqrt{3-x^2-y^2}d\sigma$,其中 $D=\{(x,y)\mid x^2+y^2\leqslant 3\}$.

3. 利用二重积分的性质比较下列积分的大小:

(1) $I_1=\iint\limits_D(x+y)^2d\sigma$ 与 $I_2=\iint\limits_D(x+y)^3d\sigma$,其中 $D=\{(x,y)\mid x\geqslant 0,y\geqslant 0,x+y\leqslant 1\}$;

(2) $I_1=\iint\limits_D(x+y)^2d\sigma$ 与 $I_2=\iint\limits_D(x+y)^3d\sigma$,其中 $D=\{(x,y)\mid (x-3)^2+(y-2)^2\leqslant 8\}$;

(3) $I_1=\iint\limits_D\ln(x+y)d\sigma$ 与 $I_2=\iint\limits_D\ln^2(x+y)d\sigma$,其中 $D=\{(x,y)\mid x\geqslant 1,y\geqslant 0,x+y\leqslant 2\}$.

4. 试估计下列二重积分的值:

(1) $I=\iint\limits_D(xy+1)(x+y)d\sigma$,其中 $D=\{(x,y)\mid 0\leqslant x\leqslant 2,0\leqslant y\leqslant 1\}$;

(2) $I=\iint\limits_D(x^2+4y^2+9)d\sigma$,其中 $D=\{(x,y)\mid x^2+y^2\leqslant 4\}$;

(3) $I=\iint\limits_D\frac{d\sigma}{1+\sin^2x+\cos^2y}$,其中 $D=\{(x,y)\mid |x|+|y|\leqslant 10\}$.

8.2 二重积分的计算

二重积分是特定和式的极限,因此如果要从定义出发计算函数的二重积分,

就要计算这种特定和式的极限. 然而,除了一些特别简单的被积函数和积分区域外,直接计算这种特定和式的极限一般不太可行,因此需要寻求简单而有效的方法来计算二重积分. 本节将介绍如何将二重积分表示为“二次”定积分,从而把二重积分的计算转化为二次定积分,而我们已学习了定积分的计算,这样二重积分的计算问题也获得了解决.

8.2.1 直角坐标系下二重积分的计算

为了便于理解,同时避免严格的数学论证,我们借助几何直观来说明如何将二重积分化为“二次”定积分.

设 $\phi_1(x)$ 和 $\phi_2(x)$ 都是 $[a,b]$ 上的连续函数,且 $\phi_1(x)\leqslant\phi_2(x)$, $x\in[a,b]$. 若 xOy 面上的有界闭区域 D 可以表示为

$$D=\{(x,y)\mid a\leqslant x\leqslant b,\ \phi_1(x)\leqslant y\leqslant\phi_2(x)\},$$

则称 D 为 **X-型区域**. X-型区域的特点是,它由两条平行直线 $x=a$, $x=b$ 及两条连续曲线 $y=\phi_1(x)$ 和 $y=\phi_2(x)$ 所围成. 图 8.5 是一些 X-型区域的例子.

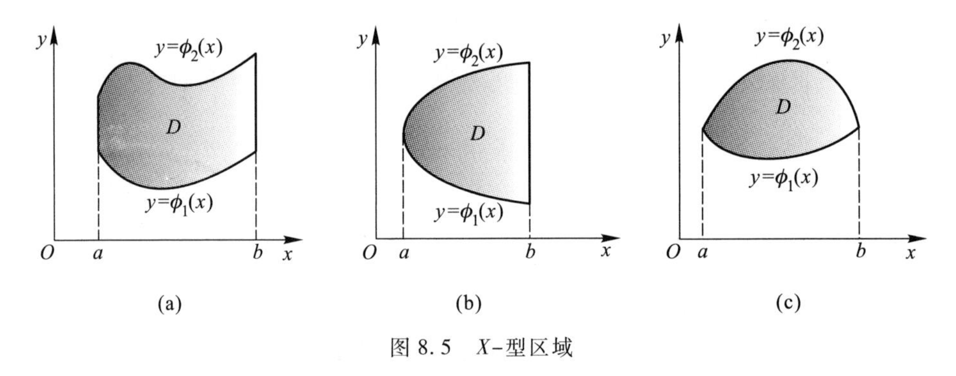

图 8.5 X-型区域

设 $f(x,y)$ 是 X-型区域 D 上的非负连续函数,则由二重积分的几何意义可知,$\iint\limits_D f(x,y)\,\mathrm{d}x\mathrm{d}y$ 的值等于以 D 为底,以曲面 $z=f(x,y)$ 为顶的曲顶柱体的体积(图 8.6(a)),即

$$V=\iint\limits_D f(x,y)\,\mathrm{d}x\mathrm{d}y.$$

另一方面,在第 6 章的定积分应用中,对于平行截面面积已知的立体,计算体积的公式为

$$V=\int_a^b A(x)\,\mathrm{d}x, \tag{8.3}$$

其中 $A(x)$ 为过点 $x\in[a,b]$ 且垂直于 x 轴的平面截空间立体所得截面的面积. 现在用这一方法来计算曲顶柱体的体积. 取定 $x_0\in[a,b]$,则过点 x_0 且垂直于 x 轴的平面截曲顶柱体所得截面为曲边梯形(图 8.6(b)):

$$\phi_1(x_0)\leqslant y\leqslant\phi_2(x_0),\quad 0\leqslant z\leqslant f(x_0,y).$$

于是,这个截面的面积为

$$A(x_0)=\int_{\phi_1(x_0)}^{\phi_2(x_0)}f(x_0,y)\,\mathrm{d}y.$$

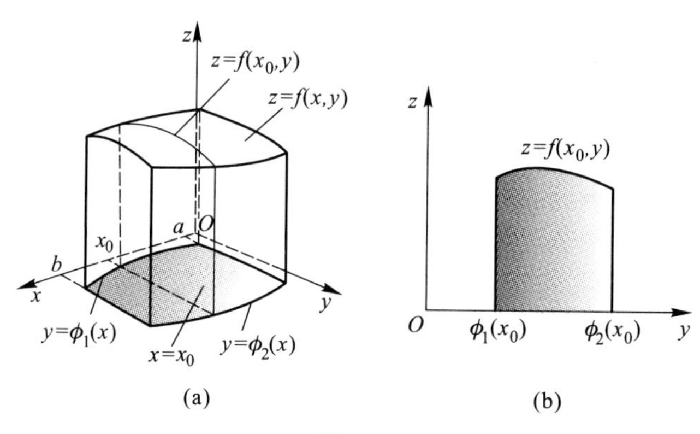

图 8.6

一般地,对于任意 $x\in[a,b]$,过点 x 且垂直于 x 轴的平面截曲顶柱体所得截面为曲边梯形

$$\phi_1(x)\leqslant y\leqslant\phi_2(x),\quad 0\leqslant z\leqslant f(x,y),$$

此截面的面积为

$$A(x)=\int_{\phi_1(x)}^{\phi_2(x)}f(x,y)\,\mathrm{d}y$$

(注意,在上式右端被积表达式中,x 看成固定). 根据 $f(x,y)$ 的连续性,可以证明这个截面面积函数 $A(x)$ 是 $[a,b]$ 上的连续函数. 应用公式(8.3),得曲顶柱体的体积为

$$V=\int_a^b A(x)\,\mathrm{d}x=\int_a^b\left[\int_{\phi_1(x)}^{\phi_2(x)}f(x,y)\,\mathrm{d}y\right]\mathrm{d}x.$$

于是

$$\iint_D f(x,y)\,\mathrm{d}x\mathrm{d}y=V=\int_a^b\left[\int_{\phi_1(x)}^{\phi_2(x)}f(x,y)\,\mathrm{d}y\right]\mathrm{d}x,$$

即

$$\iint_D f(x,y)\,\mathrm{d}x\mathrm{d}y=\int_a^b\left[\int_{\phi_1(x)}^{\phi_2(x)}f(x,y)\,\mathrm{d}y\right]\mathrm{d}x,$$

简记为

$$\iint\limits_{D} f(x,y)\,\mathrm{d}x\mathrm{d}y=\int_{a}^{b}\mathrm{d}x\int_{\phi_1(x)}^{\phi_2(x)}f(x,y)\,\mathrm{d}y. \tag{8.4}$$

式(8.4)的右端是一个先对 y、后对 x 的二次积分. 也就是说,先把 x 看成常数,把 $f(x,y)$ 看成 y 的一元函数,并对它从 $\phi_1(x)$ 到 $\phi_2(x)$ 关于 y 求定积分;然后算得的结果就是关于 x 的一元函数,再计算其在 $[a,b]$ 上的定积分. 通常把(8.4)称作化二重积分为先对 y、后对 x 的二次积分的公式.

上述讨论中,我们假定了 $f(x,y)$ 是 D 上的非负连续函数. 一般地,公式(8.4)对 D 上的可积函数都成立.

类似地,如果积分区域 D 可表示为

$$D=\{(x,y)\mid c\leqslant y\leqslant d,\ \psi_1(y)\leqslant x\leqslant\psi_2(y)\},$$

其中函数 $x=\psi_1(y)$ 和 $x=\psi_2(y)$ 是 $[c,d]$ 上的连续函数,则称 D 为 **Y-型区域**(图 8.7 是一些 Y-型区域的例子). 如果 $f(x,y)$ 为 Y-型区域 D 上的连续函数,则

$$\iint\limits_{D} f(x,y)\,\mathrm{d}x\mathrm{d}y=\int_{c}^{d}\left[\int_{\psi_1(y)}^{\psi_2(y)}f(x,y)\,\mathrm{d}x\right]\mathrm{d}y,$$

简记为

$$\iint\limits_{D} f(x,y)\,\mathrm{d}x\mathrm{d}y=\int_{c}^{d}\mathrm{d}y\int_{\psi_1(y)}^{\psi_2(y)}f(x,y)\,\mathrm{d}x. \tag{8.5}$$

公式(8.5)叫做化二重积分为先对 x、后对 y 的二次积分的公式.

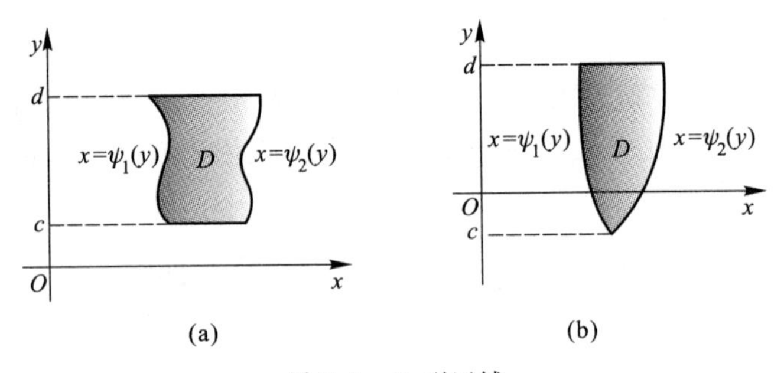

图 8.7 Y-型区域

这样,如果积分区域 D 是 X-型或 Y-型区域,则二重积分的计算问题化为了接连计算两个定积分的问题,而定积分的计算可以利用牛顿-莱布尼茨公式. 如果积分区域 D 不能简单地看成 X-型或 Y-型区域,则可以考虑将其分割成几个

互不重叠的部分(图 8.8),使每个部分成为 X-型或 Y-型区域. 于是,利用二重积分对积分区域的可加性及上述化二重积分为二次积分的公式,D 上二重积分的计算也随即化成几个二次积分的和. 总之,二重积分的计算问题由于可以化为二次定积分而得到了解决.

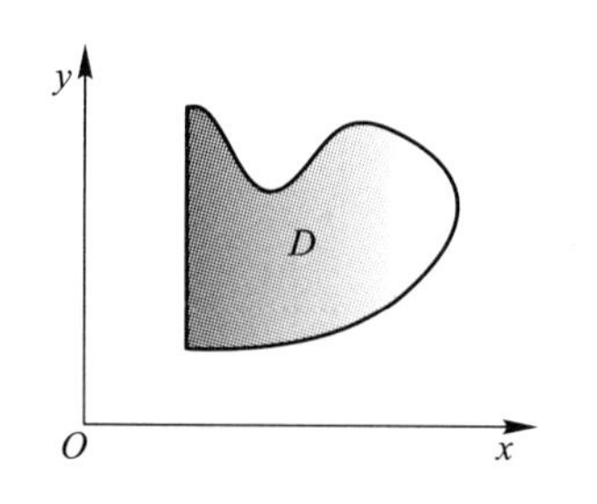

(a) D既不是X-型区域, 也不是Y-型区域

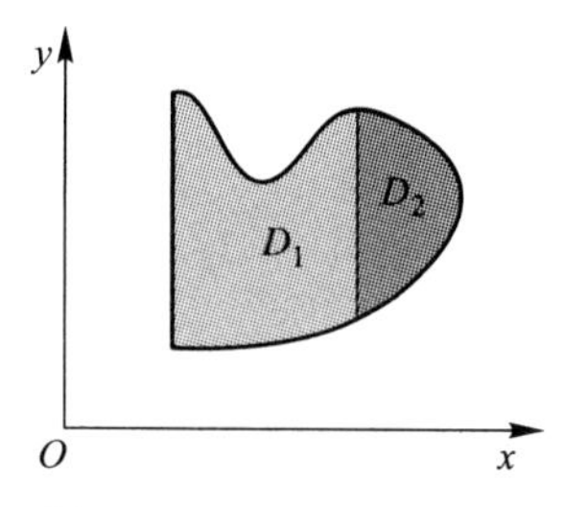

(b) $D=D_1\cup D_2$, D_1与D_2互不重叠, D_1是X-型区域, D_2是Y-型区域

图 8.8 一般的积分区域

在计算二重积分时,一般应先画出积分区域 D 的图形,然后根据图形的特性判明它是哪种类型的区域,并正确写出这类区域的表示,据此确定二重积分化成二次积分时两次定积分的上、下限.

例 8.4 计算 $\iint\limits_{[0,1]\times[1,2]}\dfrac{y^2}{1+x^2}\mathrm{d}\sigma$.

解 先画出闭矩形区域 $D=[0,1]\times[1,2]$的图形(图 8.9),它既可看成 X-型区域又可看成 Y-型区域. 由于被积函数在 D 上连续,于是将二重积分化成二次积分时,两种次序都可以.

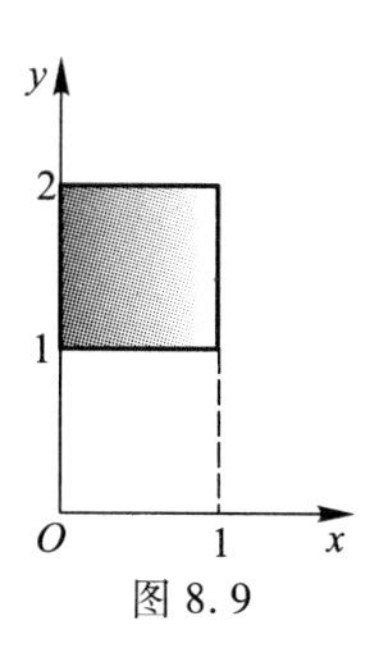

图 8.9

若把 D 视为 X-型区域,则

$$\begin{aligned}\iint\limits_{[0,1]\times[1,2]}\frac{y^2}{1+x^2}\mathrm{d}\sigma &=\int_0^1\mathrm{d}x\int_1^2\frac{y^2}{1+x^2}\mathrm{d}y\\&=\int_0^1\left(\frac{1}{1+x^2}\int_1^2 y^2\,\mathrm{d}y\right)\mathrm{d}x\\&=\left(\int_0^1\frac{1}{1+x^2}\mathrm{d}x\right)\left(\int_1^2 y^2\,\mathrm{d}y\right)\\&=\arctan x\,\Big|_0^1\cdot\frac{1}{3}y^3\,\Big|_1^2\\&=\frac{\pi}{4}\cdot\frac{7}{3}=\frac{7\pi}{12}.\end{aligned}$$

若把 D 视为 Y-型区域,则

$$\iint\limits_{[0,1]\times[1,2]} \frac{y^2}{1+x^2}\mathrm{d}\sigma = \int_1^2 \mathrm{d}y \int_0^1 \frac{y^2}{1+x^2}\mathrm{d}x$$
$$= \int_1^2 \left(y^2 \int_0^1 \frac{1}{1+x^2}\mathrm{d}x \right) \mathrm{d}y$$
$$= \left(\int_1^2 y^2 \mathrm{d}y \right)\left(\int_0^1 \frac{1}{1+x^2}\mathrm{d}x \right)$$
$$= \frac{1}{3}y^3 \Big|_1^2 \cdot \arctan x \Big|_0^1$$
$$= \frac{7}{3} \cdot \frac{\pi}{4} = \frac{7\pi}{12}.$$

从这个例子可以看出,当积分区域是一个闭矩形区域时,随便按哪种次序化成二次积分都可以. 进一步还可以看到,如果此时被积函数可以写成只含 x 的函数与只含 y 的函数的乘积,那么二重积分化成二次积分后实际上成了两个定积分的乘积,即有

$$\iint\limits_{[a,b]\times[c,d]} f(x)g(y)\mathrm{d}\sigma = \int_a^b f(x)\mathrm{d}x \cdot \int_c^d g(y)\mathrm{d}y.$$

这个规律对二重积分的计算有时很有帮助. 例如,运用这个规律来计算例 8.2 中的曲顶柱体的体积,容易得到

$$\iint\limits_{[0,2]\times[0,2]} f(x,y)\mathrm{d}\sigma = \iint\limits_{[0,2]\times[0,2]} (30-x^2-4y^2)\mathrm{d}\sigma$$
$$= 30\times4 - \int_0^2 \mathrm{d}y \cdot \int_0^2 x^2\mathrm{d}x - 4\int_0^2 y^2\mathrm{d}y \cdot \int_0^2 \mathrm{d}x$$
$$= 120 - \frac{16}{3} - \frac{64}{3} = \frac{280}{3}.$$

例 8.5 设 D 是由 xOy 面上的直线 $y=x$ 和抛物线 $y=\frac{1}{2}x^2$ 所围成的闭区域,试计算以下二重积分:

(1) $\iint\limits_D (2x^2+3y^2)\mathrm{d}\sigma$; *(2) $\iint\limits_D \frac{\sin x}{x}\mathrm{d}\sigma$.

解 为了画出 D 的图形,我们先求出两条曲线 $y=x$ 与 $y=\frac{1}{2}x^2$ 的交点. 解联立方程组

$$\begin{cases} y=x, \\ y=\frac{1}{2}x^2, \end{cases}$$

得两条曲线的交点为(0,0)及(2,2). D 的图形如图 8.10 所示,显然,D 既可视为 X-型区域,又可视为 Y-型区域.

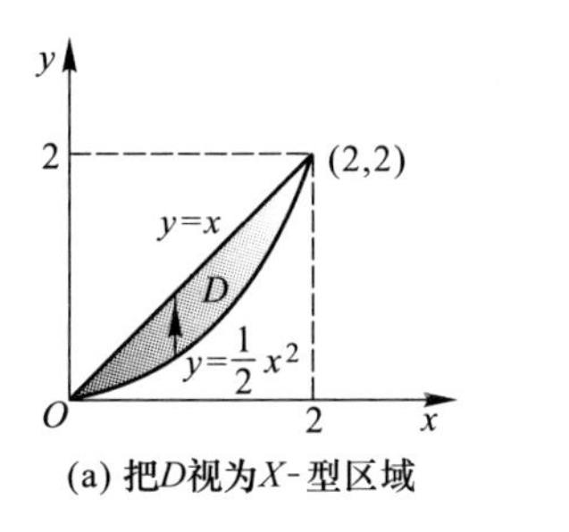

(a) 把D视为X-型区域

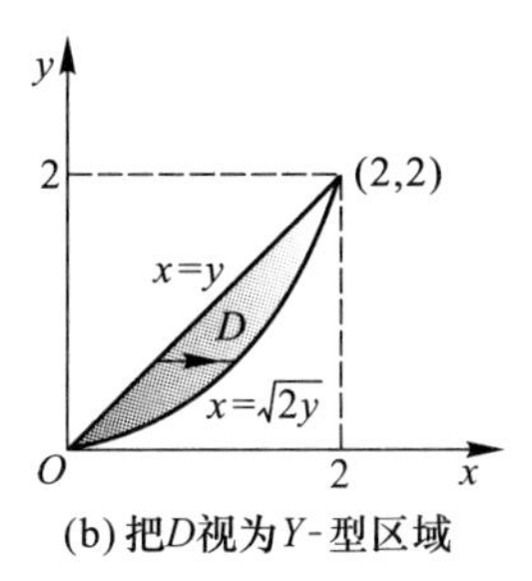

(b) 把D视为Y-型区域

图 8.10

(1) 若把 D 视为 X-型区域,$D=\left\{(x,y)\middle|\, 0\leqslant x\leqslant 2,\ \frac{1}{2}x^2\leqslant y\leqslant x\right\}$,则

$$\begin{aligned}\iint_D(2x^2+3y^2)\,\mathrm{d}\sigma&=\int_0^2\mathrm{d}x\int_{\frac{1}{2}x^2}^{x}(2x^2+3y^2)\,\mathrm{d}y\\&=\int_0^2\left[2x^2\left(x-\frac{1}{2}x^2\right)+\left(x^3-\frac{1}{8}x^6\right)\right]\mathrm{d}x\\&=\int_0^2\left(3x^3-x^4-\frac{1}{8}x^6\right)\mathrm{d}x\\&=\left(\frac{3}{4}x^4-\frac{1}{5}x^5-\frac{1}{56}x^7\right)\Big|_0^2\\&=\frac{116}{35}.\end{aligned}$$

若把 D 视为 Y-型区域,$D=\{(x,y)\,|\,0\leqslant y\leqslant 2,\ y\leqslant x\leqslant\sqrt{2y}\}$,则

$$\begin{aligned}\iint_D(2x^2+3y^2)\,\mathrm{d}\sigma&=\int_0^2\mathrm{d}y\int_y^{\sqrt{2y}}(2x^2+3y^2)\,\mathrm{d}x\\&=\int_0^2\left[\frac{2}{3}\left(2^{\frac{3}{2}}y^{\frac{3}{2}}-y^3\right)+\left(3\sqrt{2}\,y^{\frac{5}{2}}-3y^3\right)\right]\mathrm{d}y\\&=\left(\frac{2^{\frac{7}{2}}}{15}y^{\frac{5}{2}}-\frac{1}{6}y^4+\frac{3}{7}2^{\frac{3}{2}}y^{\frac{7}{2}}-\frac{3}{4}y^4\right)\Big|_0^2\\&=\frac{116}{35}.\end{aligned}$$

(2) 被积函数 $f(x,y)=\dfrac{\sin x}{x}$ 在 D 上有界,且只在点(0,0)处不连续,所以可积.

若把 D 视为 X-型区域,则

$$\iint_D \frac{\sin x}{x}d\sigma = \int_0^2 dx\int_{\frac{1}{2}x^2}^{x}\frac{\sin x}{x}dy$$

$$= \int_0^2 \frac{\sin x}{x}\left(x-\frac{1}{2}x^2\right)dx$$

$$= \int_0^2 \left(\sin x-\frac{1}{2}x\sin x\right)dx$$

$$= \left(-\cos x+\frac{1}{2}x\cos x-\frac{1}{2}\sin x\right)\Big|_0^2$$

$$= 1-\frac{1}{2}\sin 2.$$

若把 D 视为 Y-型区域，则

$$\iint_D \frac{\sin x}{x}d\sigma = \int_0^2 dy\int_y^{\sqrt{2y}}\frac{\sin x}{x}dx.$$

由于$\int \frac{\sin x}{x}dx$ 不能用初等函数表示出来，因而上式右端二次积分中的第一个积分$\int_y^{\sqrt{2y}}\frac{\sin x}{x}dx$ 无法求出.

在这个例子中我们看到，把二重积分化成二次积分时，不同的积分次序有时是关键的. 比如，(1) 中的二重积分，按两种次序化成二次积分都能算出，但在计算上，先对 y 后对 x 的积分次序要比先对 x 后对 y 的次序简单些；而(2) 中的二重积分，按两种次序化成二次积分后，效果完全不同，化成先对 y 后对 x 的二次积分可以算出，而化成先对 x 后对 y 的二次积分则无法算出. 这说明，在计算二重积分时，要根据积分区域及被积函数的特点，适当地选择积分次序.

例 8.6 计算二重积分$\iint_D 2x^2y d\sigma$，其中 D 是由抛物线 $y=2x^2$ 和 $y=1+x^2$ 所围成的闭区域.

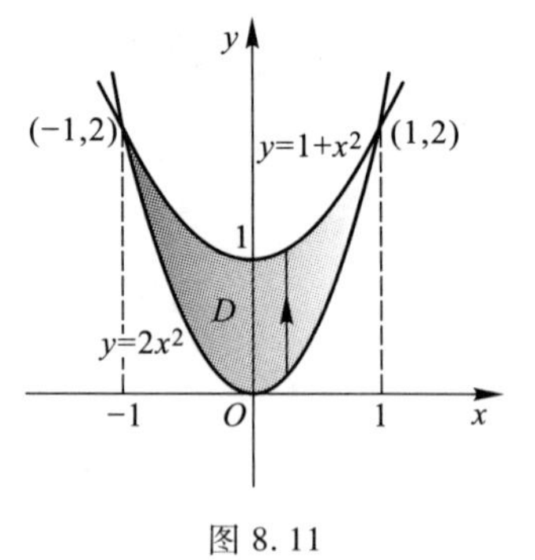

图 8.11

解 先求出两抛物线的交点. 解联立方程组

$$\begin{cases} y=2x^2, \\ y=1+x^2, \end{cases}$$

得交点为$(-1,2)$，$(1,2)$. D 的图形如图 8.11 所示，D 是一个 X-型区域，可以表示为

$$D=\{(x,y)\mid -1\leqslant x\leqslant 1, 2x^2\leqslant y\leqslant 1+x^2\}.$$

所以

$$\iint\limits_D 2x^2 y\mathrm{d}\sigma = \int_{-1}^{1}\left(\int_{2x^2}^{1+x^2} 2x^2 y\mathrm{d}y\right)\mathrm{d}x$$

$$= \int_{-1}^{1} x^2 y^2 \Big|_{2x^2}^{1+x^2} \mathrm{d}x$$

$$= \int_{-1}^{1} x^2[(1+x^2)^2 - 4x^4]\mathrm{d}x$$

$$= 2\int_0^1 (x^2 + 2x^4 - 3x^6)\mathrm{d}x$$

$$= \frac{64}{105}.$$

例 8.7 计算二重积分 $\iint\limits_D \frac{y^2}{x^2}\mathrm{d}\sigma$，其中 D 是直线 $x=2, y=x$ 和双曲线 $xy=1$ 所围之闭区域.

解 容易求得三条曲线的三个交点分别是 $(1,1)$，$\left(2,\frac{1}{2}\right)$ 及 $(2,2)$. D 的图形如图 8.12 所示.

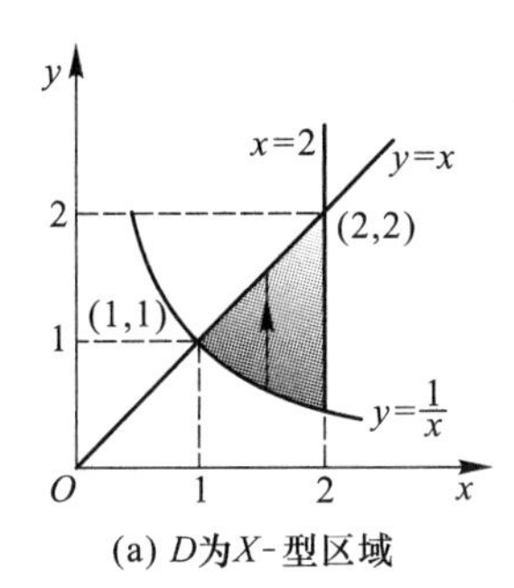

(a) D为X-型区域

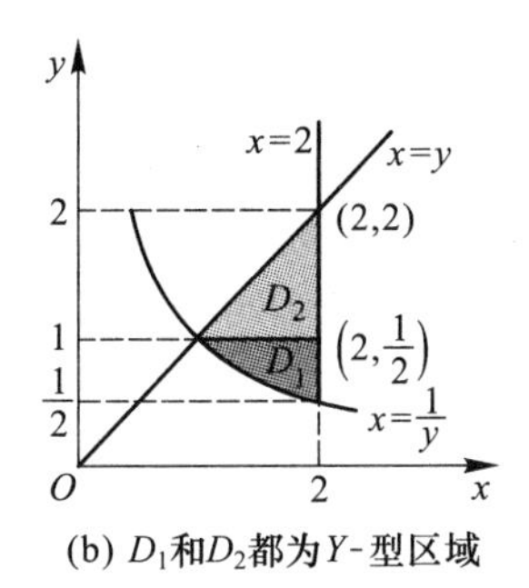

(b) D_1和D_2都为Y-型区域

图 8.12

若把积分区域表示为 X-型区域，$D=\left\{(x,y)\middle|1\leqslant x\leqslant 2, \frac{1}{x}\leqslant y\leqslant x\right\}$，则

$$\iint\limits_D \frac{y^2}{x^2}\mathrm{d}\sigma = \int_1^2 \mathrm{d}x\int_{\frac{1}{x}}^{x} \frac{y^2}{x^2}\mathrm{d}y$$

$$= \int_1^2 \frac{1}{x^2}\cdot\frac{1}{3}\left(x^3 - \frac{1}{x^3}\right)\mathrm{d}x$$

$$= \frac{1}{3}\int_1^2\left(x - \frac{1}{x^5}\right)\mathrm{d}x$$

$$= \frac{1}{3}\left(\frac{x^2}{2} + \frac{1}{4x^4}\right)\Big|_1^2$$

$$= \frac{27}{64}.$$

当然,我们也可以把 D 分为 D_1 和 D_2 两部分,D_1 和 D_2 都表示为 Y-型区域,

$$D_1=\left\{(x,y)\middle|\frac{1}{2}\leqslant y\leqslant 1,\ \frac{1}{y}\leqslant x\leqslant 2\right\},\quad D_2=\{(x,y)\mid 1\leqslant y\leqslant 2,\ y\leqslant x\leqslant 2\},$$

于是

$$\begin{aligned}\iint\limits_D \frac{y^2}{x^2}\mathrm{d}\sigma &=\int_{\frac{1}{2}}^{1}\mathrm{d}y\int_{\frac{1}{y}}^{2}\frac{y^2}{x^2}\mathrm{d}x+\int_{1}^{2}\mathrm{d}y\int_{y}^{2}\frac{y^2}{x^2}\mathrm{d}x\\ &=\int_{\frac{1}{2}}^{1}y^2\left(-\frac{1}{x}\right)\Big|_{\frac{1}{y}}^{2}\mathrm{d}y+\int_{1}^{2}y^2\left(-\frac{1}{x}\right)\Big|_{y}^{2}\mathrm{d}y\\ &=\int_{\frac{1}{2}}^{1}\left(-\frac{1}{2}y^2+y^3\right)\mathrm{d}y+\int_{1}^{2}\left(-\frac{1}{2}y^2+y\right)\mathrm{d}y\\ &=\left(-\frac{1}{6}y^3+\frac{1}{4}y^4\right)\Big|_{\frac{1}{2}}^{1}+\left(-\frac{1}{6}y^3+\frac{1}{2}y^2\right)\Big|_{1}^{2}\\ &=\frac{27}{64}.\end{aligned}$$

在这个例子中,虽然按两个积分次序都能计算出二重积分,但很明显,把二重积分化成先对 y,后对 x 的二次积分更为方便. 如果要把二重积分化成先对 x,后对 y 的二次积分,则需要把 D 分成两部分,每部分表示为 Y-型区域,这样我们计算了两个二次积分,比前一种情形烦琐多了. 在实际计算时,究竟选择哪种积分次序,需要进行观察和具体尝试,如果发现选择的积分次序不合适,就换一个积分次序,重新计算.

8.2.2　极坐标系下二重积分的计算

我们知道,在计算定积分时,求积分的困难源于被积函数,而换元法往往成为解决这种困难的有效方法. 换元公式 $\int_a^b f(x)\mathrm{d}x=\int_\alpha^\beta f(\varphi(t))\varphi'(t)\mathrm{d}t$ 的好处就是可以转化被积函数的形式,使得便于利用牛顿-莱布尼茨公式. 现在对于二重积分,计算的困难除了来自被积函数,还可能源于积分区域的复杂性或多样性. 事实上,积分区域往往成为二重积分计算困难的主要方面. 同定积分一样,二重积分也有所谓的换元积分法,而且换元积分法也往往成为解决这类困难的有效工具. 但同定积分的换元积分法相比,二重积分的换元积分法更为复杂. 二重积分的换元积分法的讨论,涉及平面上有界闭区域与其在映射下的像之间的对应关系,这已不属于本课程的范围,因此我们不打算讨论二重积分一般的换元法,而只介绍最常用的极坐标变换,得出在极坐标系下二

重积分的计算方法.

假设我们要计算二重积分 $\iint\limits_D f(x,y)\mathrm{d}\sigma$，且积分区域 D 的边界曲线在极坐标系下表示比较方便，并设 D 经过极坐标变换后变成极坐标系下的区域 D'.

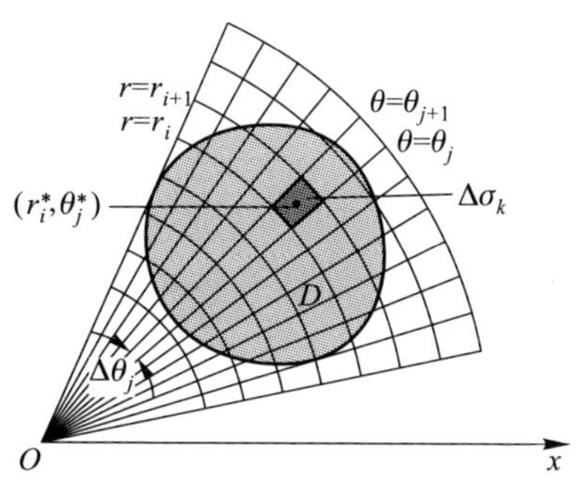

图 8.13

一般地，我们设积分区域 D 如图 8.13 所示，它的特点是，从极点出发且穿过闭区域 D 内部的射线与 D 的边界相交不多于两点，称这种区域为角形区域. 在极坐标系下，用一族同心圆，即 $r=r_i\ (i=1,2,\cdots,m_1)$，以及一族从极点出发的射线，即 $\theta=\theta_j\ (j=1,2,\cdots,n_1)$，将角形区域 D 分成 m 个小闭区域 $\Delta\sigma_k\ (k=1,2,\cdots,m)$，$m\leqslant m_1\times n_1$.

记 $\Delta\theta_j=\theta_{j+1}-\theta_j,\Delta r_i=r_{i+1}-r_i$，则除了包含区域 D 的边界点的那些小闭区域，其余小闭区域 $\Delta\sigma_k$ 的面积为

$$\Delta\sigma_k=\frac{1}{2}\left[(r_i+\Delta r_i)^2\Delta\theta_j-r_i^2\Delta\theta_j\right]=\frac{r_i+(r_i+\Delta r_i)}{2}\Delta r_i\Delta\theta_j.$$

取 $r_i^*=\dfrac{r_i+(r_i+\Delta r_i)}{2}$，则 $\Delta\sigma_k=r_i^*\Delta r_i\Delta\theta_j$. 又令 $\theta_j^*=\dfrac{\theta_j+(\theta_j+\Delta\theta_j)}{2}$，$\xi_k=r_i^*\cos\theta_j^*$，$\eta_k=r_i^*\sin\theta_j^*$. 于是 $\sum\limits_{k=1}^{n}f(\xi_k,\eta_k)\Delta\sigma_k$ 是在上述分割之下的积分和中对应于不包含边界点的 $\Delta\sigma_k$ 的项之和，其中 $n\leqslant m$，且有

$$\sum_{k=1}^{n}f(\xi_k,\eta_k)\Delta\sigma_k=\sum_{k=1}^{n}f(r_i^*\cos\theta_j^*,r_i^*\sin\theta_j^*)r_i^*\Delta r_i\Delta\theta_j. \tag{8.6}$$

可以证明，令分割的细度 $\lambda\to0$，有

$$\iint\limits_D f(x,y)\mathrm{d}\sigma=\lim_{\lambda\to0}\sum_{k=1}^{n}f(\xi_k,\eta_k)\Delta\sigma_k. \tag{8.7}$$

$$\iint\limits_{D'}f(r\cos\theta,r\sin\theta)r\mathrm{d}r\mathrm{d}\theta=\lim_{\lambda\to0}\sum_{k=1}^{n}f(r_i^*\cos\theta_j^*,r_i^*\sin\theta_j^*)r_i^*\Delta r_i\Delta\theta_j. \tag{8.8}$$

这样，由式(8.6)，(8.7)和(8.8)便得

$$\iint\limits_D f(x,y)\mathrm{d}\sigma=\iint\limits_{D'}f(r\cos\theta,r\sin\theta)r\mathrm{d}r\mathrm{d}\theta.$$

由于在直角坐标系下，有

$$\iint\limits_D f(x,y)\mathrm{d}\sigma=\iint\limits_D f(x,y)\mathrm{d}x\mathrm{d}y,$$

所以上式又可以写成

$$\iint\limits_{D} f(x,y)\,\mathrm{d}x\mathrm{d}y=\iint\limits_{D'} f(r\cos\theta,r\sin\theta)\,r\mathrm{d}r\mathrm{d}\theta. \tag{8.9}$$

这就是变量从直角坐标变换为极坐标时二重积分的变换公式. 其中 D'是积分区域 D 经过极坐标变换后在极坐标系下的区域,而 $r\mathrm{d}r\mathrm{d}\theta$ 是面积微元 $\mathrm{d}\sigma$ 在极坐标系下的表达式,即有关系 $\mathrm{d}\sigma=\mathrm{d}x\mathrm{d}y=r\mathrm{d}r\mathrm{d}\theta$. 所以,要对二重积分作极坐标变换,只要将被积函数中的 x,y 分别换成 $r\cos\theta,r\sin\theta$,把面积微元 $\mathrm{d}\sigma=\mathrm{d}x\mathrm{d}y$ 换成极坐标系下的表达式 $r\mathrm{d}r\mathrm{d}\theta$,并将积分区域 D 换成极坐标系下的区域 D'(即 D 在极坐标系下的表达式).

当我们把直角坐标系下的二重积分化成了极坐标系下的二重积分时,进一步可以根据 D'的特点将它化为二次积分来计算.

设 D 是角形区域,则 D 经过极坐标变换后变成

$$D':\alpha\leqslant\theta\leqslant\beta,\ \varphi_1(\theta)\leqslant r\leqslant\varphi_2(\theta),$$

其中 $\varphi_1(\theta),\varphi_2(\theta)$ 在区间$[\alpha,\beta]$上连续,如图 8.14 所示.

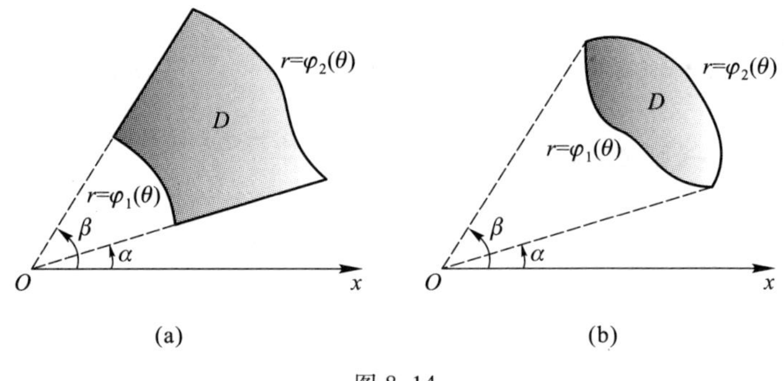

图 8.14

于是极坐标系下的二重积分 $\iint\limits_{D'} f(r\cos\theta,r\sin\theta)\,r\mathrm{d}r\mathrm{d}\theta$ 化为先对 r,后对 θ 的二次积分:

$$\iint\limits_{D'} f(r\cos\theta,r\sin\theta)\,r\mathrm{d}r\mathrm{d}\theta=\int_{\alpha}^{\beta}\left[\int_{\varphi_1(\theta)}^{\varphi_2(\theta)} f(r\cos\theta,r\sin\theta)\,r\mathrm{d}r\right]\mathrm{d}\theta$$

或

$$\iint\limits_{D'} f(r\cos\theta,r\sin\theta)\,r\mathrm{d}r\mathrm{d}\theta=\int_{\alpha}^{\beta}\mathrm{d}\theta\int_{\varphi_1(\theta)}^{\varphi_2(\theta)} f(r\cos\theta,r\sin\theta)\,r\mathrm{d}r.$$

角形区域是一类非常典型的区域,很多平面区域都可以视为这种区域的特例. 比如,图 8.15 中的(a)—(d)都属于这类区域.

下面通过具体例子来说明极坐标系下二重积分的计算.

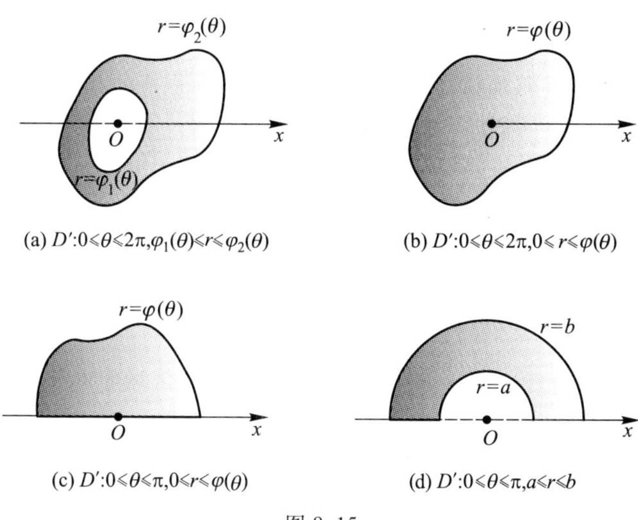

(a) $D':0\leqslant\theta\leqslant 2\pi,\varphi_1(\theta)\leqslant r\leqslant\varphi_2(\theta)$ (b) $D':0\leqslant\theta\leqslant 2\pi,0\leqslant r\leqslant\varphi(\theta)$

(c) $D':0\leqslant\theta\leqslant\pi,0\leqslant r\leqslant\varphi(\theta)$ (d) $D':0\leqslant\theta\leqslant\pi,a\leqslant r\leqslant b$

图 8.15

例 8.8 计算二重积分 $\iint\limits_D y^2\mathrm{d}\sigma$，其中环形闭区域 $D=\{(x,y)\mid 1\leqslant x^2+y^2\leqslant 4\}$.

解 D 是角形区域，故采用极坐标变换计算二重积分. 在极坐标系下，与 D 对应的区域为

$$D':0\leqslant\theta\leqslant 2\pi,\ 1\leqslant r\leqslant 2,$$

如图 8.16 所示. 于是

$$\begin{aligned}\iint\limits_D y^2\mathrm{d}\sigma &=\iint\limits_{D'} r^2\sin^2\theta\cdot r\mathrm{d}r\mathrm{d}\theta=\int_0^{2\pi}\mathrm{d}\theta\int_1^2 r^2\sin^2\theta\cdot r\mathrm{d}r\\&=\int_0^{2\pi}\frac{1-\cos 2\theta}{2}\mathrm{d}\theta\int_1^2 r^3\mathrm{d}r=\frac{15}{4}\pi.\end{aligned}$$

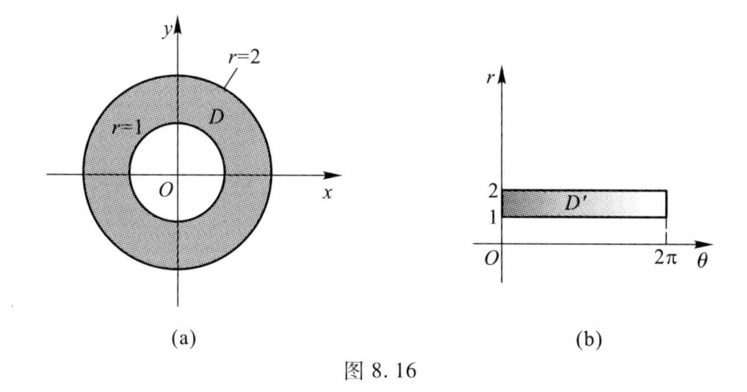

(a) (b)

图 8.16

例 8.9 计算由锥面 $z=\sqrt{x^2+y^2}$，平面 $z=0$ 及圆柱面 $x^2+y^2=2ay\ (a>0)$ 所围

成的立体体积.

解　由二重积分的几何意义可知，所求立体体积 V 是以锥面 $z=\sqrt{x^2+y^2}$ 为顶，$D=\{(x,y)\mid x^2+y^2\leqslant 2ay\}$ 为底的曲顶柱体的体积(图 8.17)，所以

$$V=\iint\limits_D \sqrt{x^2+y^2}\,\mathrm{d}\sigma.$$

把 $D=\{(x,y)\mid x^2+y^2\leqslant 2ay\}$ 视为 Y-型区域，可将二重积分化成如下二次积分：

$$V=\iint\limits_D \sqrt{x^2+y^2}\,\mathrm{d}\sigma=\int_0^{2a}\mathrm{d}y\int_{-\sqrt{2ay-y^2}}^{\sqrt{2ay-y^2}}\sqrt{x^2+y^2}\,\mathrm{d}x.$$

这个二次积分可以算出，但计算量很大.考虑到积分区域是角形区域，同时被积函数中含 $r^2=x^2+y^2$，可以考虑用极坐标计算.

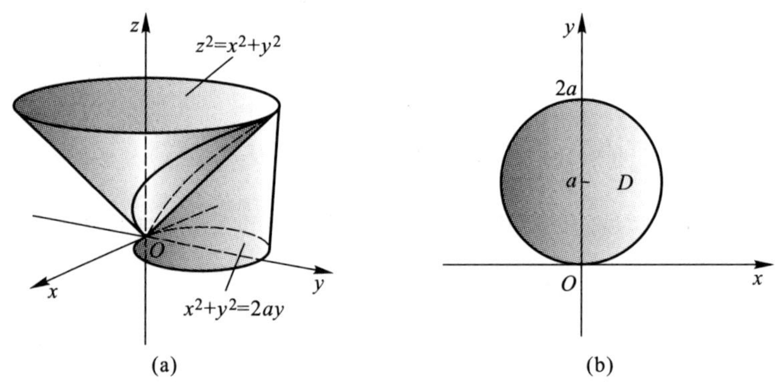

图 8.17

在极坐标系下，与 D 对应的区域为 D'：$0\leqslant\theta\leqslant\pi$，$0\leqslant r\leqslant 2a\sin\theta$，所以由二重积分的极坐标变换公式得

$$\begin{aligned}V&=\iint\limits_D \sqrt{x^2+y^2}\,\mathrm{d}\sigma=\iint\limits_{D'} r\cdot r\mathrm{d}r\mathrm{d}\theta\\&=\int_0^{\pi}\mathrm{d}\theta\int_0^{2a\sin\theta}r^2\mathrm{d}r=\frac{8}{3}a^3\int_0^{\pi}\sin^3\theta\mathrm{d}\theta\\&=-\frac{8}{3}a^3\left(\cos\theta-\frac{1}{3}\cos^3\theta\right)\Big|_0^{\pi}\\&=\frac{32}{9}a^3.\end{aligned}$$

例 8.10　计算二重积分 $\iint\limits_{D_a}\mathrm{e}^{-(x^2+y^2)}\mathrm{d}\sigma\ (a>0)$，其中 $D_a=\{(x,y)\in\mathbf{R}^2\mid x^2+y^2\leqslant a^2\}$.

解　与上例类似，被积函数中出现 $r^2=x^2+y^2$，且积分区域是闭圆盘，属于角形区域，因此采用极坐标变换法.在极坐标系下，与 D_a 对应的区域为 D'_a：$0\leqslant\theta\leqslant$

$2\pi,0\leqslant r\leqslant a$,所以由二重积分的极坐标变换公式得

$$\iint_{D_a} e^{-(x^2+y^2)}d\sigma=\int_0^{2\pi}d\theta\int_0^a e^{-r^2}rdr=\int_0^{2\pi}d\theta\cdot\int_0^a e^{-r^2}rdr$$

$$=2\pi\cdot\left(-\frac{1}{2}e^{-r^2}\Big|_0^a\right)=\pi(1-e^{-a^2}).$$

注 由于$\int e^{-x^2}dx$不能用初等函数表示,所以如果用直角坐标计算本题,则二重积分$\iint\limits_{D_a} e^{-(x^2+y^2)}d\sigma$无法算出,而改用极坐标后,面积微元中所含的因子$r$帮了我们很大的忙,使得被积函数变成了可求出原函数的函数. 极坐标变换在本题计算中发挥了关键作用.

上述结果有一个重要的应用,即我们可以利用它来计算概率积分$\int_{-\infty}^{+\infty}e^{-x^2}dx$及$\int_0^{+\infty}e^{-x^2}dx$. 由于被积函数$e^{-(x^2+y^2)}$是非负的,且$D_a\subset[-a,a]\times[-a,a]\subset D_{\sqrt{2}a}$(图 8.18),所以

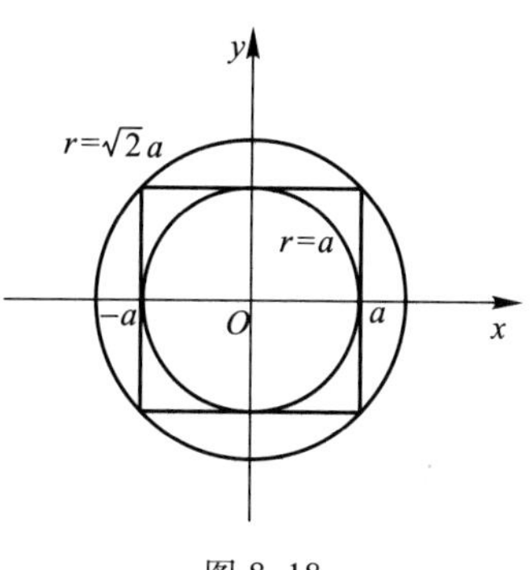

图 8.18

$$\iint_{D_a} e^{-(x^2+y^2)}dxdy\leqslant\iint_{[-a,a]\times[-a,a]} e^{-(x^2+y^2)}dxdy\leqslant\iint_{D_{\sqrt{2}a}} e^{-(x^2+y^2)}dxdy.$$

又因为

$$\iint_{[-a,a]\times[-a,a]} e^{-(x^2+y^2)}dxdy=\int_{-a}^a e^{-x^2}dx\cdot\int_{-a}^a e^{-y^2}dy=4\left(\int_0^a e^{-x^2}dx\right)^2,$$

$$\iint_{D_a} e^{-(x^2+y^2)}d\sigma=\pi(1-e^{-a^2}),\quad\iint_{D_{\sqrt{2}a}} e^{-(x^2+y^2)}d\sigma=\pi(1-e^{-2a^2}),$$

所以

$$\pi(1-e^{-a^2})\leqslant 4\left(\int_0^a e^{-x^2}dx\right)^2\leqslant\pi(1-e^{-2a^2}).$$

在上式中令$a\to+\infty$,利用夹逼定理得

$$4\left(\int_0^{+\infty}e^{-x^2}dx\right)^2=\lim_{a\to+\infty}4\left(\int_0^a e^{-x^2}dx\right)^2=\pi,$$

故有

$$\int_0^{+\infty}e^{-x^2}dx=\frac{\sqrt{\pi}}{2},$$

$$\int_{-\infty}^{+\infty}e^{-x^2}dx=2\int_0^{+\infty}e^{-x^2}dx=\sqrt{\pi}.$$

概率积分在概率论及相关课程中有重要应用,但在单变量积分中无法直接计算出它的结果.

注 与一元函数类似,可以引入无界区域上的反常二重积分. 反常二重积分是概率论与数理统计中有广泛应用的一类积分,一般可以先在有界区域内积分,然后取极限并令有界区域趋于原无界区域来求解.

*__例 8.11__ 求球面 $x^2+y^2+z^2=4a^2$ 与柱面 $(x-a)^2+y^2=a^2$ $(a>0)$ 所围成的立体体积.

解 易知球面 $x^2+y^2+z^2=4a^2$ 与柱面 $(x-a)^2+y^2=a^2$ 所围成的立体关于 xOy 面对称,故此立体的体积是位于 xOy 面上方部分的体积的2倍. 而位于 xOy 面上方部分的体积是以球面 $x^2+y^2+z^2=4a^2$ 为顶, $D=\{(x,y)\mid(x-a)^2+y^2\leqslant a^2\}$ 为底的曲顶柱体的体积(图8.19),故所求体积为

$$V=2\iint_D\sqrt{4a^2-(x^2+y^2)}\,\mathrm{d}\sigma.$$

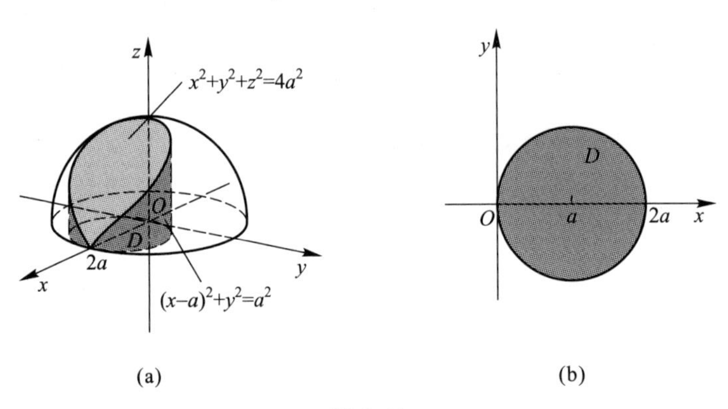

(a) (b)

图8.19

由于被积函数中出现了 $r^2=x^2+y^2$,且积分区域 $D=\{(x,y)\mid(x-a)^2+y^2\leqslant a^2\}$ 是角形区域,因此采用极坐标变换计算二重积分. 在极坐标系下,与 D 对应的区域为 $D':-\dfrac{\pi}{2}\leqslant\theta\leqslant\dfrac{\pi}{2},0\leqslant r\leqslant 2a\cos\theta$,所以由二重积分的极坐标变换公式得

$$\begin{aligned}V&=2\iint_D\sqrt{4a^2-(x^2+y^2)}\,\mathrm{d}\sigma=2\iint_{D'}\sqrt{4a^2-r^2}\,r\mathrm{d}r\mathrm{d}\theta\\&=2\int_{-\frac{\pi}{2}}^{\frac{\pi}{2}}\mathrm{d}\theta\int_0^{2a\cos\theta}\sqrt{4a^2-r^2}\,r\mathrm{d}r\\&=2\int_{-\frac{\pi}{2}}^{\frac{\pi}{2}}\left[-\frac{1}{2}\,\frac{2}{3}(4a^2-r^2)^{\frac{3}{2}}\Big|_0^{2a\cos\theta}\right]\mathrm{d}\theta\end{aligned}$$

$$=-\frac{16}{3}a^3\int_{-\frac{\pi}{2}}^{\frac{\pi}{2}}(|\sin\theta|^3-1)\mathrm{d}\theta$$

$$=-\frac{32}{3}a^3\int_0^{\frac{\pi}{2}}(\sin^3\theta-1)\mathrm{d}\theta$$

$$=\frac{32}{3}a^3\left(\frac{\pi}{2}-\frac{2}{3}\right).$$

8.2.3 二重积分的应用

在物理、生态及经济领域中，若我们知道某个未知量在平面区域内的密度函数，则可以利用二重积分“分割、近似、求和及取极限”的思想方法，对密度函数在相应的平面区域内求二重积分，从而求得该未知量. 这里仅举一个经济实例.

例 8.12 某城市受地理条件限制呈直角三角形分布，两直角边临山，斜边临公路. 由于交通原因，城市发展不太均衡，税收情况就反映了这一点. 若以两直角边为坐标轴建立直角坐标系，则位于 x 轴和 y 轴上的城市长度分别为 18 km 和 16 km，且一段时期内税收情况 $R(x,y)$（单位：万元/km^2）与地理位置的关系大致为

$$R(x,y)=10x+15y.$$

试计算该城市的总税收收入.

解 设该城市的总税收收入为 L，则根据题意可知，问题归结为求函数 $R(x,y)=10x+15y$ 在区域

$$D=\left\{(x,y)\,\middle|\,0\leqslant x\leqslant 18,0\leqslant y\leqslant 16,\frac{x}{18}+\frac{y}{16}\leqslant 1\right\}$$

上的二重积分问题，于是

$$L=\iint_D R(x,y)\mathrm{d}\sigma=\int_0^{18}\mathrm{d}x\int_0^{16-\frac{8}{9}x}(10x+15y)\mathrm{d}y=20\ 160,$$

即总税收收入为 20 160 万元.

习 题 8.2

1. 计算下列二重积分：

(1) $\iint\limits_D x^2y\sin y\mathrm{d}\sigma$，其中 $D=\{(x,y)\mid -2\leqslant x\leqslant 3,\ 0\leqslant y\leqslant 2\pi\}$；

(2) $\iint\limits_D xy\mathrm{d}x\mathrm{d}y$,其中 $D=\{(x,y)\mid y\geqslant x^2,\ y\leqslant x\}$;

(3) $\iint\limits_D (x^3+xy+y^3)\mathrm{d}x\mathrm{d}y$,其中 $D=\{(x,y)\mid |x|\leqslant 3,\ |y|\leqslant 3\}$;

(4) $\iint\limits_D (x^2+y^2)\mathrm{d}x\mathrm{d}y$,其中 $D=\{(x,y)\mid |x|\leqslant 3,\ |y|\leqslant 3\}$;

(5) $\iint\limits_D \frac{1}{(x+y)^2}\mathrm{d}x\mathrm{d}y$,其中 $D=\{(x,y)\mid 1\leqslant x\leqslant 2,\ 3\leqslant y\leqslant 6\}$;

(6) $\iint\limits_D x\mathrm{e}^{xy}\mathrm{d}x\mathrm{d}y$,其中 $D=\{(x,y)\mid 0\leqslant x\leqslant 1,\ 1\leqslant y\leqslant 3\}$;

(7) $\iint\limits_D \frac{x^2\mathrm{d}x\mathrm{d}y}{y^2}$,其中 D 是由直线 $x=3,y=x$ 及曲线 $xy=1$ 所围成的闭区域;

(8) $\iint\limits_D \frac{\mathrm{d}x\mathrm{d}y}{9+x^2+y^2}$,其中 $D=\{(x,y)\mid x^2+y^2\leqslant 81\}$;

(9) $\iint\limits_D \frac{y^2\mathrm{d}x\mathrm{d}y}{x^2}$,其中 D 是由曲线 $x^2+y^2=6x$ 所围成的平面闭区域;

(10) $\iint\limits_D x\mathrm{e}^{-y}\mathrm{d}x\mathrm{d}y$,其中 D 是在直线 $y=1$ 上方,直线 $x=1,x=2$ 之间的无界区域;

(11) $\iint\limits_D x\mathrm{e}^{-y^2}\mathrm{d}x\mathrm{d}y$,其中 D 是第一象限内抛物线 $y=3x^2,y=9x^2$ 之间的无界区域;

(12) $\iint\limits_{y>x} \mathrm{e}^{-\frac{1}{2}(x^2+y^2)}\mathrm{d}x\mathrm{d}y$, $\iint\limits_{y>\frac{\sqrt{3}}{3}x} \mathrm{e}^{-\frac{1}{2}(x^2+y^2)}\mathrm{d}x\mathrm{d}y$, $\iint\limits_{y>\sqrt{3}x} \mathrm{e}^{-\frac{1}{2}(x^2+y^2)}\mathrm{d}x\mathrm{d}y$. 通过计算,你发现什么规律?

2. 计算下列二次积分:

(1) $\int_0^{\sqrt{2}}\mathrm{d}x\int_x^{\sqrt{2}} x^2\mathrm{e}^{-y^2}\mathrm{d}y$;

(2) $\int_{-\sqrt{3}}^{\sqrt{3}}\mathrm{d}y\int_{-\sqrt{3}}^{y} y\sqrt{3+x^2-y^2}\,\mathrm{d}x$;

(3) $\int_0^1\mathrm{d}x\int_{x^2}^1 \frac{xy}{\sqrt{1+y^3}}\mathrm{d}y$;

(4) $\int_1^6\mathrm{d}y\int_y^6 \frac{1}{y\ln x}\mathrm{d}x$;

(5) $\int_0^{\frac{1}{4}}\mathrm{d}y\int_y^{\sqrt{y}} \frac{y}{x}\mathrm{d}x+\int_{\frac{1}{4}}^{\frac{1}{2}}\mathrm{d}y\int_y^{\frac{1}{2}} \frac{y}{x}\mathrm{d}x$;

(6) $\int_0^{\frac{\pi}{6}}\mathrm{d}y\int_y^{\frac{\pi}{6}} \frac{\cos x}{x}\mathrm{d}x+\int_0^{\frac{\pi}{6}}\mathrm{d}y\int_y^{\frac{\pi}{6}} \frac{\sin x}{x}\mathrm{d}x$.

3. 求解下列实际问题:

(1) 有一粮仓形如以 xOy 面上的圆域 $D=\{(x,y)\mid x^2+y^2\leqslant 1\}$ 为底,圆柱面 $x^2+y^2=1$ 为

侧面，曲面 $z=8-x^2-y^2$ 为顶的立体，试估计其体积；

*(2) 求曲面 $z=3-\frac{3}{4}(x^2+y^2)$ 与 $z=1-\frac{1}{2}\sqrt{x^2+y^2}$ 所围成立体的体积. 画出其图形，形如冠状体，许多植物、农作物的外形及根系都呈此形状，这类问题的解决可以为其种植管理提供量化指标；

(3) 有一水池呈圆形，半径为 6 m，以中心为坐标原点，距离中心 r m 处的水深为 $\frac{6}{1+r^2}$ m，试估计该水池的蓄水量；

(4) 人口统计学家发现城市市中心的人口密度最大，离市中心越远，人口越稀少，最为常见的人口密度模型为 $f(r)=Ce^{-ar^2}$（每平方千米人口数），r 是距市中心的距离. 现知某市是半径为 30 km 的圆形区域，其市中心的人口密度 $f(0)=10^4$，距离市中心 10 km 处的人口密度 $f(10)=10^4e^{-2}$，试估计该市总人口数；

(5) 为了建高速公路，要在一山坡中辟出一条长 600 m，宽 30 m 的通道. 据测量，以开挖地边缘处为原点，往公路延伸方向为 x 轴 $(0\leqslant x\leqslant 600)$，路面上与此垂直的方向为 y 轴 $(0\leqslant y\leqslant 30)$，知山坡的高度为 $z=10\left(\sin\frac{\pi x}{600}+\sin\frac{\pi y}{30}\right)$，试估计所需挖的土方量.

总习题八

1. 有人这样计算下列二重积分：

(1) $\iint\limits_D (x^2+y^2)\,dxdy$，$D$ 是由圆 $x^2+y^2=1$ 所围成的闭区域；

(2) $\iint\limits_D (x+y)\,dxdy$，$D$ 是由直线 $x+y=1$ 及 x 轴、y 轴所围成的闭区域.

解 (1) 因为 $x^2+y^2=1$，所以 $\iint\limits_D (x^2+y^2)\,dxdy=\iint\limits_D dxdy$. 而 D 的面积为 π，于是根据性质 8.6，可得 $\iint\limits_D (x^2+y^2)\,dxdy=\pi$.

(2) 同理，此时 D 的面积为 $\frac{1}{2}$，可得 $\iint\limits_D (x+y)\,dxdy=\frac{1}{2}$.

你认为他的解法正确吗？如果不正确，应该如何改正？请画图解释这两个二重积分的几何意义，并结合这两个例子复习、巩固二重积分的重要知识.

2. 设 $D=\{(x,y)\mid -3<x<1,0<y<1\}$，试比较下列二重积分的大小：

$$I_1=\iint\limits_D yx^5\,dxdy,\quad I_2=\iint\limits_D y^2x^5\,dxdy,\quad I_3=\iint\limits_D \sqrt{y}\,x^5\,dxdy,\quad I_4=\iint\limits_D y^3x^5\,dxdy.$$

如果将 D 换为 $\{(x,y)\mid -3<x<-1,0<y<1\}$，那么结果又将如何？

3. 计算下列二重积分或二次积分:

(1) $\iint\limits_D \sqrt{x^2-y^2}\,\mathrm{d}x\mathrm{d}y$,其中 $D=\{(x,y)\mid 0\leqslant x\leqslant 6,0\leqslant y\leqslant x\}$;

(2) $\iint\limits_D (x^2-y)\,\mathrm{d}x\mathrm{d}y$,其中 $D=\{(x,y)\mid x^2+y^2\leqslant 6\}$;

(3) $\iint\limits_D \dfrac{x\cos(\pi\sqrt{x^2+y^2})\,\mathrm{d}x\mathrm{d}y}{x+y}$,其中 $D=\{(x,y)\mid 4\leqslant x^2+y^2\leqslant 9,x\geqslant 0,y\geqslant 0\}$;

(4) $\iint\limits_D (x^2+y^2)\,\mathrm{d}x\mathrm{d}y$,其中 $D=\{(x,y)\mid |x|+|y|\leqslant 1\}$;

(5) $\iint\limits_D \mathrm{e}^{x+y}\,\mathrm{d}x\mathrm{d}y$,其中 $D=\{(x,y)\mid |x|+|y|\leqslant 1\}$,分析它与第(2)、(3)、(4)题的解题过程,找出联系、区别及规律,还有没有更多的题中有类似规律?

(6) $\iint\limits_D 2y[(x+1)f(x)+(x-1)f(-x)]\,\mathrm{d}x\mathrm{d}y$,其中 $f(x)$ 是定义在 $(-1,1)$ 上的任意连续函数,$D=\{(x,y)\mid x\leqslant y\leqslant 1,-1\leqslant x\leqslant 1\}$;

(7) $\iint\limits_D |x^2+y^2-1|\,\mathrm{d}\sigma$,其中 $D=[0,1]\times[0,1]$;

*(8) $\iint\limits_D [x+y]\,\mathrm{d}x\mathrm{d}y$,其中 $[x]$ 表示不超过 x 的最大整数,$D=\{(x,y)\mid 0\leqslant x\leqslant 3,0\leqslant y\leqslant 3\}$;

(9) $\int_0^{\sqrt{2}}\mathrm{d}y\int_y^{\sqrt{2}}\left(\dfrac{\sqrt{2}\,\mathrm{e}^{x^2}}{x}-\mathrm{e}^{y^2}\right)\mathrm{d}x$;

*(10) $\int_{\frac{1}{2}}^{1}\mathrm{d}x\int_{1-x}^{x}(x^2+y^2)^{-\frac{3}{2}}\mathrm{d}y+\int_1^{+\infty}\mathrm{d}x\int_0^x(x^2+y^2)^{-\frac{3}{2}}\mathrm{d}y$.

4. 计算下列二重积分:

$\iint\limits_{D_1}(x^2+xy\mathrm{e}^{-x^2-y^2})\,\mathrm{d}x\mathrm{d}y$, $\iint\limits_{D_2}(x^2+xy\mathrm{e}^{-x^2-y^2})\,\mathrm{d}x\mathrm{d}y$, $\iint\limits_{D_1\cap D_3}x^2\,\mathrm{d}x\mathrm{d}y$, $\iint\limits_{D_4}xy\mathrm{e}^{-x^2-y^2}\,\mathrm{d}x\mathrm{d}y$,

其中

(1) $D_1=\{(x,y)\mid x^2+y^2\leqslant 1,x\geqslant 0\}$;

(2) $D_2=\{(x,y)\mid x\leqslant 1,y\geqslant -1,y\leqslant x\}$;

(3) $D_3=\{(x,y)\mid x^2+(y-1)^2\leqslant 1,x\geqslant 0\}$;

(4) $D_4=\{(x,y)\mid x\geqslant 0,y\geqslant 0\}$.

5. 某企业近期仅生产 A,B 两种产品,其销售价格分别为 1 000 元和 800 元. 生产 x 件 A 产品和生产 y 件 B 产品的总成本(单位:元)为

$$C(x,y)=20\ 000+300x+200y+xy+3x^2+3y^2.$$

经了解,一个月内 A 产品的销量为 90 ~ 120 件,B 产品的销量为 100 ~ 130 件. 试求一个月内企业获得的平均利润.

6. 设平面闭区域 D 由平面曲线 $y=\sqrt{x}$ 及 $x=1,y=0$ 所围成,试求二元连续函数 $f(x,y)$,使其满足 $f(x,y)=5xy-\iint\limits_D f(x,y)\mathrm{d}x\mathrm{d}y$.

7. 设

$$f(x,y)=\begin{cases}x^2y, & (x,y)\in S,\\ 0, & (x,y)\notin S,\end{cases}$$

其中 $S=\{(x,y)\mid 1\leqslant x\leqslant 2,0\leqslant y\leqslant x\}$. 求 $\iint\limits_{D_1} f(x,y)\mathrm{d}x\mathrm{d}y$, $\iint\limits_{D_2} f(x,y)\mathrm{d}x\mathrm{d}y$,其中

$$D_1=\{(x,y)\mid x^2+y^2\leqslant 2x\},\quad D_2=\{(x,y)\mid x^2+y^2\geqslant 2x\}.$$

第9章 微分方程与差分方程

函数是客观事物的内部联系在数量方面的反映,函数关系是研究客观事物规律的基本工具.因此如何寻找出所需要的函数关系,在实践中具有重要意义.在许多问题中,往往不能直接找出所需要的函数关系,但可以根据问题所提供的情况找到所需函数与其导数满足的等式关系.这样的关系就是微分方程.微分方程建立以后,对它进行研究,找出未知函数,这就是解微分方程.本章前面部分主要介绍微分方程的一些基本概念和几种常用的微分方程的解法.

另外,在经济管理和许多实际问题中,数据大多数是按等时间间隔周期统计,因此有关变量的取值是离散变化的.如何寻求它们之间的关系和变化规律呢?差分方程是研究这类离散型数学问题的有力工具.本章后面部分主要介绍差分方程的一些基本概念和简单常用的差分方程的解法.

9.1 微分方程的基本概念

9.1.1 引例

在自然科学和经济管理等领域可以看到许多表述自然规律或事物运行机理的微分方程的例子.

例 9.1(以一种新观点描述连续复利) 假设某人以本金 p_0元进行一项投资,投资的年利率为 r.若以连续复利计息,则由第 2 章的讨论,我们已经知道,t 年末资金的总额为

$$p(t)=p_0\mathrm{e}^{rt}. \tag{9.1}$$

试用微积分观点导出(9.1)式.

解 设 t 时刻(以年为单位)的资金总额为 $p(t)$,且资金没有取出也没有新的投入,那么 t 时刻资金总额的变化率等于 t 时刻资金总额获得的利息. 而 t 时刻资金总额的变化率为 $\frac{\mathrm{d}p}{\mathrm{d}t}$,$t$ 时刻资金总额获得的利息为 rp,即有

$$\frac{\mathrm{d}p}{\mathrm{d}t}=rp. \tag{9.2}$$

关系式(9.2)中未出现 p_0,这是因为 p_0 的值并不影响利息的变化率. 但是,作为未知函数的 $p(t)$ 应该满足下列条件:当 $t=0$ 时,$p(t)=p_0$,记为

$$p\big|_{t=0}=p_0. \tag{9.3}$$

求解关系式(9.2)中的函数 $p(t)$ 的一般方法将在下节介绍. 但显然要使一个函数的导数是自己的 r 倍,则自然地猜想到

$$p(t)=C\mathrm{e}^{rt}\quad (C\text{ 为任意常数}). \tag{9.4}$$

可以这样来验证其正确性,即将式(9.4)代入式(9.2)后,可知式(9.2)为恒等式. 其实还可进一步确定式(9.4)中的 C,将条件(9.3)代入式(9.4),得到 $C=p_0$,再代入式(9.4)得特定的 $p(t)=p_0\mathrm{e}^{rt}$. 这和已有的结果(9.1)相一致.

例 9.2(自由落体运动) 著名科学家伽利略在研究落体运动时发现,如果自由落体在 t 时刻下落的距离为 x,那么 t 时刻的加速度 $\frac{\mathrm{d}^2x}{\mathrm{d}t^2}$ 应是一个常数,即有方程

$$\frac{\mathrm{d}^2x}{\mathrm{d}t^2}=g, \tag{9.5}$$

其中 g 为重力加速度. 求该落体运动的规律.

解 对式(9.5)两端积分一次得

$$\frac{\mathrm{d}x}{\mathrm{d}t}=gt+C_1.$$

对上式再积分一次得

$$x=\frac{1}{2}gt^2+C_1t+C_2, \tag{9.6}$$

其中 C_1,C_2 都是任意常数. 容易知道 $C_1=x'(0)$,$C_2=x(0)$,即 C_1,C_2 为落体运动时的初始速度和初始距离. 如果

$$x'(0)=0,\quad x(0)=0, \tag{9.7}$$

则落体的具体运动规律是

$$x=\frac{1}{2}gt^2. \tag{9.8}$$

9.1.2 一般概念

上述例子中的关系式(9.2)和(9.5)就是微分方程,它们的共同特点是含有未知函数的导数.一般地,有如下定义.

定义 9.1 含有未知函数的导数或微分的等式,称为**微分方程**,有时也简称**方程**.未知函数是一元函数的方程,称为**常微分方程**;未知函数是多元函数的方程,称为**偏微分方程**.

本书只讨论经济管理领域里常见的常微分方程,简称微分方程.

微分方程中所出现的未知函数的最高阶导数的阶数,叫做微分方程的**阶**.例如,方程(9.2)是一阶微分方程,方程(9.5)是二阶微分方程.

由前面的例子我们看到,在研究某些实际问题时,首先要建立微分方程,然后找出满足微分方程的函数.

定义 9.2 若某函数代入微分方程后能使该方程成为恒等式,则称这个函数为该**微分方程的解**.如果微分方程的解中含有任意常数,且相互独立的任意常数的个数与微分方程的阶数相同,这样的解叫做**微分方程的通解**.

例如,函数(9.4)是方程(9.2)的解,它含有一个任意常数,而方程(9.2)是一阶的,所以函数(9.4)是方程(9.2)的通解.又如,函数(9.6)是方程(9.5)的解,它含有两个相互独立的任意常数,而方程(9.5)是二阶的,所以函数(9.6)是方程(9.5)的通解.

由于通解中含有任意常数,所以它反映的是某些客观事物在变化过程中共同遵循的规律,只有当通解中的常数确定了具体的数值,它才能完全确定某一事物的变化规律.因此,实际问题的求解还必须确定这些常数的值.为此,要根据问题的实际情况提出确定这些常数的条件.例如,例 9.1 中的条件(9.3),例 9.2 中的条件(9.7),就是这样的条件.

定义 9.3 设微分方程中的未知函数为 $y=y(x)$,如果微分方程是一阶的,通常用来确定任意常数的条件是

$$当\ x=x_0 时,\ y=y_0,$$

或写成

$$y\Big|_{x=x_0}=y_0,$$

其中 x_0,y_0 都是给定的值;如果微分方程是二阶的,通常用来确定任意常数的条件是

$$当\ x=x_0时,\ y=y_0, y'=y_1,$$

或写成

$$y\Big|_{x=x_0}=y_0,\quad y'\Big|_{x=x_0}=y_1,$$

其中 x_0, y_0 和 y_1 都是给定的值. 上述条件叫做**初始条件**.

根据初始条件确定的微分方程的解称为**微分方程的特解**.

例如式(9.1)是方程(9.2)满足条件(9.3)的特解,式(9.8)是方程(9.5)满足条件(9.7)的特解.

定义 9.4 求微分方程 $y'=f(x,y)$ 满足初始条件 $y\Big|_{x=x_0}=y_0$ 的特解的问题,称为一阶微分方程的**初值问题**,记作

$$\begin{cases} y'=f(x,y), \\ y\Big|_{x=x_0}=y_0. \end{cases} \tag{9.9}$$

微分方程解的图形是一条曲线,叫做**微分方程的积分曲线**. 初值问题(9.9)的几何意义是求微分方程通过点 (x_0,y_0) 的那条积分曲线. 二阶微分方程的初值问题

$$\begin{cases} y''=f(x,y,y'), \\ y\Big|_{x=x_0}=y_0,\ y'\Big|_{x=x_0}=y_1 \end{cases} \tag{9.10}$$

的几何意义是求微分方程通过点 (x_0,y_0) 且在该点处的切线斜率为 y_1 的那条积分曲线.

习 题 9.1

1. 对于第 5 章例 5.5,哪个是微分方程? 是几阶微分方程? 哪个是其通解? 哪个是其特解? 并说明通解和特解的几何意义.

2. 判断下列函数是否为所给定方程的解:

(1) 函数 $y=-\ln\cos(x+C_1)+C_2$,方程 $y''=1+y'^2$;

(2) 函数 $y=\dfrac{1}{x}$,方程 $y''=x^2+y^2$;

(3) 函数 $y=\dfrac{C}{1-\cos t}$,方程 $\dfrac{\mathrm{d}y}{\mathrm{d}t}=-y\cot\dfrac{t}{2}$;

(4) 函数 $y=x+Ce^y$,方程 $(x-y+1)y'=1$;

(5) 函数 $y=2xe^x$,方程 $y''-2y'+y=0$.

3. 试求以函数 $y=Ce^{\arcsin x}$ (C 为任意常数)为通解的微分方程,并判断其阶数.

4. 试求以函数 $y^2=C_1x+C_2$ (C_1,C_2 为任意常数)为通解的微分方程,并判断其阶数.

5. 所有对称轴平行于 y 轴的抛物线组成一曲线族,试求此曲线族满足的微分方程,并判断其阶数.

9.2　一阶微分方程

一阶微分方程是微分方程中最基本的一类方程. 现分类介绍一阶微分方程的解法.

9.2.1　可分离变量的方程

上节的例9.2给我们启示,一阶微分方程的求解问题可化为积分问题,通过两端积分就得到方程的解. 再结合例9.1的解法,我们考察

例9.3　求解如下形式的微分方程:

$$\frac{dy}{dx}=ky. \tag{9.11}$$

解　显然不能直接对两端积分求解. 原因是方程(9.11)的右端仍然含有未知函数. 为解决这个困难,将方程(9.11)中变量 x 与 y 分离在等式的两端,即当 $y\neq 0$时,分离变量得

$$\frac{dy}{y}=k\mathrm{d}x.$$

两端积分得

$$\ln|y|=kx+C_1\quad（其中 C_1 为任意常数）.$$

从而

$$y=\pm e^{C_1}e^{kx}.$$

但注意 $y=0$ 也是方程的解,从而通解为

$$y=Ce^{kx}\quad（其中 C 为任意常数）.$$

注　方程(9.11)的解当 $k>0$ 时总是呈指数增长,解曲线如图9.1所示,当 $k<0$ 时总是呈指数衰减. 称方程(9.11)为指数增长(衰减)方程,它在经济管理和科学技术领域中经常出现,上节中的例9.1就是这种类型.

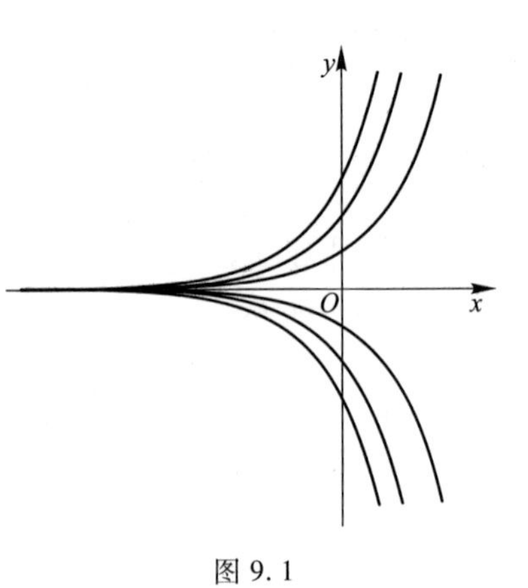

图9.1

定义9.5　一般地,如果一个一阶微分方程能化为

$$g(y)\mathrm{d}y=f(x)\mathrm{d}x \tag{9.12}$$

的形式,那么原方程就称为**可分离变量的微分方程**.

假定方程(9.12)中的 $g(y)$ 和 $f(x)$ 都是连续函数,将其两端积分,得

$$\int g(y)\mathrm{d}y=\int f(x)\mathrm{d}x.$$

设 $G(y)$ 及 $F(x)$ 分别为 $g(y)$ 和 $f(x)$ 的原函数,于是就有**隐式通解**

$$G(y)=F(x)+C; \tag{9.13}$$

若 y 可以解出,则有**显式通解**

$$y=G^{-1}(F(x)+C), \tag{9.14}$$

其中 C 为任意常数.

以后我们将看到,有些微分方程的解只能表示成隐式解的形式.

这种方法称为**分离变量法**.下面再举两个例子.

例 9.4 求解微分方程

$$\frac{\mathrm{d}y}{\mathrm{d}x}=\mathrm{e}^{2x}\sqrt{1-y^2}.$$

解 这是可分离变量的微分方程,当 $\sqrt{1-y^2}\neq 0$ 时,分离变量得

$$\frac{\mathrm{d}y}{\sqrt{1-y^2}}=\mathrm{e}^{2x}\mathrm{d}x.$$

两端积分得

$$\arcsin y=\frac{1}{2}\mathrm{e}^{2x}+C,$$

其中 C 为任意常数.这就是所求方程的通解.

当 $\sqrt{1-y^2}=0$ 时,有 $y=\pm1$,显然常数函数 $y=1$ 和 $y=-1$ 也是方程的解.

注 方程的有些解可能并不包含在通解中,那么这种解需要单独求出.

例 9.5 求解初值问题

$$\begin{cases}\dfrac{\mathrm{d}y}{\mathrm{d}x}=\dfrac{\sqrt{1-y^2}}{\sqrt{1-x^2}},\\ y\Big|_{x=\frac{1}{2}}=\dfrac{\sqrt{3}}{2}.\end{cases}$$

解 这是可分离变量的微分方程,分离变量得

$$\frac{\mathrm{d}y}{\sqrt{1-y^2}}=\frac{\mathrm{d}x}{\sqrt{1-x^2}}.$$

两端积分得

$$\arcsin y=\arcsin x+C.$$

将 $x=\frac{1}{2},y=\frac{\sqrt{3}}{2}$ 代入得 $C=\frac{\pi}{6}$,从而该初值问题的特解为

$$\arcsin y=\arcsin x+\frac{\pi}{6}.$$

9.2.2 齐次方程

定义 9.6 若一阶微分方程 $y'=f(x,y)$ 中的函数 $f(x,y)$ 可写成 $\frac{y}{x}$ 的函数,即

$$\frac{\mathrm{d}y}{\mathrm{d}x}=\varphi\left(\frac{y}{x}\right),\tag{9.15}$$

则称此方程为**齐次方程**.

在齐次方程(9.15)中,作变换 $u=\frac{y}{x}$,则 $y=ux$,于是

$$\frac{\mathrm{d}y}{\mathrm{d}x}=u+x\frac{\mathrm{d}u}{\mathrm{d}x}.$$

从而齐次方程(9.15)变为

$$x\frac{\mathrm{d}u}{\mathrm{d}x}+u=\varphi(u).$$

这其实是一个可分离变量的方程.用分离变量法求得 u 关于 x 的解,再用 $\frac{y}{x}$ 代替 u,可得所给齐次方程的通解.

例 9.6 求微分方程 $(x^3-2xy^2)\mathrm{d}y+(2y^3-3yx^2)\mathrm{d}x=0$ 的通解.

解 将方程化为

$$\frac{\mathrm{d}y}{\mathrm{d}x}=\frac{3\cdot\frac{y}{x}-2\left(\frac{y}{x}\right)^3}{1-2\left(\frac{y}{x}\right)^2},$$

这是齐次方程.令 $u=\frac{y}{x}$,则 $\frac{\mathrm{d}y}{\mathrm{d}x}=x\frac{\mathrm{d}u}{\mathrm{d}x}+u$.于是

$$x\frac{\mathrm{d}u}{\mathrm{d}x}+u=\frac{3u-2u^3}{1-2u^2}.$$

分离变量得

$$\left(\frac{1}{2u}-u\right)\mathrm{d}u=\frac{\mathrm{d}x}{x}.$$

两端积分得

$$\frac{1}{2}\ln|u|-\frac{1}{2}u^2=\ln|x|+\ln|C_1|,$$

即

$$ue^{-u^2}=Cx^2\ (C=\pm C_1^2).$$

故方程通解为

$$ye^{-y^2/x^2}=Cx^3,$$

其中 C 是任意常数.

注 在解微分方程时,常常可把任意常数设为 $\ln C_1$,$\pm e^{C_1}$,$\cdots$,这样做不会改变任意常数的本质,但可使得最后结果中出现的任意常数为 C,形式更简洁.

数学软件中,Maple 的符号运算功能是出众的,它提供了 dsolve 命令,可以快速求解微分方程,其优点是显著的.但不可完全依靠它,例如对于看似简单的微分方程 $(x+y)dx+(y-x)dy=0$,它是齐次方程,不难得到它的隐式通解

$$\sqrt{x^2+y^2}=Ce^{\arctan\frac{y}{x}}.$$

如果用 Maple 求解,得到一个“烦”的解

$$\mathrm{y(x)=tan\left(RootOf\left(-2\_Z+ln\left(\frac{1}{cos(\_Z)^2}\right)+2ln(x)+2\_C1\right)\right)x},$$

那是它“硬要”写出显式通解.这要用到数学专业知识,也没此必要.

齐次方程的求解是通过变量代换来实现的,这种变量代换的思想,有时在求解微分方程时是很有效的.请看下例.

例 9.7 求解微分方程 $\dfrac{dy}{dx}=2x+y$.

解 令 $z=2x+y$,则

$$\frac{dz}{dx}=2+\frac{dy}{dx}.$$

原方程化为

$$\frac{dz}{dx}=2+z.$$

这是一个可分离变量的方程,分离变量得

$$\frac{dz}{2+z}=dx.$$

积分得

$$z=Ce^x-2.$$

于是得原方程通解为

$$y=Ce^x-2x-2,$$

其中 C 为任意常数.

9.2.3 一阶线性微分方程

定义 9.7 形如

$$\frac{\mathrm{d}y}{\mathrm{d}x}+P(x)y=Q(x) \tag{9.16}$$

的方程称为**一阶线性微分方程**. 若 $Q(x)$ 不恒等于零,则称其为**非齐次**的;若 $Q(x)\equiv 0$,则称其为**齐次**的,即齐次线性微分方程为

$$\frac{\mathrm{d}y}{\mathrm{d}x}+P(x)y=0. \tag{9.17}$$

称方程(9.17)是方程(9.16)的**对应齐次方程**.

先解齐次方程(9.17). 这是一个可分离变量的方程,分离变量得

$$\frac{\mathrm{d}y}{y}=-P(x)\mathrm{d}x,$$

解得

$$y=C\mathrm{e}^{-\int P(x)\mathrm{d}x}, \tag{9.18}$$

其中 C 为任意常数.

再解非齐次方程(9.16). 通过观察发现,方程(9.17)和方程(9.16)在形式上既有联系又有区别,自然地,猜想(9.17)的通解也应该是(9.16)的通解的特殊情况. 将(9.18)中的常数 C 变易为待定函数 $u(x)$,即猜想(9.16)的通解形如

$$y=u(x)\mathrm{e}^{-\int P(x)\mathrm{d}x}. \tag{9.19}$$

若将(9.19)代入方程(9.16)后能求出 $u(x)$,则猜想正确.

事实上,将(9.19)代入方程(9.16),可得

$$u'(x)\mathrm{e}^{-\int P(x)\mathrm{d}x}-u(x)P(x)\mathrm{e}^{-\int P(x)\mathrm{d}x}+P(x)u(x)\mathrm{e}^{-\int P(x)\mathrm{d}x}=Q(x),$$

化简得

$$u'(x)=Q(x)\mathrm{e}^{\int P(x)\mathrm{d}x}.$$

这是一个可分离变量的方程,解得

$$u(x)=\int Q(x)\mathrm{e}^{\int P(x)\mathrm{d}x}\mathrm{d}x+C.$$

从而非齐次微分方程(9.16)的通解为

$$y=\mathrm{e}^{-\int P(x)\mathrm{d}x}\left(\int Q(x)\mathrm{e}^{\int P(x)\mathrm{d}x}\mathrm{d}x+C\right), \tag{9.20}$$

其中 C 为任意常数. 称此求非齐次方程通解的方法为**常数变易法**.

将通解(9.20)改写成

$$y=Ce^{-\int P(x)\mathrm{d}x}+e^{-\int P(x)\mathrm{d}x}\int Q(x)e^{\int P(x)\mathrm{d}x}\mathrm{d}x.$$

可以看出,非齐次线性微分方程的通解等于其本身的一个特解与对应的齐次方程的通解之和. 以后还可看到,此结论对于高阶线性微分方程也成立.

例 9.8 再次求解微分方程 $\frac{\mathrm{d}y}{\mathrm{d}x}=2x+y.$

解 这是一阶线性微分方程,其中 $P(x)=-1,Q(x)=2x$. 利用公式(9.20)可得

$$\begin{aligned}y&=e^{\int \mathrm{d}x}\left(\int 2xe^{-\int \mathrm{d}x}\mathrm{d}x+C\right)=e^{x}\left(2\int xe^{-x}\mathrm{d}x+C\right)\\&=e^{x}(-2xe^{-x}-2e^{-x}+C)=Ce^{x}-2x-2,\end{aligned}$$

其中 C 为任意常数.

例 9.9 求微分方程 $\frac{\mathrm{d}y}{\mathrm{d}x}+2xy=e^{-x^2}$ 的通解.

解 先解对应的齐次方程

$$\frac{\mathrm{d}y}{\mathrm{d}x}+2xy=0,$$

得通解

$$y=Ce^{-x^2}.$$

用常数变易法,令原方程的通解为 $y=ue^{-x^2}$. 代入原方程,化简得 $u'=1$,即 $u=x+C$. 故原方程的通解为

$$y=(x+C)e^{-x^2},$$

其中 C 为任意常数.

注 通过这两个例子可以看出,求解线性微分方程时可以直接套用公式(9.20),也可以仿照式(9.20)的推导过程,即用常数变易法进行计算,各有优势,请读者自己实践和体会. 用常数变易法解题时,将常数变易为函数 $u(x)$ 代入原方程后,一定可以抵消含 $u(x)$ 的项,得到一个简单的可分离变量方程,这可以作为常数变易法成功的重要标志.

例 9.10 求微分方程 $y^3\mathrm{d}x+(2xy^2-1)\mathrm{d}y=0$ 的通解.

解 若将 y 看成 x 的函数,方程改写为

$$\frac{\mathrm{d}y}{\mathrm{d}x}=\frac{y^3}{1-2xy^2},$$

不是一阶线性微分方程,不便求解.

若将 x 看成 y 的函数,方程改写为

$$y^{3}\frac{\mathrm{d}x}{\mathrm{d}y}+2y^{2}x=1,$$

是一阶线性微分方程. 先解对应的齐次方程

$$y^{3}\frac{\mathrm{d}x}{\mathrm{d}y}+2y^{2}x=0.$$

当 $y\neq 0$ 时,分离变量,积分得

$$\int\frac{\mathrm{d}x}{x}=-\int\frac{2}{y}\mathrm{d}y,$$

即

$$x=\frac{C}{y^{2}}.$$

用常数变易法. 令原方程的通解为 $x=\frac{u(y)}{y^{2}}$,代入原方程化简得 $u'(y)=\frac{1}{y}$,即 $u(y)=\ln|y|+C$. 故原方程的通解为

$$x=\frac{1}{y^{2}}(\ln|y|+C),$$

其中 C 为任意常数. 另外,$y=0$ 也是方程的解.

注 请读者用式(9.20)试试. 也请学会本题将 x 和 y 的"角色反转"的做法. 当然,在熟练掌握全微分的基础上,本题还可以这样用"凑微分"法求解:

将方程变形为 $y^{2}\mathrm{d}x+2xy\mathrm{d}y-\frac{1}{y}\mathrm{d}y=0$,可得 $\mathrm{d}(xy^{2}-\ln|y|)=0$,从而得原方程的通解为 $xy^{2}-\ln|y|=C$,其中 C 为任意常数.

例 9.11 证明:伯努利(Bernoulli)方程

$$\frac{\mathrm{d}y}{\mathrm{d}x}+P(x)y=Q(x)y^{n}$$

可以转化为一阶线性微分方程来求解,其中 n 为常数($n\neq 0,1$).

分析 要善于发现数学知识之间的联系. 当 $n=0$ 或 $n=1$ 时,伯努利方程其实是一阶线性微分方程. 当 $n\neq 0,1$ 时,伯努利方程虽然不是线性的,但是通过变量代换,可以把它转化为线性的.

证 先将方程变形为

$$y^{-n}\frac{\mathrm{d}y}{\mathrm{d}x}+P(x)y^{1-n}=Q(x). \tag{9.21}$$

容易看出,上式左端第一项与 $\frac{\mathrm{d}}{\mathrm{d}x}y^{1-n}$ 只差一个常数因子 $1-n$,因此我们引入新的因变量. 令 $z=y^{1-n}$,从而

$$\frac{\mathrm{d}z}{\mathrm{d}x}=(1-n)y^{-n}\frac{\mathrm{d}y}{\mathrm{d}x},$$

$$y^{-n}\frac{\mathrm{d}y}{\mathrm{d}x}=\frac{1}{1-n}\frac{\mathrm{d}z}{\mathrm{d}x}.$$

代入方程(9.21),化简可得

$$\frac{\mathrm{d}z}{\mathrm{d}x}+(1-n)P(x)z=(1-n)Q(x).$$

这就是一阶非齐次线性微分方程.求出其通解后,再以 $z=y^{1-n}$ 回代,即可得伯努利方程的通解.

注意当 $n>0$ 时,$y=0$ 也是伯努利方程的解.

习 题 9.2

1. 已知某产品产量的变化率 r 是时间 t 的函数,$r(t)=3t^2+1$.设此产品的产量函数为 $q(t)$,且 $q(0)=0$,求 $q(t)$.

2. 列车在平直线路上以 20 m/s(相当于 72 km/h)的速度行驶,当制动时列车获得加速度 $-0.4\ \mathrm{m/s^2}$.问开始制动后多长时间列车才能停住,以及列车在这段时间里行驶了多少路程?

3. 求解下列微分方程:

(1) $\frac{\mathrm{d}y}{\mathrm{d}x}=2xy^2$;

(2) $\frac{\mathrm{d}y}{\mathrm{d}x}=3x^2y$;

(3) $2x\mathrm{d}x-3y\mathrm{d}y=3x^2y\mathrm{d}y$;

(4) $y'=\frac{x-1}{y+1}$;

(5) $y^2+x^2\frac{\mathrm{d}y}{\mathrm{d}x}=xy\frac{\mathrm{d}y}{\mathrm{d}x}$;

(6) $xy'=y(1-\ln y+\ln x)$;

(7) $(-3x^2+y^2)\mathrm{d}x+2xy\mathrm{d}y=0$;

(8) $(x^2+3y^2)\mathrm{d}x-2xy\mathrm{d}y=0$;

(9) $y'=2\sqrt{\frac{y}{x}}+\frac{y}{x}$;

(10) $(\mathrm{e}^{x+y}-\mathrm{e}^x)\mathrm{d}x+(\mathrm{e}^{x+y}+\mathrm{e}^y)\mathrm{d}y=0$;

(11) $y'+\frac{y}{x}=\frac{\sin x}{x}$;

(12) $x\frac{\mathrm{d}y}{\mathrm{d}x}=2y-x^2$;

(13) $y'\tan x-y=5$;

(14) $(2x+y^3)y'=y$.

4. 求解下列初值问题:

(1) 求 $y'\sin x=y\ln y$ 满足初始条件 $y\big|_{x=\frac{\pi}{2}}=\mathrm{e}$ 的特解;

(2) 求 $y'=(1-y^2)\tan x$ 满足初始条件 $y\big|_{x=0}=2$ 的特解;

(3) 求 $y'=\mathrm{e}^{2x-y}$ 满足初始条件 $y\big|_{x=0}=0$ 的特解;

(4) 求 $\cos x\sin y\mathrm{d}y=\cos y\sin x\mathrm{d}x$ 满足初始条件 $y\big|_{x=0}=\frac{\pi}{4}$ 的特解;

(5) 求 $\left(x\mathrm{e}^{\frac{y}{x}}+y\right)\mathrm{d}x=x\mathrm{d}y$ 满足初始条件 $y(1)=0$ 的特解;

(6) 求 $y'=\frac{x}{y}+\frac{y}{x}$ 满足初始条件 $y(-\sqrt{\mathrm{e}})=\sqrt{\mathrm{e}}$ 的特解;

(7) 求$(y+x^3)dx-2xdy=0$满足$y\big|_{x=1}=\dfrac{6}{5}$的特解.

5. 求解下列初值问题：

(1) $\begin{cases}\dfrac{dy}{dx}=\dfrac{y}{x}+\tan\dfrac{y}{x},\\ y\big|_{x=1}=\dfrac{\pi}{6};\end{cases}$

(2) $\begin{cases}dx=(2x+1)ydy,\\ x\big|_{y=0}=1.\end{cases}$

9.3　可降阶的高阶微分方程

本节简要介绍三类特殊的可降阶的高阶微分方程的求解方法，解法的特点是经过变换及适当的处理，将高阶微分方程转化为较低阶的微分方程来求解.

9.3.1　$y^{(n)}=f(x)$型

这类微分方程的特点是右端只含有自变量x，只要连续积分n次，便可得到含有n个任意常数的通解.

例9.12　求微分方程$y'''=\sin x-120x$的通解.

解　对方程逐次积分三次，得

$$y''=-\cos x-60x^2+C_1,$$
$$y'=-\sin x-20x^3+C_1x+C_2,$$
$$y=\cos x-5x^4+C_3x^2+C_2x+C\quad\left(C_3=\frac{C_1}{2}\right),$$

其中C_2,C_3,C为任意常数. 这就是其通解.

9.3.2　$y''=f(x,y')$型

这类方程的特点是不显含未知函数y，因此设$y'=p$，则原方程$y''=f(x,y')$降阶为关于新函数p的一阶方程，

$$p'=f(x,p).$$

设其通解为$p=\varphi(x,C_1)$，因$p=y'=\dfrac{dy}{dx}$，故得一阶方程

$$\frac{dy}{dx}=\varphi(x,C_1).$$

直接积分解之,便得原方程的通解为

$$y=\int\varphi(x,C_1)\,dx+C_2,$$

其中 C_1,C_2 为任意常数.

例 9.13 求方程 $y''=\frac{x}{y'}$ 满足初始条件 $y(1)=-1,y'(1)=1$ 的特解.

解 设 $y'=p$,原方程化为

$$\frac{dp}{dx}=\frac{x}{p}.$$

分离变量,积分得

$$p^2=x^2+C_1.$$

由 $y'(1)=1$,知 $C_1=0$,且 $p=x$($p=-x$ 不满足初始条件,应舍去). 因此

$$\frac{dy}{dx}=x.$$

分离变量,积分得

$$y=\frac{1}{2}x^2+C_2.$$

由 $y(1)=-1$,知 $C_2=-\frac{3}{2}$. 从而求得原方程的特解为

$$y=\frac{1}{2}(x^2-3).$$

9.3.3 $y''=f(y,y')$ 型

这类方程的特点是不显含自变量 x,因此设 $y'=p$,并取 y 为新的自变量,有

$$y''=\frac{d^2y}{dx^2}=\frac{dp}{dx}=\frac{dp}{dy}\cdot\frac{dy}{dx}=p\frac{dp}{dy}.$$

则原方程 $y''=f(y,y')$ 降阶为关于新函数 p 的一阶方程,

$$p\frac{dp}{dy}=f(y,p).$$

设其通解为 $p=\varphi(y,C_1)$,因 $p=y'=\frac{dy}{dx}$,故得一阶方程

$$\frac{dy}{dx}=\varphi(y,C_1).$$

分离变量,解得原方程的通解为

$$x=\int\frac{\mathrm{d}y}{\varphi(y,C_1)}+C_2,$$

其中 C_1,C_2 为任意常数.

例 9.14　求方程 $y''=\frac{2y}{y^2+1}y'^2$ 的通解.

解　令 $y'=p$,有

$$p\frac{\mathrm{d}p}{\mathrm{d}y}=\frac{2y}{y^2+1}p^2.$$

当 $p\neq0$ 时,分离变量得

$$\frac{\mathrm{d}p}{p}=\frac{2y}{y^2+1}\mathrm{d}y.$$

积分得

$$\frac{\mathrm{d}y}{\mathrm{d}x}=p=C_1(y^2+1).$$

分离变量并积分,得原方程通解为

$$y=\tan(C_1x+C_2),$$

其中 C_1,C_2 为任意常数.

当 $p=0$ 时,$y=C$ 显然也是原方程的解,但已包含在上述通解形式中.

习　题　9.3

1. 求解下列微分方程:

(1) $y'''=\cos x-x$;　　(2) $y'''=\frac{1}{\sqrt{2x+1}}$;

(3) $y''=\frac{1}{x}y'+x\mathrm{e}^x$;　　(4) $xy''+y'=\ln x$;

(5) $x^2y''+xy'=1$;　　(6) $y''=1+y'^2$;

(7) $yy''-y'^2=0$;　　(8) $yy''-y'^2+y'=0$.

2. 求解下列微分方程的初值问题:

(1) 求方程 $(1+x^2)y''=2xy'$ 满足初值条件 $y(0)=1,y'(0)=3$ 的特解;

(2) 求方程 $y''=2y^3$ 满足初值条件 $y(0)=1,y'(0)=1$ 的特解.

*9.4　二阶常系数线性微分方程

定义 9.8　设 p,q 为实常数,形如

$$y''+py'+qy=f(x) \tag{9.22}$$

的方程称为**二阶常系数非齐次线性微分方程**. $f(x)$为已知函数,称为**自由项**.

当$f(x)\equiv 0$时,即形如

$$y''+py'+qy=0 \tag{9.23}$$

的方程称为**对应的二阶常系数齐次线性微分方程**.

先介绍它们通解的结构.

9.4.1 二阶常系数线性微分方程解的结构

这里介绍几个定理,它们的证明从略.

定理9.1 若函数$y_1(x)$与$y_2(x)$是齐次线性微分方程(9.23)的两个相异特解,而且$\dfrac{y_1(x)}{y_2(x)}\left(\text{或}\dfrac{y_2(x)}{y_1(x)}\right)$不恒等于常数(称$y_1(x)$与$y_2(x)$**线性无关**),则

$$y=C_1y_1(x)+C_2y_2(x)$$

是方程(9.23)的通解,其中C_1,C_2为任意常数.

注 $y_1(x)$与$y_2(x)$线性无关这个条件非常重要. 否则令$\dfrac{y_1(x)}{y_2(x)}$等于常数k(或称$y_1(x)$与$y_2(x)$线性相关),有$y=(C_1k+C_2)y_2(x)=Cy_2(x)$,其中只含有一个任意常数,此时$y=C_1y_1(x)+C_2y_2(x)$虽然是解,但不是通解.

定理9.2 若$y^*(x)$是非齐次线性微分方程(9.22)的一个特解,$\bar{y}(x)$是对应齐次线性微分方程(9.23)的通解,则

$$y=\bar{y}(x)+y^*(x)$$

是方程(9.22)的通解.

9.4.2 二阶常系数齐次线性微分方程的解法

定理9.1表明,求齐次线性微分方程(9.23)的通解归结为求其两个线性无关的特解.

我们知道,一阶常系数齐次线性微分方程$y'+ay=0$有指数函数形式的解$y=e^{-ax}$,因此,对于二阶常系数齐次线性微分方程(9.23),自然类比地猜想它有指数函数形式的解$y=e^{rx}$,其中r为待定常数. 将$y=e^{rx}$代入方程(9.23),有

$$(r^2+pr+q)e^{rx}=0,$$

即

$$r^2+pr+q=0. \tag{9.24}$$

由此看到,$y=e^{rx}$是方程(9.23)的解当且仅当 r 是一元二次方程(9.24)的解.

定义 9.9 代数方程(9.24)称为微分方程(9.23)的**特征方程**.

特征方程的两个根 r_1,r_2称为**特征根**,求根公式为

$$r_{1,2}=\frac{-p\pm\sqrt{p^2-4q}}{2}.$$

函数 $y=e^{rx}$为方程(9.23)的解的充分必要条件是 r 为特征方程(9.24)的根.

记判别式 $\Delta=p^2-4q$,下面根据特征方程(9.24)的根的取值情况,给出方程(9.23)的通解.

(1) 当 $\Delta=p^2-4q>0$ 时,方程(9.24)有两个不相等实根:$r_1\neq r_2$.

容易验证函数 $y_1=e^{r_1x},y_2=e^{r_2x}$不仅是方程(9.23)的两个解,而且 $\frac{y_1}{y_2}=\frac{e^{r_1x}}{e^{r_2x}}=e^{(r_1-r_2)x}$不是常数,即线性无关.因此,方程(9.23)的通解为

$$y=C_1e^{r_1x}+C_2e^{r_2x}.$$

(2) 当 $\Delta=p^2-4q=0$ 时,方程(9.24)有两个相等实根(重根):$r_1=r_2$.

容易验证函数 $y_1=e^{r_1x},y_2=xe^{r_1x}$不仅是方程(9.23)的两个解,而且$\frac{y_2}{y_1}=\frac{xe^{r_1x}}{e^{r_1x}}=x$不是常数,即线性无关.因此,方程(9.23)的通解为

$$y=C_1e^{r_1x}+C_2xe^{r_1x}.$$

(3) 当 $\Delta=p^2-4q<0$ 时,方程(9.24)有一对共轭复根:$r_{1,2}=\alpha\pm i\beta\ (\beta\neq0)$.

容易验证函数 $y_1=e^{\alpha x}\cos\beta x,y_2=e^{\alpha x}\sin\beta x$ 不仅是方程(9.23)的两个解,而且$\frac{y_2}{y_1}=\frac{e^{\alpha x}\sin\beta x}{e^{\alpha x}\cos\beta x}=\tan\beta x$ 不是常数,即线性无关.因此,方程(9.23)的通解为

$$y=e^{\alpha x}(C_1\cos\beta x+C_2\sin\beta x).$$

微视频
二阶常系数齐次线性微分方程

以上求方程(9.23)通解的方法称为**特征方程法**.为方便记忆,把上述结论归纳成表9.1,其中 C_1,C_2为任意常数.

表 9.1 二阶常系数齐次线性微分方程通解形式

特征方程 $r^2+pr+q=0$ 的判别式和特征根		方程 $y''+py'+q=0$ 的通解
$\Delta=p^2-4q>0$	有两个不相等实根 r_1,r_2	$y=C_1e^{r_1x}+C_2e^{r_2x}$
$\Delta=p^2-4q=0$	有两个相等实根 r_1,r_2	$y=(C_1+C_2x)e^{r_1x}$
$\Delta=p^2-4q<0$	有共轭复根 $r_{1,2}=\alpha\pm i\beta$	$y=e^{\alpha x}(C_1\cos\beta x+C_2\sin\beta x)$

例 9.15 求微分方程 $y''+8y'-9y=0$ 的通解.

解 所给微分方程的特征方程为

$$r^2+8r-9=0,$$

其根 $r_1=1, r_2=-9$ 是两个不相等实根. 因此,所求通解为

$$y=C_1\mathrm{e}^{x}+C_2\mathrm{e}^{-9x},$$

其中 C_1, C_2 为任意常数.

例 9.16　求方程 $y''+12y'+36y=0$ 满足初始条件 $y\big|_{x=0}=0, y'\big|_{x=0}=1$ 的特解.

解　所给微分方程的特征方程为

$$r^2+12r+36=0,$$

其根 $r_1=r_2=-6$ 是两个相等实根. 因此,所给微分方程的通解为

$$y=C_1\mathrm{e}^{-6x}+C_2x\mathrm{e}^{-6x}.$$

将条件 $y\big|_{x=0}=0, y'\big|_{x=0}=1$ 分别代入

$$y=(C_1+C_2x)\mathrm{e}^{-6x}\quad 和\quad y'=(-6C_1+C_2-6C_2x)\mathrm{e}^{-6x}$$

中,得

$$\begin{cases}C_1=0,\\ -6C_1+C_2=1,\end{cases}$$

解之得 $C_1=0, C_2=1$. 于是,所求特解为

$$y=x\mathrm{e}^{-6x}.$$

例 9.17　求微分方程 $y''+2y'+10y=0$ 的通解.

解　所给微分方程的特征方程为

$$r^2+2r+10=0,$$

特征方程的根 $r_1=-1+3\mathrm{i}, r_2=-1-3\mathrm{i}$ 是一对共轭复根,因此所求通解为

$$y=\mathrm{e}^{-x}(C_1\cos 3x+C_2\sin 3x),$$

其中 C_1, C_2 为任意常数.

9.4.3　二阶常系数非齐次线性微分方程的解法

定理 9.2 表明,求非齐次线性微分方程(9.22)的通解归结为求其对应齐次线性微分方程(9.23)的通解和其本身的一个特解. 由于前面已解决了求齐次线性微分方程(9.23)的通解的问题,所以现在着重讨论求非齐次线性微分方程(9.22)的特解.

微视频
二阶常系数非齐次线性微分方程

待定系数法是求非齐次线性微分方程(9.22)的特解的常用方法. 具体做法是根据其自由项 $f(x)$ 的特点,先用一个与 $f(x)$ 形式相同但系数待定的函数作为方程(9.22)的特解(称为**试解函**

数),代入方程,再利用方程两边对任意 x 取值均恒等的条件,比较同次项的系数,确定待定系数,从而求出方程的特解.

下面以图表形式给出 $f(x)$ 为两种常见特殊形式时特解的试解函数的求法.

表 9.2 二阶常系数非齐次线性微分方程特解形式

自由项 $f(x)$ 的形式	非齐次线性微分方程特解 y^* 的形式
$P_n(x)e^{\lambda x}$	当 λ 不是特征方程的根时,$y^*=Q_n(x)e^{\lambda x}$ 当 λ 是特征方程的单根时,$y^*=xQ_n(x)e^{\lambda x}$ 当 λ 是特征方程的重根时,$y^*=x^2Q_n(x)e^{\lambda x}$ 其中 $Q_n(x)=A_0+A_1x+\cdots+A_nx^n$($A_0,A_1,\cdots,A_n$ 为待定系数)
$e^{\lambda x}(a\cos\beta x+b\sin\beta x)$	当 $\lambda\pm i\beta$ 不是特征方程的根时, $y^*=e^{\lambda x}(A\cos\beta x+B\sin\beta x)$ 当 $\lambda\pm i\beta$ 是特征方程的根时, $y^*=xe^{\lambda x}(A\cos\beta x+B\sin\beta x)$ 其中 A,B 为待定系数

说明:表 9.2 中的 $P_n(x)$,$Q_n(x)$ 均表示 n 次多项式. 注意特殊情形时,它们可以是零次多项式(即常数),λ 可以为零,a,b 之一可以为零.

例 9.18 求微分方程 $y''-2y'-3y=9x-6$ 的通解.

解 对应的齐次方程为 $y''-2y'-3y=0$,特征方程为 $r^2-2r-3=0$,解得 $r_1=-1$,$r_2=3$,因此齐次方程的通解

$$\overline{y}=C_1e^{-x}+C_2e^{3x}.$$

0 不是特征方程的根,故设非齐次方程的特解 $y^*=ax+b$. 代入原方程,得

$$-2a-3(ax+b)=9x-6.$$

比较同次项系数,得

$$\begin{cases}-3a=9,\\-2a-3b=-6,\end{cases}$$

解得 $a=-3$,$b=4$. 因此,所求微分方程的通解为

$$y=C_1e^{-x}+C_2e^{3x}-3x+4,$$

其中 C_1, C_2 为任意常数.

例 9.19 求微分方程 $y''-2y'-3y=16xe^{3x}$ 的通解.

解 对应的齐次方程 $y''-2y'-3y=0$ 的通解为

$$\overline{y}=C_1e^{-x}+C_2e^{3x}.$$

3 是特征方程的单根,故设非齐次方程的特解为 $y^*=(ax+b)xe^{3x}$. 代入原方程,得

$$[4(2ax+b)+2a]e^{3x}=16xe^{3x}.$$

比较同次项系数,得

$$\begin{cases}8a=16,\\2a+4b=0,\end{cases}$$

解得 $a=2,b=-1$. 因此,所求微分方程的通解为

$$y=C_1e^{-x}+C_2e^{3x}+(2x-1)xe^{3x},$$

其中 C_1, C_2为任意常数.

例 9.20 下面左边列出一些微分方程,编号为 A—J,右边是其特解 y^* 的试解函数形式,编号为 1—10,请用连线将它们一一匹配:

(A) $y''-2y'-3y=e^{2x}$　　(1) $y^*=(ax+b)e^{2x}$

(B) $y''-2y'-3y=8e^{3x}$　　(2) $y^*=a\sin x+b\cos x$

(C) $y''-2y'-3y=-10\cos x$　　(3) $y^*=e^{3x}(a\sin x+b\cos x)$

(D) $y''-2y'-3y=-17e^{3x}\cos x$　　(4) $y^*=axe^{3x}$

(E) $y''-2y'-3y=xe^{2x}$　　(5) $y^*=ae^{2x}$

(F) $y''-6y'+9y=6e^{3x}$　　(6) $y^*=(ax+b)x^2e^{3x}$

(G) $y''-6y'+9y=(6x+12)e^{3x}$　　(7) $y^*=ax^2e^{3x}$

(H) $y''-6y'+10y=e^{3x}\sin x$　　(8) $y^*=xe^{3x}(a\cos x+b\sin x)$

(I) $y''-6y'+10y=x\cos x$　　(9) $y^*=(ax+b)\cos x+(cx+d)\sin x$

(J) $y''-6y'+10y=x^2e^{3x}$　　(10) $y^*=(ax^2+bx+c)e^{3x}$

解 匹配结果为

A-5,B-4,C-2,D-3,E-1,F-7,G-6,H-8,I-9,J-10.

简要分析理由如下:

齐次方程 $y''-2y'-3y=0$ 的特征方程 $r^2-2r-3=0$ 有两个不相等实根 $r_1=-1$, $r_2=3$,A 中 2 不是特征根,B 中 3 是单特征根,C 中 i 不是特征根,D 中 3+i 不是特征根,E 中 2 不是特征根.

齐次方程 $y''-6y'+9y=0$ 的特征方程 $r^2-6r+9=0$ 有两个相等实根 $r_1=r_2=3$, F 和 G 中 3 是二重特征根.

齐次方程 $y''-6y'+10y=0$ 的特征方程 $r^2-6r+10=0$ 有一对共轭复根 $r_{1,2}=3\pm i$, H 中 3+i 是单特征根,I 中 i 不是特征根,J 中 3 不是特征根.

请读者仿照例 9.18 和例 9.19 那样求出以上微分方程的特解及通解,再用数学软件验证所得结果.

通过解题,读者能体会到,待定系数法的中心思想是“平衡”,即把试解函数代入方程两边后,要使方程成为恒等式,维持方程两边的平衡. 基本原则是“齐全”,即

①“齐”:试解函数的形式要配齐,既要与自由项的形式一致,也要与特征

方程的特征根和谐,即要依据自由项中相关数值是特征根的重数 k 的情况来相应补乘 x^k,这样试解函数就与方程左右两边的主要特征相匹配、整齐划一.

②"全":试解函数的形式要配全. 比如,即使自由项的多项式缺少常数项,试解函数中对应的多项式也要补全设出常数项;如果自由项中只出现含 $\cos x$ 的项,那么试解函数中也要补全设出含 $\sin x$ 的项.

最后,我们需要指出,待定系数法是针对常系数非齐次线性微分方程的特殊类型的自由项而采取的求特解方法. 由于这些类型的自由项在实际应用中较常见,因此待定系数法比较实用. 当然,类似于一阶线性方程的常数变易法,高阶线性方程同样也可以采用常数变易法,读者可以用常数变易法解上述例 9.18—9.20.

有兴趣的读者可将二阶常系数线性微分方程的整套理论方法推广至高阶情形.

习 题 9.4

1. 求解下列微分方程:

(1) $y''+3y'+2y=0$;

(2) $y''+y'-y=0$;

(3) $3y''+2y'=0$;

(4) $4\dfrac{\mathrm{d}^2x}{\mathrm{d}t^2}-20\dfrac{\mathrm{d}x}{\mathrm{d}t}+25x=0$;

(5) $y''+y'+y=0$;

(6) $y''-3y'=2-6x$;

(7) $y''+y=2x^2-3$;

(8) $3y''+6y'+15y=\mathrm{e}^{-x}\cos 2x$.

2. 求下列初值问题:

(1) $\begin{cases}y''-4y'+3y=0,\\ y(0)=6,y'(0)=10;\end{cases}$

(2) $\begin{cases}y''+25y=0,\\ y(0)=2,y'(0)=5;\end{cases}$

(3) $\begin{cases}y''-3y'+2y=5,\\ y(0)=1,y'(0)=2;\end{cases}$

(4) $\begin{cases}y''+y+\sin 2x=0,\\ y(\pi)=1,y'(\pi)=1;\end{cases}$

(5) $\begin{cases}y''-7y'+12y=x,\\ y(0)=\dfrac{7}{144},y'(0)=\dfrac{7}{12};\end{cases}$

(6) $\begin{cases}y''-8y'+16y=\mathrm{e}^{4x},\\ y(0)=0,y'(0)=1.\end{cases}$

9.5 微分方程的应用

毫不夸张地说,有运动和变化的地方就有微分方程的用武之地.

例 9.21 考察一个人掌握一项新知识的学习过程. 一种理论认为,对一项工作,一个人学得越来越多时,他学得就会越来越慢. 换句话说,如果以 $y\%$ 表示已经掌握了这项工作的百分数,以 $\frac{dy}{dt}$ 表示学习速度,那么 $\frac{dy}{dt}$ 将随着 y 的增长而下降. 假设学习时间 $t=0$ 时,$y=0$,可得下列微分方程模型:

$$\begin{cases}\frac{dy}{dt}=100-y,\\ y(0)=0.\end{cases}$$

这是可分离变量的微分方程. 易得该初值问题的解为

$$y=100-100e^{-t}.$$

例 9.22 一种耐用商品在某一地区已售出的总量为 $x(t)$,设潜在的消费总量是 N. 在销售初期,商家依靠宣传、免费试用等方式提高销量. 若该商品确实受欢迎,则消费者会一传十、十传百地传开,购买的人会逐渐增多. 此时该商品的销售速率主要受已购买者数量 $x(t)$ 的影响,即销售速率近似正比于 $x(t)$. 但由于该地区潜在的消费者数量有限,在销售后期,该商品的销售速率将主要受未购买者数量 $N-x(t)$ 的影响,即销售速率近似正比于 $N-x(t)$. 因此,可以认为商品的销售速率正比于 $x(t)$ 与 $N-x(t)$ 的乘积. 试建立并求解关于此实际问题的微分方程模型.

解 由题意可得

$$\frac{dx}{dt}=kx(N-x), \tag{9.25}$$

其中 k 为比例系数. 这是一个可分离变量的微分方程,可求得

$$\frac{x}{N-x}=C_1e^{Nkt},$$

从而

$$x(t)=\frac{N}{1+Ce^{-Nkt}}. \tag{9.26}$$

由初始条件 $x(0)=x_0$,可确定(9.26)式中的 $C=\frac{N}{x_0}-1>0$. 其实(9.26)式的图形正是第 4 章图 4.25 所描绘的曲线. 由图形可以看出,在销量小于最大需求量的一半时,曲线是凹的,即销售速率不断增大;而在销量大于最大需求量的一半时,曲线是凸的,即销售速率不断减小. 当销量在最大需求量的一半附近时,商品最畅销. 通过对该模型的分析,得到如下结论:在大约 20% 到 80% 的用户采用某新产品的这段时期,应该为该产品正式大批量生产的时期;而在初期应较小批量生产,并要加强宣传、广告的力度;到后期则应考虑适时转产了. 读者还可以思考从 20% 到 80% 的用户采用该新产品所经历的时间.

注 自然界的统一性显示在关于各种现象领域的微分方程的"惊人的类似"中,形如(9.25) 的方程通常称为**逻辑斯谛方程**,在很多领域有着广泛的应

用,在习题中还有更多的例子.

例 9.23　某企业生产某种产品 Q 件时的总成本为 $C=C(Q)$ 单位,它与边际成本的关系为

$$\frac{\mathrm{d}C}{\mathrm{d}Q}=\frac{C-2Q}{2C-Q}.$$

已知该企业的固定成本是 100 单位,求总成本函数.

解　原方程可变形为

$$\frac{\mathrm{d}C}{\mathrm{d}Q}=\frac{\frac{C}{Q}-2}{2\frac{C}{Q}-1}.$$

这是一个齐次方程. 令 $u=\frac{C}{Q}$,得 $C=uQ$,

$$\frac{\mathrm{d}C}{\mathrm{d}Q}=u+Q\frac{\mathrm{d}u}{\mathrm{d}Q}.$$

代入变形后的方程得

$$u+Q\frac{\mathrm{d}u}{\mathrm{d}Q}=\frac{u-2}{2u-1}.$$

分离变量得

$$\frac{2u-1}{2u^2-2u+2}\mathrm{d}u=-\frac{1}{Q}\mathrm{d}Q,$$

两边积分得

$$\frac{1}{2}\ln(u^2-u+1)=-\ln Q+\ln C_1,$$

即

$$u^2-u+1=\left(\frac{C_1}{Q}\right)^2.$$

再将 $u=\frac{C}{Q}$ 代入上式,整理得

$$C^2-CQ+Q^2=C_1^2.$$

又固定成本是 100 单位,即 $C(0)=100$,将其代入上式解得 $C_1=100$. 从而总成本函数为

$$C^2-CQ+Q^2=10\ 000.$$

注　这个结果表示总成本是产量的隐函数.

例 9.24　设某企业 t 时刻产值 $y(t)$ 的增长率与产值 $y(t)$ 以及新增投资 $2bt$ 有关,且满足微分方程

$$y'=-2aty+2bt, \tag{9.27}$$

其中 a,b 均为正常数,$y(0)=y_0<b$,求 $y(t)$.

解 先解方程(9.27)对应的齐次方程

$$\frac{\mathrm{d}y}{\mathrm{d}t}=-2aty.$$

分离变量,积分得

$$y=C\mathrm{e}^{-at^2}.$$

再利用常数变易法解非齐次方程(9.27).令方程(9.27)的通解为

$$y=C(t)\mathrm{e}^{-at^2}.$$

代入方程(9.27),化简得

$$C'(t)=2bt\mathrm{e}^{at^2}.$$

两边积分得

$$C(t)=\frac{b}{a}\mathrm{e}^{at^2}+C.$$

于是,方程(9.27)的通解为

$$y(t)=\frac{b}{a}+C\mathrm{e}^{-at^2}.$$

将初始条件 $y(0)=y_0$ 代入通解得

$$C=y_0-\frac{b}{a}.$$

因此,所求产值函数为

$$y(t)=\frac{b}{a}+\left(y_0-\frac{b}{a}\right)\mathrm{e}^{-at^2}.$$

例 9.25 体积为 V 的某一湖泊在时刻 t(单位:年)时的污染物总量记为 $Q(t)$.假设清水以恒定速度 r 流入这一湖泊中,并且湖水也以同样的速度流出.另外假设污染物均匀地分布在整个湖水中,并且流入的清水立即与原来湖中的水相混合.试问需要用多少年可将 90% 的污染物排出?

解 根据题意,有

$$\text{污染物的流出速度}=\text{污水外流速度}\times\text{污染物浓度}=r\cdot\frac{Q}{V}.$$

于是,得到微分方程

$$\frac{\mathrm{d}Q}{\mathrm{d}t}=-\frac{r}{V}Q,$$

其中负号表示污染物在减少.这是一个可分离变量的微分方程,易求得其解为

$$Q=Q_0\mathrm{e}^{-\frac{r}{V}t},$$

其中 Q_0 是污染物的初始数量.当 90% 的污染物排出时,$Q(t)=0.1Q_0$,于是所需

时间为

$$T=\frac{-\ln 0.1}{r/V}=\frac{V\ln 10}{r}.$$

因此,若每年流入湖泊的清水是湖泊体积的$\frac{1}{100}$,则用数学软件计算得约需要230年才可将90%的污染物排出.

习　题　9.5

1. 根据经验可知,某产品的纯利润L与广告支出x之间的关系符合微分方程

$$\begin{cases}\frac{\mathrm{d}L}{\mathrm{d}x}=k(A-L),\\ L(0)=L_0,\end{cases}$$

其中$k>0$,$A>0$,L_0为不做广告时的初始纯利润,且$0<L_0<A$.

(1) 求纯利润L关于广告支出x的函数$L(x)$;

(2) 证明$\lim\limits_{x\to+\infty}L(x)=A$,并说明其数学意义及实际经济意义.

2. 某商品的需求量Q(单位:件)对价格P(单位:元)的弹性的绝对值为$P\ln 6$. 若该商品的最大需求量为1 200,即$P=0$时,$Q=1\ 200$.

(1) 求需求量Q关于价格P的函数$Q(P)$;

(2) 证明$\lim\limits_{P\to+\infty}Q(P)=0$,并说明其数学意义及实际经济意义.

3. 设某商品的需求函数与供给函数分别是

$$Q_{\mathrm{d}}=a-bP,\quad Q_{\mathrm{s}}=-c+dP,$$

其中a, b, c, d均为正常数. 假设商品价格P为时间t的函数,已知初始价格$P(0)=P_0$,且在任一时刻t,价格$P(t)$的变化率总与这一时刻的超额需求$Q_{\mathrm{d}}-Q_{\mathrm{s}}$成正比(比例常数$k>0$).

(1) 求供需相等时的价格P_{e}(均衡价格);

(2) 求价格$P(t)$的函数表达式;

(3) 证明$\lim\limits_{t\to+\infty}P(t)=P_{\mathrm{e}}$,并说明其数学意义及实际经济意义.

4. 例9.22中的逻辑斯谛方程在经济管理、生态、社会学等领域有着广泛的应用,下面再举几例,请建立并求解关于下列实际问题的微分方程模型,并说明其实际意义:

(1) 在推广某项新技术时,若需要推广的总人数为N,t时刻已推广的人数为$P(t)$,则新技术推广的速度与已推广人数及待推广人数的乘积成正比,比例系数为k;

(2) 设某种传染病在某居民区有a个可能受感染的个体(人),在$t_0=0$时有x_0个人受感染(x_0远小于a). 假定此后与外界隔离,用x表示时刻t被感染的人数. 根据传染病学的研究,传染病的传染速度与该地区内已感染的人数及可能受感染而尚未感染的人数的乘积成正比,比例系数为k(假定不考虑免疫者);

(3) 结合自己的生活实际,查阅参考文献,进行思考,提出更多的类似模型.

5. 某林区实行封山育林,现有木材10万立方米. 已知在每一时刻t,木材的变化率与当时木材数成正比,假定某年该林区的木材为20万立方米. 若规定该林区的木材量达到40万

立方米时才可以砍伐,问至少多少年后才能砍伐?

6. 某公司 t 年净资产有 $W(t)$ 百万元,并且资产本身以每年 5% 的速度连续增长,同时该公司每年要以 30 百万元的数额连续支付职工工资. 已知净资产增长速度等于资产本身增长速度减职工工资支付速度.

(1) 给出描述净资产 $W(t)$ 的微分方程;

(2) 求解微分方程,这时假设初始净资产为 W_0;

(3) 讨论 $W_0=500,600,700$ 三种情况下,$W(t)$ 的变化特点.

7. 设商品 A 和商品 B 的售价分别为 P_1,P_2. 已知价格 P_1 和 P_2 相关,且价格 P_1 相对于 P_2 的弹性为

$$\frac{P_2\mathrm{d}P_1}{P_1\mathrm{d}P_2}=\frac{P_2-P_1}{P_2+P_1},$$

求 P_1 和 P_2 之间的函数关系式.

8. 已知生产某种产品的总成本 C 由固定成本与可变成本两部分构成. 假设固定成本为 10,可变成本 y 是产量 x 的函数,且 y 关于 x 的变化率等于产量平方与可变成本平方之和(即 x^2+y^2)除以产量与可变成本之积的 2 倍(即 $2xy$);$x=1$ 时,$y=3$. 求总成本函数 $C=C(x)$.

9. 葡萄糖溶液以恒定速率 r 通过静脉注射进入血液. 随着葡萄糖的增加,它被转换成其他物质,并且以与即时浓度成正比的速率被排出血液. 因此血液中葡萄糖浓度 $C=C(t)$ 的模型为

$$\frac{\mathrm{d}C}{\mathrm{d}t}=r-kC,$$

其中 k 为正常数. 已知在 $t=0$ 时刻葡萄糖的浓度为 C_0,求在任意时刻 t 的葡萄糖浓度.

10. 某一水塘原有 50 000 t 不含有害杂质的清水. 从时刻 $t=0$ 开始,含有害杂质 5% 的污水流入该水塘,流入速度为 2 t/min,在水塘中充分混合(不考虑沉淀)后,又以 2 t/min 的速度流出水塘. 问经过多长时间后水塘中有害杂质的浓度达到 4%? 借助计算机数学软件求其近似值.

9.6 差分方程的基本概念

9.6.1 引例

前面学习的微分方程是研究连续变量的变化规律,但在现实世界中许多现象涉及的变量是离散的.

例 9.26 在经济领域中有许多产品,如农产品,它们从种植后一直到运至市场出售共需一年时间,故当前所提供的产品数量 $S(t)$ 仍然以去年的价格 $P(t-1)$ 为依据,即供给函数为

$$S(t)=-\gamma+\delta P(t-1),$$

而当前的需求量 $Q(t)$ 是当前价格 $P(t)$ 的函数,即

$$Q(t)=\alpha-\beta P(t).$$

若供需平衡,则得

$$\alpha-\beta P(t)=-\gamma+\delta P(t-1),$$

其中 $\alpha,\beta,\gamma,\delta$ 为正常数. 这是一个简单的关于该农产品价格的差分方程.

另外,在经济管理领域,大多数变量是以定义在整数集上的数列形式变化的. 例如,银行中的定期存款按所设定的均匀时间间隔计息,企业销量按月计算,企业净利润按季度计算,国家的财政预算按年制定,等等. 通常称这类变量为离散变量. 根据客观事物的运行机理和规律,我们可以得到在不同取值点上的各离散变量之间的关系,如递推关系、时滞关系. 描述各离散变量之间关系的数学模型称为离散型模型. 现在我们将简单介绍在经济管理领域中最常见的一种以整数列为自变量的函数以及相关的离散型模型——差分方程.

再如,在数学专业领域,绝大多数微分方程初值问题都无法求得精确解,当我们求其近似解时,需要把连续的变量离散化,这样得到的方程也是差分方程.

9.6.2 一般概念

定义 9.10 设 $y=y(x)$ 是一个函数,当自变量取值为非负整数时,自变量从 x 变化到 $x+1$,这时函数的增量记为 $\Delta y_x=y(x+1)-y(x)$,称这个量为 $y(x)$ **在点 x 处步长为 1 的一阶差分**,简称为 $y(x)$ 的**一阶差分**. 为了方便,我们也记 $y_{x+1}=y(x+1)$,$y_x=y(x)$,即

$$\Delta y_x=y_{x+1}-y_x.$$

称 $\Delta(\Delta y_x)=\Delta y_{x+1}-\Delta y_x$ 为 $y(x)$ 的**二阶差分**,简记为 $\Delta^2 y_x$. 即

$$\Delta^2 y_x=(y_{x+2}-y_{x+1})-(y_{x+1}-y_x)=y_{x+2}-2y_{x+1}+y_x.$$

类似可以定义三阶差分 $\Delta^3 y_x=\Delta(\Delta^2 y_x)$,四阶差分 $\Delta^4 y_x=\Delta(\Delta^3 y_x)$ 等更高阶差分.

联想到对于连续变量,用导数 $\frac{\mathrm{d}y}{\mathrm{d}x}$ 来刻画其变化速度. 对于离散变量,现在用差商 $\frac{\Delta y}{\Delta x}$ 来刻画其变化速度,那么由一阶差分的定义可知,取步长为 1,就可用 Δy 来近似刻画其变化速度. 这样做合情合理,因为实际应用中,时间的最小变化单位为 1,即使不等于 1,也可通过适当的变换将时间的增量化为单位 1.

差分的几何意义:

函数 $y_t=y(t)$ 在 t 时刻的一阶差分

$$\Delta y_t=y_{t+1}-y_t=y(t+1)-y(t)=\frac{y(t+1)-y(t)}{(t+1)-t}$$

表示过点(t,y_t)与$(t+1,y_{t+1})$的直线斜率,如图 9.2 所示.

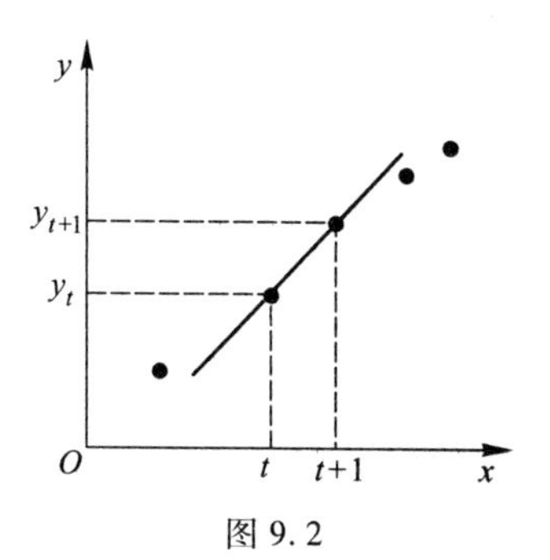

图 9.2

差分的经济意义:

对于经济变量 $y_t=y(t)$,其一阶差分 Δy_t表示该经济变量当期较上期函数值的增量.

由定义可知差分具有以下性质:

性质 9.1 设 a, b, C 为常数,y_x和 z_x是函数.

(1) $\Delta(C)=0$;

(2) $\Delta(Cy_x)=C\Delta y_x$;

(3) $\Delta(ay_x+bz_x)=a\Delta y_x+b\Delta z_x$.

例 9.27 已知 $y_n=n^2-3n$,求 Δy_n,$\Delta^2 y_n$.

解 由定义可得

$$\Delta y_n=(n+1)^2-3(n+1)-(n^2-3n)=2n-2,$$

$$\Delta^2 y_n=2(n+1)-2-(2n-2)=2.$$

例 9.28 某家庭假期自己驾车外出旅游. 设 $y_t=f(t)$表示在第 t h 汽车里程表显示的千米数,且前 6 个读数为

$$\{f(t)\}=\{8\ 625,8\ 655,8\ 710,8\ 754,8\ 795,8\ 830\}.$$

求 y_t 的一、二阶差分值,并解释其实际意义.

解 可将 y_t,Δy_t,$\Delta^2 y_t$各值列表显示,称为函数 y_t的差分表,如表 9.3 所示.

表 9.3 函数 y_t的差分表

t	y_t	Δy_t	$\Delta^2 y_t$
1	8 625	30	25
2	8 655	55	-11
3	8 710	44	-3
4	8 754	41	-6
5	8 795	35	
6	8 830		

在表 9.3 中,Δy_t表示汽车在第 t h 走过的路程,也可看作汽车在第 t h 行驶的平均速度,而 $\Delta^2 y_t$表示第$(t+1)$ h 与第 t h 平均速度之差,也可看作在第 t h 的平均加速度.

从例 9.28 可以看出,函数 y_t的一阶差分 Δy_t和二阶差分 $\Delta^2 y_t$反映了 y_t的变化特征. 一般来说,当 $\Delta y_t>0$ 时,说明 y_t在逐渐增加;当 $\Delta y_t<0$ 时,说明 y_t在逐渐减小. 又当 $\Delta^2 y_t>0$ 时,说明 y_t的变化速度在增大;当 $\Delta^2 y_t<0$ 时,说明 y_t的变化速

度在减小.

定义 9.11 含有自变量、未知函数及未知函数差分的函数方程,称为**差分方程**.它的一般形式为

$$F(x,y_x,y_{x+1},\cdots,y_{x+n})=0 \tag{9.28}$$

或

$$G(x,y_x,\Delta y_x,\cdots,\Delta^n y_x)=0. \tag{9.29}$$

差分方程的这两种不同形式之间可以互相转化.例如,差分方程 $\Delta^2 y_x+2y_x=0$ 的另一种形式为 $y_{x+2}-2y_{x+1}+3y_x=0$.但在经济管理中涉及的差分方程通常用(9.28)的形式,因此本书只讨论这一形式的差分方程.

定义 9.12 差分方程中未知函数下标的最大差数,称为差分方程的**阶**.

例如,差分方程 $\Delta^2 y_x+\Delta y_x=0$ 转化为

$$\Delta^2 y_x+\Delta y_x=(y_{x+2}-2y_{x+1}+y_x)+(y_{x+1}-y_x)=y_{x+2}-y_{x+1}=0.$$

根据定义 9.12,这应该是二阶差分方程.

再如,例 9.26 中的差分方程是一阶的.

定义 9.13 若某个函数代入差分方程后能使差分方程成为恒等式,则称其为**差分方程的解**.若差分方程的解中所含的互相独立的任意常数的个数恰好等于差分方程的阶数,则称此解为**差分方程的通解**.

同微分方程一样,差分方程也有初值问题.初始条件也有如下情形:一阶的为 $y_x\big|_{x=x_0}=y_0$,二阶的为 $y_x\big|_{x=x_0}=y_0,\Delta y_x\big|_{x=x_0}=\Delta y_0$ 等.满足初始条件的解称为**差分方程的特解**.

数列 $\{a_n\}$ 是定义在自然数集上的函数,那么最常见的等差数列和等比数列相邻两项之间的关系就是差分方程.例如,公差为 $\frac{1}{3}$ 的等差数列以及公比为 -2 的等比数列:

$$a_{n+1}-a_n=\frac{1}{3} \quad 和 \quad a_{n+1}=-2a_n \quad (n=1,2,\cdots)$$

都是一阶差分方程,

$$a_n=a_1+\frac{1}{3}(n-1) \quad 和 \quad a_n=a_1(-2)^{n-1} \quad (n=1,2,\cdots)$$

分别是它们的通解.

例 9.29 验证

$$y_n=C\cdot 6^n+\frac{n}{6}\cdot 6^n \quad (C\text{ 为任意常数})$$

是差分方程

$$y_{n+1}-6y_n=6^n$$

的通解，并求其满足条件 $y_0=8$ 的特解.

解 将 $y_n=C\cdot 6^n+\frac{n}{6}\cdot 6^n$ 代入方程得

$$\text{左边}=C\cdot 6^{n+1}+\frac{n+1}{6}\cdot 6^{n+1}-6\left(C\cdot 6^n+\frac{n}{6}\cdot 6^n\right)=6^n=\text{右边},$$

所以 $y_n=C\cdot 6^n+\frac{n}{6}\cdot 6^n$ 是差分方程的解，且含有任意常数 C，故其为通解.

将 $y_0=8$ 代入通解得 $C=8$，于是所求特解为

$$y_n=8\cdot 6^n+\frac{n}{6}\cdot 6^n.$$

通过上述学习可以看到，差分方程的概念与微分方程的概念十分相似. 事实上，微分和差分都是描述变量变化的状态，区别在于微分描述的是连续变化过程，而差分描述的是离散变化过程. 在取单位时间为 1，且单位时间间隔很小的情况下，

$$\Delta y=y(x+1)-y(x)\approx \mathrm{d}y=\frac{\mathrm{d}y}{\mathrm{d}x}\Delta x=\frac{\mathrm{d}y}{\mathrm{d}x},$$

即差分可看作连续变化的一种近似. 因此在后续学习中，我们将继续看到，差分方程和微分方程无论在方程结构、解的结构，还是在解法上都有很多相似之处.

本书着重研究一阶和二阶常系数线性差分方程.

习 题 9.6

1. 设 $y_t=t^3$，试计算 $\Delta y_t,\Delta^2 y_t,\Delta^3 y_t$. 将其与 $y=t^3$ 的 y',y'',y''' 的值进行比较.

2. 求函数 $y_x=a^x, y_x=\log_a x$ 的二阶差分 $\Delta^2 y_x$（其中 $a>0$ 且 $a\neq 1$）.

3. 设 $y_t=t^2+2t$，试计算 $\Delta^2 y_t$.

4. 确定下列方程的阶：

（1）$y_{x+3}-x^2 y_{x+1}+3y_x=2$；　　（2）$y_{x-2}-y_{x-4}=y_{x+2}$.

5. 验证函数 $y_x=A\cdot 3^x+1$（A 是任意常数）是差分方程 $y_{x+1}-3y_x=-2$ 的通解.

6. 验证函数 $y_x=C_1+C_2\cdot 2^x$（C_1,C_2 是任意常数）是差分方程 $y_{x+2}-3y_{x+1}+2y_x=0$ 的解，并求 $y_0=1,y_1=3$ 时方程的解.

9.7 一阶常系数线性差分方程

形如

$$y_{x+1}-py_x=f(x) \tag{9.30}$$

的方程称为**一阶常系数线性差分方程**,其中 p 为非零常数,$f(x)$ 为已知函数,称为**自由项**. 若 $f(x)$ 不恒等于零,则称方程(9.30)为**非齐次**的;若 $f(x)\equiv 0$,则称

$$y_{x+1}-py_x=0 \tag{9.31}$$

为**齐次**的,且称其为方程(9.30)的**对应齐次方程**.

9.7.1 一阶常系数齐次线性差分方程的解法

假设在 $x=0$ 时,函数取值为已知常数,即 $y_0=C$,则通过逐次迭代可得

$$y_1=py_0=Cp,\ y_2=py_1=Cp^2,\ y_3=py_2=Cp^3,\ \cdots.$$

由此归纳可得 $y_x=Cp^x$,容易验证当 C 为任意常数时,其满足方程(9.31). 因此,方程(9.31)的通解为

$$y_x=Cp^x\ (x=0,1,2,\cdots). \tag{9.32}$$

事实上,一次代数方程 $\lambda-p=0$ 称为方程(9.31)的**特征方程**,$\lambda=p$ 恰好是其根. 因此,求方程(9.31)的问题关键在于求其特征方程的根.

例 9.30 求差分方程 $3y_{x+1}-2y_x=0$ 的通解以及满足初始条件 $y_0=\dfrac{3}{2}$ 的特解.

解 原方程变形为

$$y_{x+1}-\frac{2}{3}y_x=0.$$

所以,由公式(9.32)得其通解为

$$y_x=C\left(\frac{2}{3}\right)^x\ (C\text{ 为任意常数}).$$

由 $y_0=\dfrac{3}{2}$ 得 $C=\dfrac{3}{2}$,因此所求特解为

$$y_x=\frac{3}{2}\cdot\left(\frac{2}{3}\right)^x=\left(\frac{2}{3}\right)^{x-1}.$$

9.7.2 一阶常系数非齐次线性差分方程的解法

对于一阶常系数非齐次线性差分方程,有如下解的结构:

若 y_x^* 是非齐次差分方程(9.30)的一个特解,$\overline{y}_x$ 是其对应齐次方程(9.31)的通解,则非齐次差分方程(9.30)的通解为

$$y_x=\overline{y}_x+y_x^*.$$

换句话说,一阶非齐次线性差分方程的通解等于其本身的一个特解与对应齐次方程的通解之和.

由于前面已解决了求齐次方程通解的问题,所以现在着重讨论求非齐次差分方程的特解.

求非齐次差分方程(9.30)的特解的常用方法也是待定系数法.具体做法与求解二阶非齐次线性微分方程的待定系数法类似(详见9.4.3节).

下面以图表形式给出$f(x)$为一种常见特殊形式时特解的试解函数的求法.

表9.4 一阶常系数非齐次线性差分方程特解形式

自由项$f(x)$的形式	非齐次线性差分方程特解y_x^*的形式
$\lambda^x P_n(x)$(其中λ为非零常数)	当λ不是特征方程的根时,$y_x^*=\lambda^x Q_n(x)$ 当λ是特征方程的根时,$y_x^*=x\lambda^x Q_n(x)$ 其中$Q_n(x)=A_0+A_1x+\cdots+A_nx^n$ ($A_0,A_1,\cdots,A_n$为待定系数)

说明:表9.4中的$P_n(x)$,$Q_n(x)$均表示n次多项式.注意特殊情形时,它们可以是零次多项式(即常数),λ可以为1.

例9.31 求差分方程$y_{x+1}-3y_x=7\cdot 2^x$的通解.

解 显然其对应齐次方程的通解为

$$\overline{y}_x=C\cdot 3^x\ (C\text{为任意常数}).$$

2不是特征方程的根,故设其特解为$y_x^*=b\cdot 2^x$.所以有

$$b\cdot 2^{x+1}-3b\cdot 2^x=7\cdot 2^x,$$

解得$b=-7$.因此,原方程的通解为

$$y_x=C\cdot 3^x-7\cdot 2^x.$$

习 题 9.7

1. 求解下列差分方程:

(1) $y_{t+1}-3y_t=0$;

(2) $y_{t+1}-3y_t=2$;

(3) $2y_{t+1}-6y_t=3^t$;

*(4) $3y_t-3y_{t-1}=t\cdot 3^t+1$.

2. 求解下列初值问题:

(1) 求$y_{x+1}-5y_x=3$满足初始条件$y_0=\dfrac{7}{3}$的特解;

(2) 求$y_{x+1}+y_x=2^x$满足初始条件$y_0=2$的特解.

*9.8　二阶常系数线性差分方程

形如

$$y_{x+2}+py_{x+1}+qy_x=f(x) \tag{9.33}$$

的方程称为**二阶常系数线性差分方程**，其中 p,q 为非零常数，$f(x)$ 为已知函数，称为**自由项**. 若 $f(x)$ 不恒等于零，则称方程(9.33)为**非齐次**的；若 $f(x)\equiv 0$，则称

$$y_{x+2}+py_{x+1}+qy_x=0 \tag{9.34}$$

为**齐次**的，且称其为方程(9.33)的**对应齐次方程**.

二阶常系数齐次线性差分方程有着与二阶常系数齐次线性微分方程完全类似的解的结构理论. 本书不再赘述，读者可参考相关文献.

9.8.1　二阶常系数齐次线性差分方程的解法

与二阶常系数齐次线性微分方程类似，容易得到下面定理.

定理 9.3　$y_x=r^x$ 是齐次方程(9.34)的解的充分必要条件是 r 为方程

$$r^2+pr+q=0 \tag{9.35}$$

的根.

二次代数方程(9.35)称为齐次方程(9.34)的**特征方程**. 记判别式 $\Delta=p^2-4q$，下面根据特征方程(9.35)的根的取值情况，给出方程(9.34)的通解.

(1) 当 $p^2-4q>0$ 时，其特征方程有两个不同实根，记为 r_1,r_2.

可以验证 r_1^x,r_2^x 是线性无关的，所以方程(9.34)的通解为

$$y_x=C_1r_1^x+C_2r_2^x\ (C_1,C_2\text{为任意常数}).$$

(2) 当 $p^2-4q=0$ 时，其特征方程有两个相同实根，记为 $r_1=r_2=-\frac{p}{2}$.

可以验证 $\left(-\frac{p}{2}\right)^x$，$x\left(-\frac{p}{2}\right)^x$ 是方程(9.34)的线性无关的特解，所以方程(9.34)的通解为

$$y_x=(C_1+C_2x)\left(-\frac{p}{2}\right)^x\ (C_1,C_2\text{为任意常数}).$$

(3) 当 $p^2-4q<0$ 时，其特征方程有两个共轭复根：$-\frac{p}{2}\pm\frac{\mathrm{i}}{2}\sqrt{4q-p^2}$，记为

$$\alpha\pm\mathrm{i}\beta=\lambda(\cos\theta\pm\mathrm{i}\sin\theta),\lambda>0,$$

其中 $\lambda=\sqrt{\alpha^2+\beta^2}=\sqrt{q}$, $\tan\theta=-\frac{\sqrt{4q-p^2}}{p}$. 可以验证 $\lambda^x\cos\theta x$, $\lambda^x\sin\theta x$ 是方程(9.34)的线性无关的特解,所以方程(9.34)的通解为

$$y_x=\lambda^x(C_1\cos\theta x+C_2\sin\theta x)\ (C_1,C_2\text{为任意常数}).$$

以上求方程(9.34)通解的方法称为**特征方程法**. 为方便记忆,把上述结论归纳成表 9.5,其中 C_1,C_2 为任意常数.

表 9.5　二阶常系数齐次线性差分方程通解形式

特征方程 $r^2+pr+q=0$ 的判别式和特征根		方程(9.34)的通解
$\Delta=p^2-4q>0$	有两个不相等实根 r_1,r_2	$y_x=C_1r_1^x+C_2r_2^x$
$\Delta=p^2-4q=0$	有两个相等实根 r_1,r_2	$y_x=(C_1+C_2x)\left(-\frac{p}{2}\right)^x$
$\Delta=p^2-4q<0$	有共轭复根 $r_{1,2}=\lambda(\cos\theta\pm\mathrm{i}\sin\theta)$	$y_x=\lambda^x(C_1\cos\theta x+C_2\sin\theta x)$

例 9.32　求 $y_{x+2}+6y_{x+1}+5y_x=0$ 的通解.

解　因为其特征方程 $r^2+6r+5=0$ 的根为 $r_1=-1, r_2=-5$,所以原方程有通解

$$y_x=C_1(-1)^x+C_2(-5)^x\ (C_1,C_2\text{是任意常数}).$$

例 9.33　求 $y_{x+2}+9y_x=0$ 的通解.

解　因为其特征方程 $r^2+9=0$ 的根为 $r_1=-3\mathrm{i}, r_2=3\mathrm{i}$,所以原方程有通解

$$y_x=3^x\left(C_1\sin\frac{\pi x}{2}+C_2\cos\frac{\pi x}{2}\right)\ (C_1,C_2\text{是任意常数}).$$

9.8.2　二阶常系数非齐次线性差分方程的解法

对于二阶常系数非齐次线性差分方程,其解的结构以及求特解的待定系数法,与 9.7.2 节中介绍的一阶非齐次线性差分方程完全类似,这里不再赘述. 下面以图表形式给出 $f(x)$ 为一种常见特殊形式时特解的试解函数的求法.

表 9.6　二阶常系数非齐次线性差分方程特解形式

自由项 $f(x)$ 的形式	非齐次线性差分方程特解 y_x^* 的形式
$P_n(x)\lambda^x$(其中 λ 为非零常数)	当 λ 不是特征方程的根时, $y_x^*=Q_n(x)\lambda^x$ 当 λ 是特征方程的单根时, $y_x^*=xQ_n(x)\lambda^x$ 当 λ 是特征方程的重根时, $y_x^*=x^2Q_n(x)\lambda^x$ 其中 $Q_n(x)=A_0+A_1x+\cdots+A_nx^n$ ($A_0,A_1,\cdots,A_n$为待定系数)

说明：表 9.6 中的 $P_n(x)$，$Q_n(x)$ 均表示 n 次多项式. 注意特殊情形时，它们可以是零次多项式(即常数)，λ 可以为 1.

例 9.34 求 $y_{x+2}+6y_{x+1}+5y_x=2$ 的通解.

解 在例 9.32 中已求出对应齐次方程的通解. 1 不是特征方程的根，故设非齐次方程的特解为 $y_x^*=a$，代入方程得 $a=\frac{1}{6}$. 所以，非齐次方程的通解为

$$y_x=\frac{1}{6}+C_1\cdot(-1)^x+C_2\cdot(-5)^x\quad(C_1,C_2\text{是任意常数}).$$

例 9.35 求 $y_{x+2}-6y_{x+1}+9y_x=3^x$ 的通解.

解 对应齐次方程的特征方程 $r^2-6r+9=0$ 有两个相等实根 $r_1=r_2=3$，所以对应齐次方程的通解为

$$\overline{y}_x=(C_1+C_2x)\cdot 3^x.$$

3 是特征方程的二重根，故设非齐次方程的特解为 $y_x^*=ax^2\cdot 3^x$，代入方程得 $a=\frac{1}{18}$. 所以，非齐次方程的通解为

$$y_x=(C_1+C_2x)\cdot 3^x+\frac{x^2}{18}\cdot 3^x\quad(C_1,C_2\text{是任意常数}).$$

注 设特解形式时，也有与二阶常系数非齐次线性微分方程类似的注意事项，即要注意“齐全”，以维持方程两边“平衡”，这里不再赘述. 在此基础上，有兴趣的读者还能像本书中常微分方程理论那样发现关于其特解形式的理解方法.

看清数学知识之间的本质联系，会使得微积分的学习更富有成效. 至此，我们已经体会到线性差分方程的解法与线性微分方程的解法极其类似，只不过对于一阶线性差分方程，只讨论了常系数情形；对于二阶非齐次线性差分方程，只讨论了自由项含多项式函数或指数函数情形，即略去了含三角函数情形. 本书这样做，是基于以下考虑：一方面，讨论的情形既简单又在实际应用中常见，符合够用且实用的原则；另一方面，既然略去的情形也与书中已讨论的情形类似，那么就把自主学习和探究的空间留给读者.

习　题　9.8

1. 求解下列差分方程：

(1) $y_{x+2}-4y_{x+1}+16y_x=0$；

(2) $y_{x+2}+3y_{x+1}-\frac{7}{4}y_x=9$；

(3) $y_{x+2}+3y_{x+1}-4y_x=x$.

2. 求解下列初值问题：

(1) 求 $y_{x+2}-4y_{x+1}+4y_x=2^x$满足 $y_0=3,y_1=-\frac{7}{4}$的特解；

(2) 求 $y_{x+2}-2y_{x+1}+y_x=4$ 满足 $y_0=3,y_1=8$ 的特解.

*9.9 差分方程的应用

相比于连续型数学模型,离散型数学模型具有计算程序化而更适用于计算机求解的优点. 另外,在一定条件下,连续变量可以用离散变量去近似或逼近,因此差分方程模型作为最常见的离散型数学模型有着非常广泛的实际应用价值.

例 9.36 某家庭从现在着手,从每月工资中拿出一部分资金存入银行,用于投资子女的教育. 此家庭计划 20 年后开始从投资账户中每月支取 1 000 元,直到 10 年后子女大学毕业并用完全部资金. 要实现这个投资目标,20 年内共要筹措多少资金？每月要在银行存入多少钱(假设投资的月利率为 0.5%)？

解 设 20 年内共筹措资金为 x 元,第 n 个月投资账户资金为 a_n元,每月存入资金为 b 元. 于是 20 年后关于 a_n的差分方程模型为

$$a_{n+1}=1.005a_n-1\ 000, \tag{9.36}$$

并且 $a_{120}=0,a_0=x$.

解方程(9.36),得通解

$$a_n=1.005^nC-\frac{1\ 000}{1-1.005}=1.005^nC+200\ 000,$$

以及

$$a_{120}=1.005^{120}C+200\ 000=0,\quad a_0=C+200\ 000=x.$$

从而

$$x=200\ 000-\frac{200\ 000}{1.005^{120}}\approx 90\ 073.45.$$

从现在到 20 年内,a_n满足的差分方程为

$$a_{n+1}=1.005a_n+b, \tag{9.37}$$

且 $a_0=0,a_{240}=90\ 073.45$. 解方程(9.37),得通解

$$a_n=1.005^nC+\frac{b}{1-1.005}=1.005^nC-200b,$$

以及

$$a_0=C-200b=0,\ a_{240}=1.005^{240}C-200b=90\ 073.45.$$

从而

$$b \approx 194.95.$$

即要实现这个投资目标,20 年内共要筹措资金 90 073.45 元,每月要在银行存入 194.95元.

例 9.37 某人拟向银行贷款买房.若总贷款额为 20 万元,贷款期限为 10 年,银行每月贷款利率为 $R=0.003\,45$,试求他平均每月的应还款金额.

解 设 y_t是他在第 t 个月月末的欠款余额,而 y_{t-1}就是他在第 $t-1$ 个月月末的欠款余额,这样他在当月的欠款余额 y_t就是他上个月的欠款余额 y_{t-1}加上个月的利息 Ry_{t-1}后减他本月的应还款金额 D,即

$$y_t=y_{t-1}+Ry_{t-1}-D.$$

整理此式得一阶差分方程

$$y_t-(R+1)y_{t-1}=-D,$$

所对应的齐次方程 $y_t-(R+1)y_{t-1}=0$ 的通解为

$$\overline{y}_t=C(R+1)^t.$$

因为$f(t)=-D$ 为常数,所以令特解 $y_t^*=A$(常数),代入原非齐次方程得

$$A-(R+1)A=-D,$$

解得 $A=\frac{D}{R}$.因此,原方程的通解为

$$y_t=C(R+1)^t+\frac{D}{R}.$$

为了确定 C,需要一个初值 y_0,它就是总贷款额 P.将 $y_0=P$ 代入通解,求得 $C=P-\frac{D}{R}$,因此原方程的特解为

$$y_t=\left(P-\frac{D}{R}\right)(R+1)^t+\frac{D}{R}.$$

又因为要在第 m 个月后还完全部贷款,故有 $y_m=0$,从而

$$\left(P-\frac{D}{R}\right)(R+1)^m+\frac{D}{R}=0. \tag{9.38}$$

将 $P=200\,000$, $m=120$, $R=0.003\,45$ 代入上式可得结论:他平均每月的应还款金额$D\approx 2\,038.24$元.这样他 10 年内还给银行本息共计 244 587.6 元,其中利息 44 587.6 元.

注 在掌握基本理论和方法的基础上,对于解方程(9.38),这么复杂的计算就可以信任计算机,交给数学软件完成.例如,在数学软件 Maple 中,求解命令为

$$\text{solve}\left(\left(200\,000-\frac{\text{D}}{0.003\,45}\right)\cdot(1+0.003\,45)^{120}+\frac{\text{D}}{0.003\,45},\text{D}\right)$$

甚至我们还可以直接用 Maple 中的 rsolve 命令及 Mathematica 中的 RSolve 命令求解差分方程,在 MATLAB 中虽然没有求解差分方程的专门命令,但我们可以通过调用 Maple 中的 rsolve 命令来实现.

习 题 9.9

1. 对于例 9.26 中的差分方程

$$\alpha-\beta P(t)=-\gamma+\delta P(t-1).$$

(1) 求 $P(t)$的函数表达式;

(2) 分析 $P(t)$的变化趋势,说明其实际意义.

2. 某厂进行污水处理,每小时从处理池中清除出 12% 的残留污物. 问:

(1) 一天后还有百分之几的污物残留在处理池中?

(2) 要使污物量减半需多长时间?

(3) 要降到原来污物的 10% 要多长时间?

3. 某公司拟向银行贷款 5 000 万元购买设备,贷款年利率为 6%,公司计划在 10 年内用分期付款方式还清贷款,试求公司每年需要向银行付款的金额.

4. 某大学生计划在四年读书期间,每年申请助学贷款 1 000 元,并计划在毕业后用两年时间还清贷款,贷款的年利率为 5%,试求他平均每月要还款的金额.

总 习 题 九

1. 选择题:

(1) 微分方程 $y\ln x\mathrm{d}x=x\ln y\mathrm{d}y$ 满足 $y(1)=1$ 的特解是(   );

A. $\ln^2 x+\ln^2 y=1$ B. $\ln^2 x+\ln^2 y=0$

C. $\ln^2 x=\ln^2 y$ D. $\ln^2 x=\ln^2 y+1$

(2) 方程 $xy'+y=3$ 的通解是(   );

A. $y=\dfrac{C}{x}+3$ B. $y=\dfrac{3}{x}+C$

C. $y=-\dfrac{C}{x}-3$ D. $y=\dfrac{C}{x}-3$

(3) 函数 $y=y(x)$的图形上的点$(0,-2)$处的切线为 $2x-3y=6$,且该函数满足微分方程 $y''=6x$,则此函数为(   );

A. $y=x^3+\dfrac{2}{3}x-2$ B. $y=3x^2-2$

C. $y-3x^3-2x+6=0$ D. $y=x^3+\dfrac{2}{3}x$

(4) 差分方程 $y_{t+1}-y_t=t^2-1$ 的特解的试解形式是(　　);

A. $y_t^*=At^2+B$　　B. $y_t^*=At^3+Bt^2$

C. $y_t^*=At^2-B$　　D. $y_t^*=At^3+Bt^2+Ct$

(5) 已知函数 $y=f(x)$ 对一切 x 满足 $xf''(x)+3x[f'(x)]^2=1-\mathrm{e}^{-x}$,若 $f'(x_0)=0$ $(x_0\neq0)$,则(　　);

A. $f(x_0)$ 是 $f(x)$ 的极小值

B. $f(x_0)$ 是 $f(x)$ 的极大值

C. $(x_0,f(x_0))$ 是曲线 $y=f(x)$ 的拐点

D. $f(x_0)$ 不是 $f(x)$ 的极值,$(x_0,f(x_0))$ 也不是曲线 $y=f(x)$ 的拐点

(6) 设非齐次线性微分方程 $y'+p(x)y=q(x)$ 有两个解 $y_1(x),y_2(x)$, C 为任意常数,则该方程的通解为(　　);

A. $C[y_1(x)-y_2(x)]$　　B. $y_1(x)+C[y_1(x)-y_2(x)]$

C. $C[y_1(x)+y_2(x)]$　　D. $y_1(x)+C[y_1(x)+y_2(x)]$

(7) 若可导函数 $y=f(x)$ 满足 $f(x)=\int_0^{2x}f\left(\frac{u}{2}\right)\mathrm{d}u+\ln 2$,则 $f(x)=$(　　).

A. $\mathrm{e}^x+\ln 2$　　B. $\mathrm{e}^{2x}+\ln 2$

C. $\mathrm{e}^x\ln 2$　　D. $\mathrm{e}^{2x}\ln 2$

2. 填空题:

(1) 微分方程 $xy'^2-2y'+x^2=0$ 的阶数是________;

(2) 微分方程 $xy'=y+x\cos^2\frac{y}{x}$ 的通解是________;

(3) $\frac{\mathrm{d}y}{\mathrm{d}x}=y+1$ 满足初始条件 $y(0)=1$ 的特解为________;

(4) 设 $F(x)$ 是 $f(x)$ 的一个原函数,$G(x)$ 是 $\frac{1}{f(x)}$ 的一个原函数,且满足 $F(x)G(x)=-1$,则 $f(x)=$________;

(5) 已知 $g(x)$ 是微分方程 $g'(x)+g(x)\sin x=\cos x$ 满足初始条件 $g(0)=0$ 的解,则 $\lim\limits_{x\to0}\frac{g(x)}{x}=$________;

*(6) 以 $\cos 3x,3\sin 3x$ 为特解的二阶常系数齐次线性微分方程为________,其通解为________.

3. 求解下列微分方程:

(1) $y'=(1-\mathrm{e}^{-x})y^2$;　　(2) $y\mathrm{d}x+(y-x)\mathrm{d}y=0$;

(3) $xy'-ny=\mathrm{e}^x x^{n+1}$ (n 为常数);　　(4) $y'=1+x+y^2+xy^2$;

(5) $xy'+y=x^3y^6$;

(6) $y'+\frac{xy}{1+x^2}=\frac{1}{2x(1+x^2)}$;

(7) $(x+y)\mathrm{d}x+(3x+3y-4)\mathrm{d}y=0$;

(8) $y'=\sin(x+y+1)$;

(9) $xy'+y=y(\ln x+\ln y)$;

(10) $\frac{\mathrm{d}y}{\mathrm{d}x}=\frac{1}{x+y}$.

4. 求解下列初值问题:

(1) 方程

$$(y-1)y''=(y')^2$$

满足 $y(1)=\mathrm{e}+1, y'(1)=\mathrm{e}$ 的特解;

(2) 方程

$$(x^2+2xy-y^2)\mathrm{d}x=(y^2+2xy-x^2)\mathrm{d}y$$

满足 $y(1)=1$ 的特解.

5. 设 $f(x)$ 是区间 $\left[0,\frac{\pi}{4}\right]$ 上的单调可导函数,且满足

$$\int_0^{f(x)} f^{-1}(t)\mathrm{d}t=\int_0^x t\frac{\cos t-\sin t}{\sin t+\cos t}\mathrm{d}t,$$

其中 f^{-1} 是 f 的反函数,求 $f(x)$.

*6. 已知某曲线 $y=f(x)$ 满足方程

$$y''-y'-2y=3\mathrm{e}^{-x},$$

且在 $x=0$ 处与直线 $y=x$ 相切,求该曲线.

7. 在过原点(0,0)和点(2,3)的单调光滑曲线上任取一点作两坐标轴的平行线,其中一条平行线与 x 轴及曲线围成的面积是另一条平行线与 y 轴及曲线围成面积的两倍,求此曲线的方程.

8. 一曲线通过点(2,3),它在两坐标轴间的任一切线线段均被切点平分,求此曲线方程.

*9. 设 $f(x)$ 为二阶可导函数,且满足方程

$$f(x)=\mathrm{e}^{2x}-\int_0^x(x-t)f(t)\mathrm{d}t,$$

求 $f(x)$.

10. 设可导函数 $f(x)$ 满足方程

$$\int_0^1 f(xu)\mathrm{d}u=f(x)+x\mathrm{e}^x,$$

且 $f(0)=-1$,求 $\int_0^1 f(x)\mathrm{d}x$.

*11. 设函数 $f(u)$ 具有二阶连续导数,$z=f(\mathrm{e}^x\sin y)$ 满足

$$z_{xx}+z_{yy}=(9z+\mathrm{e}^x\sin y)\mathrm{e}^{2x}.$$

若 $f(0)=0$, $f'(0)=1$,求 $f(u)$ 的表达式.

12. 已知函数 $y_x=4x$ 是差分方程

$$y_{x+1}+ay_x=12x+b$$

的一个特解,试确定 a,b 的值,并求该方程的通解.

13. 某商场的销售成本 C 和存储费用 S 均是时间 t 的函数.随着时间 t 的增长,销售成本的变化率等于存储费用的倒数加6,而存储费用的变化率等于当时存储费用的 $-\frac{1}{3}$ 倍.已知 $t=0$ 时,销售成本 $C=0$,存储费用 $S=9$,试求销售成本函数及存储费用函数.

14. 经济学家和人口统计学家马尔萨斯(Malthus)的生物总数增长定律指出:在孤立的生物群体中,生物总数 $N(t)$ 的变化率与生物总数成正比,其数学模型为

$$\begin{cases}\dfrac{\mathrm{d}[N(t)]}{\mathrm{d}t}=rN(t),\\ N(t_0)=N_0,\end{cases}$$

其中 r 为正常数.人作为特殊的生物总群,人口的增长也应满足马尔萨斯生物总数增长定律.马尔萨斯根据百余年的人口统计资料,于1798年提出了人口增长也应符合此模型,称其为马尔萨斯人口方程.

试求出该方程的解,指出其用于解释人口增长的不足之处,并提出你认为合理且有价值的改进模型.另外,此模型并非一无是处,请指出它在某些生物总数增长方面的应用价值,甚至把它推广到经济管理、自然科学等领域,指出它的重要应用价值.

*15. 经济学家梅茨勒(Metzler)提出了库存模型

$$\begin{cases}Y_t=U_t+S_t+V_0,\\ S_t=\beta(Y_{t-1}-Y_{t-2}),\\ U_t=\beta Y_{t-1},\end{cases}$$

其中 Y_t,S_t,U_t 分别为 t 时期的总收入、库存量及销售收入,V_0,β 为常数,且 $0<\beta<1$.

(1) 求 Y_t;

(2) 证明 $\lim\limits_{t\to+\infty}Y_t=\dfrac{V_0}{1-\beta}$,并说明其实际意义.

*16. 经济学家萨缪尔森(Samuelson)提出了如下的宏观经济模型(称为乘数-加速数模型):

$$\begin{cases}Y_t=C_t+I_t+G,\\ C_t=\alpha Y_{t-1},\ 0<\alpha<1,\\ I_t=\beta(C_t-C_{t-1}),\ \beta>0,\end{cases}$$

其中 Y_t 为 t 时期国民收入，C_t 为 t 时期消费，I_t 为 t 时期投资，G 为政府支出（各时期相同），α 为边际消费倾向（常数），β 为加速数（常数）.

(1) 求 Y_t，并说明其实际意义；

(2) 在今后进一步的学习和实践中，指出其不足之处，提出你认为合理且有价值的改进模型.

第10章 无穷级数

利用较简单的函数来逼近较复杂函数的最为简单的办法就是通过加法运算来决定逼近的程度,或者说控制逼近的过程,这是无穷级数思想的出发点.无穷级数是表示函数、研究函数性质和进行数值计算的有力工具.本章介绍无穷级数的基本概念,讨论常数项级数收敛性和幂级数收敛性,学会将一些简单的函数展开成幂级数,体验无穷级数在经济管理领域的应用价值,在学习过程中体会有限与无限的辩证关系和思想内涵.

10.1 常数项级数的概念与性质

10.1.1 常数项级数的概念

人们在认识事物数量方面的特性或进行数值计算时,常常需要经历一个由近似到精确的过程,在这种认识过程中会遇到由有限到无穷多个数量相加的问题.

例 10.1(**无限循环小数**) 对于$\frac{1}{9}=0.111\cdots$,在近似计算中,可取小数点后第 n 位作为$\frac{1}{9}$的近似值:

$$\frac{1}{9}\approx\frac{1}{10}+\frac{1}{10^2}+\cdots+\frac{1}{10^n},$$

且 n 越大,精确程度越高.故由极限定义可得

$$\frac{1}{9}=\lim_{n\to\infty}\left(\frac{1}{10}+\frac{1}{10^2}+\cdots+\frac{1}{10^n}\right).$$

例 10.2(**计算圆周率**) 公元 263 年,我国著名数学家刘徽首创利用半径为 1 的圆的内接正多边形的面积来逼近圆的面积 S(即圆周率 π). 具体做法如下:如图 10.1 所示,作圆的内接正六边形,算出它的面积 u_1,再以这个正六边形的每一边为底分别作一个顶点在圆周上的等腰三角形,算出这六个等腰三角形的面积之和 u_2,那么 (u_1+u_2) 即为圆的内接正十二边形的面积. 同样地,以这个正十二边形的每一边为底分别作一个顶点在圆周上的等腰三角形,算出这十二个等腰三角形的面积之和 u_3,那么 $(u_1+u_2+u_3)$ 即为圆的内接正二十四边形的面积. 如此进行下去,圆的内接正 $3\cdot 2^n$ 边形的面积就逐步逼近该圆的面积,即

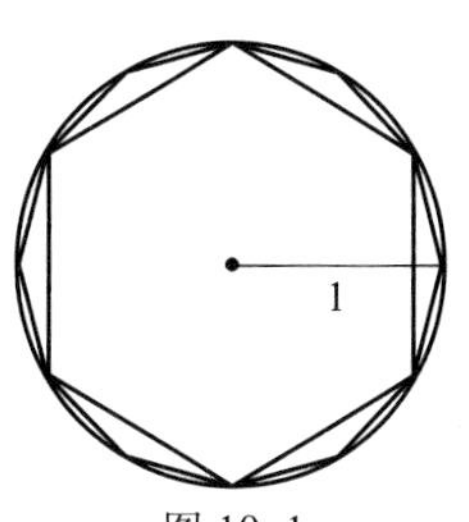

图 10.1

$$S=\lim_{n\to\infty}(u_1+u_2+\cdots+u_n).$$

例 10.3(**经济问题**) 某项投资每年可获回报 a 万元. 设年利率为 r,按年复利计算利息. 在求该项投资回报的现值时,理论上应求如下无穷多个数之和:

$$\frac{a}{1+r},\ \frac{a}{(1+r)^2},\ \frac{a}{(1+r)^3},\ \cdots,\ \frac{a}{(1+r)^n},\ \cdots.$$

上面的例子中都出现了无穷多个数量依次相加的数学式子. 一般地,有如下定义.

定义 10.1 对给定的数列 $\{u_n\}:u_1,u_2,\cdots,u_n,\cdots$,由此数列构成的表达式

$$u_1+u_2+\cdots+u_n+\cdots$$

称为**常数项无穷级数**,简称**数项级数**或**级数**,记为 $\sum\limits_{n=1}^{\infty}u_n$,其中 u_n 称为**一般项**(**或通项**).

微视频
常数项级数的概念

我们知道有限个数相加是有和的,且可以通过累加的办法求出其和. 那么无穷多个数相加是否有和? 若有和,该如何求出其和? 由例子得到启发,有

定义 10.2 级数 $\sum\limits_{n=1}^{\infty}u_n$ 的前 n 项和 $u_1+u_2+\cdots+u_n$ 称为级数 $\sum\limits_{n=1}^{\infty}u_n$ 的**部分和**,记为 s_n;以部分和 s_n 为通项构成的数列 $s_1,s_2,\cdots,s_n,\cdots$,称为级数 $\sum\limits_{n=1}^{\infty}u_n$ 的**部分和数列**,记为 $\{s_n\}$.

定义 10.3 对给定的级数 $\sum\limits_{n=1}^{\infty}u_n$,若其部分和数列 $\{s_n\}$ 的极限存在,即 $\lim\limits_{n\to\infty}s_n=s$,则称此极限值 s 为该级数的和,称级数 $\sum\limits_{n=1}^{\infty}u_n$ **收敛**(于 s),记为

$$\sum_{n=1}^{\infty} u_n = u_1 + u_2 + \cdots + u_n + \cdots = s;$$

若其部分和数列$\{s_n\}$的极限不存在,则称级数$\sum\limits_{n=1}^{\infty} u_n$ **发散**.

级数是收敛还是发散的性质简称为**敛散性**.

定义10.3说明考察级数的敛散性实质上是考察其部分和数列的敛散性,两者是一致的.

当级数$\sum\limits_{n=1}^{\infty} u_n$收敛时,其部分和$s_n$是级数和$s$的近似值,两者之间的差值

$$r_n = s - s_n = u_{n+1} + u_{n+2} + \cdots$$

称为级数的**余项**,用近似值s_n代替s所产生的误差是该余项的绝对值,即$|r_n|$.

例10.4　证明级数

$$\sum_{n=1}^{\infty} \frac{1}{n(n+1)} = \frac{1}{1\cdot 2} + \frac{1}{2\cdot 3} + \cdots + \frac{1}{n(n+1)} + \cdots$$

是收敛的,并求其和.

解　因为

$$\begin{aligned} s_n &= \frac{1}{1\cdot 2} + \frac{1}{2\cdot 3} + \cdots + \frac{1}{n(n+1)} \\ &= \left(1 - \frac{1}{2}\right) + \left(\frac{1}{2} - \frac{1}{3}\right) + \cdots + \left(\frac{1}{n} - \frac{1}{n+1}\right) \\ &= 1 - \frac{1}{n+1}, \end{aligned}$$

所以$\lim\limits_{n\to\infty} s_n = 1$,从而级数收敛,且$\sum\limits_{n=1}^{\infty} \frac{1}{n(n+1)} = 1$.

例10.5　证明**算术级数**

$$\sum_{n=1}^{\infty} [a + (n-1)d] = a + (a+d) + (a+2d) + \cdots + [a + (n-1)d] + \cdots$$

是发散的,其中a,d不同时为零,d称为公差.

证　因为

$$s_n = a + (a+d) + (a+2d) + \cdots + [a + (n-1)d] = na + \frac{n(n-1)}{2}d,$$

所以$\lim\limits_{n\to\infty} s_n = \infty$,从而所给算术级数发散.

例10.6　证明**调和级数**

$$\sum_{n=1}^{\infty} \frac{1}{n} = 1 + \frac{1}{2} + \frac{1}{3} + \cdots + \frac{1}{n} + \cdots \tag{10.1}$$

是发散的.

证 在微分学中由拉格朗日中值定理已证明当 $x>0$ 时,不等式 $x>\ln(1+x)$ 成立,如图 10.2 所示. 因此

$$\begin{aligned}s_n&=1+\frac{1}{2}+\cdots+\frac{1}{n}\\&>\ln(1+1)+\ln\left(1+\frac{1}{2}\right)+\cdots+\ln\left(1+\frac{1}{n}\right)\\&=\ln 2+\ln\frac{3}{2}+\cdots+\ln\frac{n+1}{n}\\&=\ln\left(2\cdot\frac{3}{2}\cdot\frac{4}{3}\cdot\cdots\cdot\frac{n+1}{n}\right)\\&=\ln(1+n)\to+\infty\quad(n\to\infty).\end{aligned}$$

从而调和级数(10.1)发散.

注 本题有多种证明方法. 例如,考察由曲线 $y=\frac{1}{x}$, $x=1$, $x=n+1$ 和 x 轴所围成的曲边梯形与阴影部分的面积之间的关系,如图 10.3 所示. 可以看出,阴影部分的第一块矩形面积 $A_1=1$,第二块矩形面积 $A_2=\frac{1}{2}$……第 n 块矩形面积 $A_n=\frac{1}{n}$,所以阴影部分的总面积即为 s_n,它显然大于曲边梯形的面积,即

$$s_n=1+\frac{1}{2}+\cdots+\frac{1}{n}=\sum_{i=1}^{n}A_i>\int_1^{n+1}\frac{1}{x}\mathrm{d}x=\ln(n+1).$$

所以 $\lim\limits_{n\to\infty}s_n=\infty$,从而调和级数(10.1)发散.

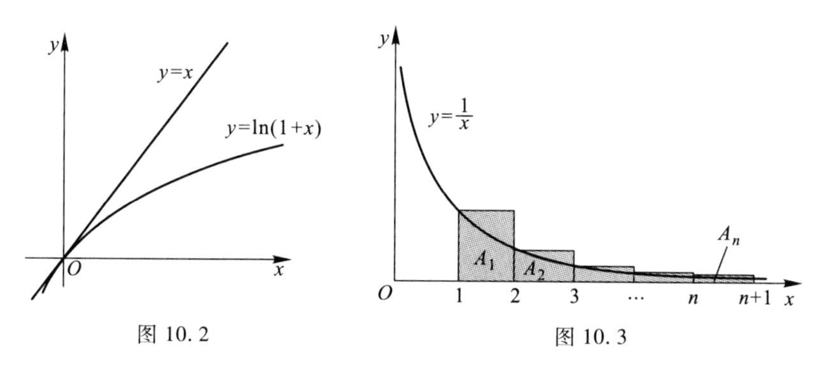

图 10.2　　图 10.3

例 10.7 讨论**等比级数**(又称为**几何级数**)

$$\sum_{n=1}^{\infty}aq^{n-1}=a+aq+aq^2+\cdots+aq^{n-1}+\cdots\tag{10.2}$$

的敛散性,其中 $a\neq0$, $q\neq0$, q 称为公比.

解 当 $q\neq1$ 时,其前 n 项和

$$s_n=a+aq+aq^2+\cdots+aq^{n-1}=\frac{a-aq^n}{1-q}.$$

① 当 $|q|<1$ 时，$\lim\limits_{n\to\infty} q^n=0$，于是

$$\lim_{n\to\infty} s_n=\lim_{n\to\infty}\frac{a-aq^n}{1-q}=\frac{a}{1-q},$$

此时级数收敛，且其和为$\frac{a}{1-q}$.

② 当 $|q|>1$ 时，$\lim\limits_{n\to\infty} q^n=\infty$，于是$\lim\limits_{n\to\infty} s_n=\infty$，此时级数发散.

③ 当 $|q|=1$ 时，若 $q=-1$，则级数成为

$$a-a+a-a+\cdots.$$

当 n 为奇数时，$s_n=a$；而当 n 为偶数时，$s_n=0$. 因此数列 $\{s_n\}$ 的极限不存在，此时级数发散.

若 $q=1$，则级数成为

$$a+a+a+\cdots,$$

于是 $s_n=na$，$\lim\limits_{n\to\infty} s_n=\infty$，此时级数发散.

综上所述，等比级数(10.2)当 $|q|<1$ 时收敛，当 $|q|\geqslant 1$ 时发散.

10.1.2 收敛级数的性质

级数敛散性是由部分和数列的极限存在性来定义的，因此结合极限性质，容易得到收敛级数有以下基本性质（略去证明过程，而只对证明思路作些简单说明）.

性质 10.1 对任意非零常数 k，级数 $\sum\limits_{n=1}^{\infty} u_n$ 与级数 $\sum\limits_{n=1}^{\infty} ku_n$ 同时收敛或同时发散，且在级数 $\sum\limits_{n=1}^{\infty} u_n$ 收敛于 s 时，有 $\sum\limits_{n=1}^{\infty} ku_n(k\neq 0)$ 收敛于 ks，即

$$\sum_{n=1}^{\infty} ku_n=k\sum_{n=1}^{\infty} u_n=ks.$$

性质 10.2 若级数 $\sum\limits_{n=1}^{\infty} u_n$，$\sum\limits_{n=1}^{\infty} v_n$ 分别收敛于 s,σ，则级数 $\sum\limits_{n=1}^{\infty}(u_n\pm v_n)$ 收敛于 $s\pm\sigma$，即

$$\sum_{n=1}^{\infty}(u_n\pm v_n)=\sum_{n=1}^{\infty} u_n\pm\sum_{n=1}^{\infty} v_n=s\pm\sigma.$$

换句话说，**两个收敛级数可以逐项相加或逐项相减**.

注 利用极限的运算性质，容易证明收敛级数的上述两条运算性质.

性质 10.3 级数去掉、加上或改变有限项,不会改变级数的敛散性,但收敛时其和通常会发生变化.

注 例如将级数 $u_1+u_2+\cdots+u_k+u_{k+1}+\cdots+u_n+\cdots$ 的前 k 项去掉,所得新级数的部分和 σ_n 与原级数的部分和 s_n 只相差一个有限常数 s_k,那么当 $n\to\infty$ 时,σ_n 与 s_n 的敛散性相同,且收敛时其极限只相差常数 s_k.

性质 10.4 对收敛级数的项任意加括号以后所成的新级数仍收敛,且和不变.

注 当某级数加括号以后所成的新级数收敛时,不能断定原级数也收敛.例如,级数$(1-1)+(1-1)+\cdots$收敛于零,但级数 $1-1+1-1+\cdots$ 却是发散的.

推论 若加括号后所得级数发散,则原级数必发散.

性质 10.5(级数收敛的必要条件) 若级数 $\sum\limits_{n=1}^{\infty}u_n$ 收敛,则它的一般项必趋于零,即

$$\lim_{n\to\infty}u_n=0.$$

证 显然

$$\lim_{n\to\infty}u_n=\lim_{n\to\infty}(s_n-s_{n-1})=\lim_{n\to\infty}s_n-\lim_{n\to\infty}s_{n-1}=s-s=0.$$

注 $\lim\limits_{n\to\infty}u_n=0$ 只是级数 $\sum\limits_{n=1}^{\infty}u_n$ 收敛的必要条件,而非充分条件,即当 $\lim\limits_{n\to\infty}u_n=0$ 时,$\sum\limits_{n=1}^{\infty}u_n$ 不一定收敛,调和级数就是一个例子.

推论 若 $\lim\limits_{n\to\infty}u_n\neq0$,则 $\sum\limits_{n=1}^{\infty}u_n$ 发散.

例 10.8 判定下列级数的敛散性,若收敛,则求其和:

(1) $\sum\limits_{n=1}^{\infty}\dfrac{n}{n+1}$;

(2) $\left(1-\dfrac{2}{3}\right)+\left(\dfrac{1}{2}-\dfrac{2^2}{3^2}\right)+\cdots+\left(\dfrac{1}{2^{n-1}}-\dfrac{2^n}{3^n}\right)+\cdots$;

(3) $\sum\limits_{n=1}^{\infty}\dfrac{1}{4+n}$;

(4) $1+2+3+\cdots+100+\dfrac{2}{3}-\left(\dfrac{2}{3}\right)^2+\left(\dfrac{2}{3}\right)^3-\left(\dfrac{2}{3}\right)^4+\cdots$.

解 (1) 因 $\lim\limits_{n\to\infty}u_n=\lim\limits_{n\to\infty}\dfrac{n}{n+1}=1\neq0$,故级数发散.

(2) 因等比级数 $\sum\limits_{n=1}^{\infty}\dfrac{1}{2^{n-1}}$, $\sum\limits_{n=1}^{\infty}\left(\dfrac{2}{3}\right)^n$ 均收敛,故原级数收敛.又因

$$\sum_{n=1}^{\infty}\frac{1}{2^{n-1}}=\frac{1}{1-\frac{1}{2}}=2,\quad \sum_{n=1}^{\infty}\left(\frac{2}{3}\right)^{n}=\frac{\frac{2}{3}}{1-\frac{2}{3}}=2,$$

故原级数的和为 $2-2=0$.

（3）该级数是调和级数 $\sum_{n=1}^{\infty}\frac{1}{n}$ 去掉前四项所得，故发散.

（4）因除去前 100 项后，$\frac{2}{3}-\left(\frac{2}{3}\right)^{2}+\left(\frac{2}{3}\right)^{3}-\left(\frac{2}{3}\right)^{4}+\cdots$ 收敛，故原级数收敛. 又因

$$1+2+3+\cdots+100=\frac{101\times100}{2}=5050,$$

$$\frac{2}{3}-\left(\frac{2}{3}\right)^{2}+\left(\frac{2}{3}\right)^{3}-\left(\frac{2}{3}\right)^{4}+\cdots=\frac{\frac{2}{3}}{1-\left(-\frac{2}{3}\right)}=\frac{2}{5},$$

故原级数的和为 $5050\frac{2}{5}$.

习　题　10.1

1. 已知级数 $\sum_{n=1}^{\infty}u_n$ 收敛，试判定下列级数的敛散性：

（1）$\sum_{n=1}^{\infty}\frac{1}{10u_n}$；　　（2）$\sum_{n=1}^{\infty}10u_n$；

（3）$\sum_{n=1}^{\infty}u_{n+10}$；　　（4）$\sum_{n=1}^{\infty}(u_n-u_{n+1})$.

2. 判定下列级数的敛散性，若收敛，则求其和：

（1）$\sum_{n=1}^{\infty}(\sqrt{n+1}-\sqrt{n})$；　　（2）$\sum_{n=1}^{\infty}\frac{1}{(5n-4)(5n+1)}$；

（3）$\sum_{n=1}^{\infty}n(\sqrt{n^2+1}-n)$；　　（4）$\sum_{n=1}^{\infty}(-1)^n\frac{8^n}{9^n}$.

10.2　常数项级数审敛法

直接利用定义去判别级数的敛散性，需要求部分和数列的极限，但这往往有很大的局限性. 本节就正项级数、交错级数、任意项级数等不同类型的级数，介绍

适合其特点的敛散性判别方法,或称审敛法.

10.2.1 正项级数审敛法

定义 10.4 若级数 $\sum_{n=1}^{\infty} u_n$ 的各项均非负,即满足 $u_n \geqslant 0\ (n=1,2,\cdots)$,则称该级数为**正项级数**.

正项级数是一类简单而又重要的级数,我们将会看到其他级数的敛散性判别问题常常归结为正项级数的敛散性判别问题. 正项级数有以下常用审敛法.

定理 10.1 正项级数 $\sum_{n=1}^{\infty} u_n$ 收敛的充分必要条件是其部分和数列 $\{s_n\}$ 有界.

证 充分性. 由 $u_n \geqslant 0\ (n=1,2,\cdots)$ 可知其部分和数列 $\{s_n\}$ 满足

$$s_{n+1}=s_n+u_{n+1} \geqslant s_n \geqslant 0\ (n=1,2,\cdots),$$

即 $\{s_n\}$ 是单调递增数列. 根据第 2 章单调有界数列必有极限准则可知,若 $\{s_n\}$ 有界,则极限 $\lim\limits_{n\to\infty} s_n$ 存在,从而级数 $\sum_{n=1}^{\infty} u_n$ 收敛.

必要性(反证法). 若 $\{s_n\}$ 无界,则 $\lim\limits_{n\to\infty} s_n=+\infty$,从而级数 $\sum_{n=1}^{\infty} u_n$ 发散. 矛盾.

推论 正项级数 $\sum_{n=1}^{\infty} u_n$ 发散⇔它的部分和数列为正无穷大.

定理 10.2(比较审敛法) 设 $\sum_{n=1}^{\infty} u_n$, $\sum_{n=1}^{\infty} v_n$ 均为正项级数,且 $u_n \leqslant v_n (n=1,2,\cdots)$.

(1) 若 $\sum_{n=1}^{\infty} v_n$ 收敛,则 $\sum_{n=1}^{\infty} u_n$ 收敛;

(2) 若 $\sum_{n=1}^{\infty} u_n$ 发散,则 $\sum_{n=1}^{\infty} v_n$ 发散.

证 级数 $\sum_{n=1}^{\infty} u_n$, $\sum_{n=1}^{\infty} v_n$ 的部分和分别记为 s_n, s_n',则由 $u_n \leqslant v_n\ (n=1,2,\cdots)$ 得

$$s_n=u_1+u_2+\cdots+u_n \leqslant v_1+v_2+\cdots+v_n=s_n'\ (n=1,2,\cdots).$$

若 $\sum_{n=1}^{\infty} v_n$ 收敛,则由定理 10.1 可知 $\{s_n'\}$ 有界,从而 $\{s_n\}$ 有界,故 $\sum_{n=1}^{\infty} u_n$ 收敛;若 $\sum_{n=1}^{\infty} u_n$ 发散,则由定理 10.1 可知 $\{s_n\}$ 无界,从而 $\{s_n'\}$ 无界,故 $\sum_{n=1}^{\infty} v_n$ 发散.

注意到级数的每一项同乘非零常数 k 以及去掉级数前面有限项后不会改变级数的敛散性,可以得到如下推论.

推论 设$\sum\limits_{n=1}^{\infty}u_n$，$\sum\limits_{n=1}^{\infty}v_n$均为正项级数，且存在常数$k>0$和正整数$N$，使得$n>N$时，$u_n\leqslant kv_n$.

(1) 若$\sum\limits_{n=1}^{\infty}v_n$收敛，则$\sum\limits_{n=1}^{\infty}u_n$收敛；

(2) 若$\sum\limits_{n=1}^{\infty}u_n$发散，则$\sum\limits_{n=1}^{\infty}v_n$发散.

例 10.9 再证明调和级数(10.1)是发散的.

证 将调和级数有规律地加括号，构成新级数

$$\sum_{n=1}^{\infty}v_n=\left(1+\frac{1}{2}\right)+\left(\frac{1}{3}+\frac{1}{4}\right)+\left(\frac{1}{5}+\frac{1}{6}+\frac{1}{7}+\frac{1}{8}\right)+\cdots.$$

显然新级数的各项大于级数

$$\begin{aligned}\sum_{n=1}^{\infty}u_n&=\frac{1}{2}+\left(\frac{1}{4}+\frac{1}{4}\right)+\left(\frac{1}{8}+\frac{1}{8}+\frac{1}{8}+\frac{1}{8}\right)+\cdots\\&=\frac{1}{2}+\frac{1}{2}+\frac{1}{2}+\cdots\end{aligned}$$

的各项，即$u_n<v_n$ $(n=1,2,\cdots)$. 而级数$\sum\limits_{n=1}^{\infty}u_n$发散，故由比较审敛法可知级数$\sum\limits_{n=1}^{\infty}v_n$发散. 再由性质10.4的推论可知原级数发散.

例 10.10 讨论p-级数

$$\sum_{n=1}^{\infty}\frac{1}{n^p}=1+\frac{1}{2^p}+\frac{1}{3^p}+\cdots+\frac{1}{n^p}+\cdots \tag{10.3}$$

的敛散性，其中p为常数.

解 ① 当$p\leqslant 0$时，显然$\frac{1}{n^p}\geqslant 1$，于是$\lim\limits_{n\to\infty}\frac{1}{n^p}\neq 0$，由级数收敛的必要条件可知，此时$p$-级数发散.

② 当$0<p\leqslant 1$时，有$\frac{1}{n^p}\geqslant\frac{1}{n}$，但调和级数发散，由定理10.2可知，此时$p$-级数发散.

③ 当$p>1$时，p-级数从第2项到第n项的和为阴影部分台阶形的面积，且该面积小于曲线$y=\frac{1}{x^p}$在$[1,n]$上的曲边梯形面积，如图10.4所示. 于是

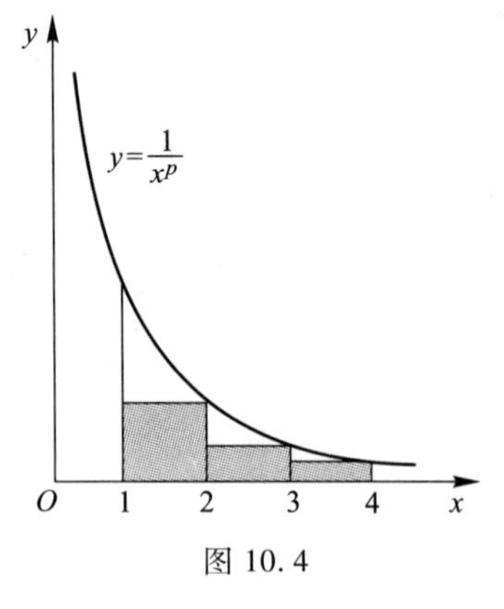

图 10.4

$$\begin{aligned}s_n &= 1+\sum_{k=2}^{n}\frac{1}{k^p}\\&<1+\sum_{k=2}^{n}\int_{k-1}^{k}\frac{1}{x^p}\mathrm{d}x\\&=1+\int_{1}^{n}\frac{1}{x^p}\mathrm{d}x\\&=1+\frac{1}{p-1}-\frac{n^{1-p}}{p-1}\\&<1+\frac{1}{p-1}\ (n=2,3,\cdots).\end{aligned}$$

由定理 10.1 可知,此时 p-级数收敛.

综上所述,p-级数当 $p>1$ 时收敛,当 $p\leqslant 1$ 时发散.

注 当 $p>1$ 时,也可仿照例 10.9 那样加括号,得到结论,请读者自己试试.

例 10.11 判定下列级数的敛散性:

(1) $\sum\limits_{n=1}^{\infty}\frac{1}{\sqrt{n(n+1)}}$;　　(2) $\sum\limits_{n=1}^{\infty}2^n\ln\left(1+\frac{1}{3^n}\right)$.

解 (1)
$$\frac{1}{\sqrt{n(n+1)}}>\frac{1}{\sqrt{(n+1)\cdot(n+1)}}=\frac{1}{n+1}.$$

又 $\sum\limits_{n=1}^{\infty}\frac{1}{n+1}$即 $\sum\limits_{n=2}^{\infty}\frac{1}{n}$发散,由比较审敛法可知原级数发散.

(2) 因为当 $x>0$ 时,有 $x>\ln(x+1)>0$,所以

$$\left(\frac{2}{3}\right)^n>2^n\ln\left(1+\frac{1}{3^n}\right)>0.$$

又 $\sum\limits_{n=1}^{\infty}\left(\frac{2}{3}\right)^n$ 收敛,由比较审敛法可知原级数收敛.

注 用比较审敛法,常常需要利用恰当的不等式关系对通项 u_n 进行放缩. 例如对于第(1)小题,若选择 $\frac{1}{\sqrt{n(n+1)}}<\frac{1}{\sqrt{n\cdot n}}=\frac{1}{n}$,就无法得出结果. 在 u_n 复杂的情况下,使用起来更不方便. 下面介绍其他更实用的审敛法.

微视频
正项级数审敛法(一)

定理 10.3(比较审敛法的极限形式) 设 $\sum\limits_{n=1}^{\infty}u_n$, $\sum\limits_{n=1}^{\infty}v_n$ 均为正项级数,且

$$\lim_{n\to\infty}\frac{u_n}{v_n}=l.$$

于是

(1) 若 $0<l<+\infty$，则 $\sum_{n=1}^{\infty} u_n$，$\sum_{n=1}^{\infty} v_n$ 的敛散性相同；

(2) 若 $l=0$，则当 $\sum_{n=1}^{\infty} v_n$ 收敛时，必有 $\sum_{n=1}^{\infty} u_n$ 收敛；

(3) 若 $l=+\infty$，则当 $\sum_{n=1}^{\infty} v_n$ 发散时，必有 $\sum_{n=1}^{\infty} u_n$ 发散.

证　只证结论(1)成立，(2)和(3)类似可证.

由 $\lim\limits_{n\to\infty}\dfrac{u_n}{v_n}=l$，$0<l<+\infty$，根据数列极限定义知对给定的 $\varepsilon=\dfrac{l}{2}>0$，存在正整数 N，当 $n>N$ 时有 $\left|\dfrac{u_n}{v_n}-l\right|<\varepsilon=\dfrac{l}{2}$，即

$$\frac{l}{2}v_n<u_n<\frac{3l}{2}v_n.$$

由比较审敛法的推论知 $\sum_{n=1}^{\infty} u_n$ 与 $\sum_{n=1}^{\infty} v_n$ 同时收敛或同时发散.

定理 10.3 表明，在两个正项级数的通项均趋于零的情况下，敛散性最终取决于比较通项趋于零的速度，即比较无穷小的阶. 例 10.11 还可以这样做：

(1) 通项 $\dfrac{1}{\sqrt{n(n+1)}}$ 与 $\dfrac{1}{n}$ 为等价无穷小，因此由 $\sum_{n=1}^{\infty}\dfrac{1}{n}$ 发散可知 $\sum_{n=1}^{\infty}\dfrac{1}{\sqrt{n(n+1)}}$ 发散；

(2) 通项 $2^n\ln\left(1+\dfrac{1}{3^n}\right)$ 与 $\left(\dfrac{2}{3}\right)^n$ 为等价无穷小，因此由 $\sum_{n=1}^{\infty}\left(\dfrac{2}{3}\right)^n$ 收敛可知 $\sum_{n=1}^{\infty}2^n\ln\left(1+\dfrac{1}{3^n}\right)$ 收敛.

例 10.12　判定级数 $\sum_{n=1}^{\infty}\dfrac{\ln(1+n)}{n}$ 的敛散性.

解　因为

$$\lim_{n\to\infty}\frac{\dfrac{\ln(1+n)}{n}}{\dfrac{1}{n}}=\lim_{n\to\infty}\ln(1+n)=+\infty.$$

又 $\sum_{n=1}^{\infty}\dfrac{1}{n}$ 发散，可知 $\sum_{n=1}^{\infty}\dfrac{\ln(1+n)}{n}$ 发散.

利用正项级数比较审敛法或其极限形式判别当前级数的敛散性时，需要借助另一个敛散性已知的级数作为参照级数来进行比较. 常用的参照级数有等比

级数以及 p-级数$\left(特别是\sum_{n=1}^{\infty}\frac{1}{n},\sum_{n=1}^{\infty}\frac{1}{n^2}\right)$等,应该熟记它们的敛散性结果. 下面介绍的审敛法,不必去寻觅参照级数,只需根据级数自身通项的变化规律就可判别其敛散性.

定理 10.4(比值审敛法,达朗贝尔(d'Alembert)审敛法) 设 $\sum_{n=1}^{\infty}u_n$ 为正项级数,且

$$\lim_{n\to\infty}\frac{u_{n+1}}{u_n}=\rho.$$

(1) 若 $\rho<1$,则 $\sum_{n=1}^{\infty}u_n$ 收敛;

(2) 若 $\rho>1\left(或\lim_{n\to\infty}\frac{u_{n+1}}{u_n}=+\infty\right)$,则 $\sum_{n=1}^{\infty}u_n$ 发散;

(3) 若 $\rho=1$,则 $\sum_{n=1}^{\infty}u_n$ 可能收敛也可能发散.

证 (1) 当 $\rho<1$ 时,总能取一个充分小的正数 ε,使 $\rho+\varepsilon=r<1$,根据极限定义,存在正整数 m,使 $n>m$ 时,有$\frac{u_{n+1}}{u_n}<\rho+\varepsilon=r$,因此

$$u_{m+1}<ru_m,\ u_{m+2}<ru_{m+1}<r^2u_m,\ u_{m+3}<ru_{m+2}<r^3u_m,\ \cdots.$$

换句话说,级数 $u_{m+1}+u_{m+2}+u_{m+3}+\cdots$ 的各项小于收敛的等比级数 $ru_m+r^2u_m+r^3u_m+\cdots$(公比 $r<1$)的各对应项,所以它也收敛. 由于 $\sum_{n=1}^{\infty}u_n$ 只比它多了前面有限 m 项,因此 $\sum_{n=1}^{\infty}u_n$ 也收敛.

(2) 类似(1)证明.

(3) 当 $\rho=1$ 时,级数可能收敛也可能发散. 例如 p-级数,无论 p 为何值,都有

$$\lim_{n\to\infty}\frac{u_{n+1}}{u_n}=\lim_{n\to\infty}\frac{\frac{1}{(n+1)^p}}{\frac{1}{n^p}}=\lim_{n\to\infty}\left(\frac{n}{n+1}\right)^p=1.$$

但我们已经知道 p-级数当 $p>1$ 时收敛,当 $p\leqslant1$ 时发散,因此仅凭 $\rho=1$ 无法判断级数的敛散性.

定理表明 $\rho=1$ 时比值审敛法失效,此时需另选其他方法进行判别. 例 10.4 以及调和级数就是如此. 下面再举两个例子.

例 10.13 判定级数

$$\sum_{n=0}^{\infty}\frac{1}{n!}=1+\frac{1}{1}+\frac{1}{1\times2}+\frac{1}{1\times2\times3}+\cdots+\frac{1}{n!}+\cdots$$

的敛散性.

解 对于通项 $u_n=\frac{1}{n!}$,有

$$\lim_{n\to\infty}\frac{u_{n+1}}{u_n}=\lim_{n\to\infty}\frac{\frac{1}{(n+1)!}}{\frac{1}{n!}}=\lim_{n\to\infty}\frac{1}{n+1}=0<1.$$

由比值审敛法可知所给级数收敛.

例 10.14 判定级数 $\sum_{n=1}^{\infty}\frac{n\cdot6^n}{n+1}$的敛散性.

解 对于通项 $u_n=\frac{n\cdot6^n}{n+1}$,有

$$\lim_{n\to\infty}\frac{u_{n+1}}{u_n}=\lim_{n\to\infty}\frac{\frac{(n+1)\cdot6^{n+1}}{n+2}}{\frac{n\cdot6^n}{n+1}}=\lim_{n\to\infty}\left(6\cdot\frac{n+1}{n+2}\cdot\frac{n+1}{n}\right)=6>1.$$

由比值审敛法可知所给级数发散.

定理 10.5(根值审敛法,柯西审敛法) 设 $\sum_{n=1}^{\infty}u_n$ 为正项级数,且

$$\lim_{n\to\infty}\sqrt[n]{u_n}=\rho.$$

(1) 若 $\rho<1$,则 $\sum_{n=1}^{\infty}u_n$ 收敛;

(2) 若 $\rho>1$(或 $\lim_{n\to\infty}\sqrt[n]{u_n}=+\infty$),则 $\sum_{n=1}^{\infty}u_n$ 发散;

(3) 若 $\rho=1$,则 $\sum_{n=1}^{\infty}u_n$ 可能收敛也可能发散.

其证明与比值审敛法的证明类似,请读者自己完成.

微视频
正项级数审敛法(二)

例 10.15 判断级数 $\sum_{n=1}^{\infty}\left(\frac{n+6}{5n-1}\right)^n$ 的敛散性.

解 对于通项 $u_n=\left(\frac{n+6}{5n-1}\right)^n$,有

$$\lim_{n\to\infty}\sqrt[n]{u_n}=\lim_{n\to\infty}\frac{n+6}{5n-1}=\frac{1}{5}<1,$$

由根值审敛法可知所给级数收敛.

10.2.2 交错级数审敛法

定义 10.5 各项符号正负相间的特殊级数,即形如

$$\sum_{n=1}^{\infty}(-1)^{n-1}u_n=u_1-u_2+u_3-u_4+\cdots$$

或

$$\sum_{n=1}^{\infty}(-1)^{n}u_n=-u_1+u_2-u_3+u_4-\cdots$$

的级数称为**交错级数**,其中 $u_n>0\ (n=1,2,\cdots)$.

由于它们的性质类似,所以下面只讨论 $\sum\limits_{n=1}^{\infty}(-1)^{n-1}u_n$ 的敛散性.

定理 10.6(莱布尼茨审敛法) 若交错级数 $\sum\limits_{n=1}^{\infty}(-1)^{n-1}u_n$ 满足:

(1) 数列 $\{u_n\}$ 单调递减,即 $u_n\geqslant u_{n+1}\ (n=1,2,\cdots)$;

(2) 数列 $\{u_n\}$ 的通项趋近于零,即 $\lim\limits_{n\to\infty}u_n=0$,

则该级数收敛,且其和 $s\leqslant u_1$,其余项的绝对值 $|r_n|=|s-s_n|\leqslant u_{n+1}\ (n=1,2,\cdots)$.

证 一方面,先证前 $2n$ 项的和 s_{2n} 的极限存在. 由

$$s_{2n}=(u_1-u_2)+(u_3-u_4)+\cdots+(u_{2n-1}-u_{2n})$$

可知 $\{s_{2n}\}$ 单调增加. 又由

$$s_{2n}=u_1-(u_2-u_3)-(u_4-u_5)-\cdots-(u_{2n-2}-u_{2n-1})-u_{2n}$$

可知 $s_{2n}<u_1$,即 $\{s_{2n}\}$ 有界. 从而由单调有界数列必有极限准则可得

$$\lim_{n\to\infty}s_{2n}=s\leqslant u_1.$$

另一方面,由于 $\lim\limits_{n\to\infty}s_{2n+1}=\lim\limits_{n\to\infty}(s_{2n}+u_{2n+1})=s$,可知前 $2n+1$ 项的和 s_{2n+1} 的极限存在,且也是 s.

这表明级数的部分和数列 $\{s_n\}$ 的奇子列 $\{s_{2n+1}\}$ 与偶子列 $\{s_{2n}\}$ 都收敛于同一极限 s,因此该级数的部分和数列 $\{s_n\}$ 收敛于极限 s,即级数 $\sum\limits_{n=1}^{\infty}(-1)^{n-1}u_n$ 收敛于和 s,且 $s\leqslant u_1$.

最后,因为

$$|r_n|=|s-s_n|=|\pm(u_{n+1}-u_{n+2}+\cdots)|=u_{n+1}-u_{n+2}+\cdots$$

也是一个收敛的交错级数,故 $|r_n|\leqslant u_{n+1}$.

例 10.16 试证交错级数

$$\sum_{n=1}^{\infty}(-1)^{n-1}\frac{1}{\sqrt{n}}=1-\frac{1}{\sqrt{2}}+\frac{1}{\sqrt{3}}-\frac{1}{\sqrt{4}}+\cdots+(-1)^{n-1}\frac{1}{\sqrt{n}}+\cdots$$

收敛,并估计以前 n 项和 s_n 作为和 s 的近似值所产生的误差.

证 这是一个交错级数,且满足:

① $u_n=\frac{1}{\sqrt{n}}>\frac{1}{\sqrt{n+1}}=u_{n+1}\ (n=1,2,\cdots)$;

② $\lim\limits_{n\to\infty}u_n=\lim\limits_{n\to\infty}\frac{1}{\sqrt{n}}=0.$

由莱布尼茨审敛法可知 $\sum\limits_{n=1}^{\infty}(-1)^{n-1}\frac{1}{\sqrt{n}}$ 收敛,且其和 $s<1$. 如果取前 n 项和

$$s_n=1-\frac{1}{\sqrt{2}}+\frac{1}{\sqrt{3}}+\cdots+(-1)^{n-1}\frac{1}{\sqrt{n}}$$

作为 s 的近似值,产生的误差 $|r_n|\leqslant\frac{1}{\sqrt{n+1}}(=u_{n+1})$.

10.2.3 绝对收敛与条件收敛

现在讨论一般的任意项级数,它的各项为任意实数. 对其各项都取绝对值,就对应地产生一个正项级数,该正项级数与原任意项级数有下述关系.

定理 10.7 若正项级数 $\sum\limits_{n=1}^{\infty}|u_n|$ 收敛,则相应的任意项级数 $\sum\limits_{n=1}^{\infty}u_n$ 必收敛.

证 令 $v_n=\frac{1}{2}(|u_n|+u_n)$,则 $v_n\geqslant 0$,即 $\sum\limits_{n=1}^{\infty}v_n$ 是正项级数.

因 $v_n\leqslant|u_n|$,而 $\sum\limits_{n=1}^{\infty}|u_n|$ 收敛,故 $\sum\limits_{n=1}^{\infty}2v_n$ 收敛. 又因 $2v_n-|u_n|=u_n$,故由收敛级数的基本性质知 $\sum\limits_{n=1}^{\infty}u_n$ 收敛.

必须指出,此定理的逆命题不成立. 一般地,有如下定义.

定义 10.6 若 $\sum\limits_{n=1}^{\infty}|u_n|$ 收敛,则称 $\sum\limits_{n=1}^{\infty}u_n$ **绝对收敛**;若 $\sum\limits_{n=1}^{\infty}|u_n|$ 发散而 $\sum\limits_{n=1}^{\infty}u_n$ 收敛,则称 $\sum\limits_{n=1}^{\infty}u_n$ **条件收敛**.

例如,级数 $\sum\limits_{n=1}^{\infty}(-1)^{n-1}\frac{1}{n^2}$ 是绝对收敛的,级数 $\sum\limits_{n=1}^{\infty}(-1)^{n-1}\frac{1}{n}$ 是条件收敛的.

注 定理 10.7 中,级数 $\sum_{n=1}^{\infty} v_n$ 是将原级数 $\sum_{n=1}^{\infty} u_n$ 中的负项置换成 0,即由级数 $\sum_{n=1}^{\infty} u_n$ 中的正项及置换成的项 0 所构成的新级数. 同样地,读者可思考 $w_n = \frac{|u_n| - u_n}{2}$ 的效果,并思考 $\sum_{n=1}^{\infty} u_n$ 绝对收敛或条件收敛与 $\sum_{n=1}^{\infty} v_n$ 及 $\sum_{n=1}^{\infty} w_n$ 的敛散性之间的关系.

一般来说,若级数 $\sum_{n=1}^{\infty} |u_n|$ 发散,我们不能断定级数 $\sum_{n=1}^{\infty} u_n$ 发散. 但特殊情形下,若由比值审敛法或根值审敛法得 $\sum_{n=1}^{\infty} |u_n|$ 发散,则 $\sum_{n=1}^{\infty} u_n$ 必发散. 即有

定理 10.8 若任意项级数 $\sum_{n=1}^{\infty} u_n$ 满足

$$\lim_{n\to\infty}\left|\frac{u_{n+1}}{u_n}\right| = \rho > 1 \quad \left(\text{或} \lim_{n\to\infty}\left|\frac{u_{n+1}}{u_n}\right| = +\infty\right)$$

或

$$\lim_{n\to\infty}\sqrt[n]{|u_n|} = \rho > 1 \quad \left(\text{或} \lim_{n\to\infty}\sqrt[n]{|u_n|} = +\infty\right),$$

则 $\sum_{n=1}^{\infty} u_n$ 发散.

显然,由 $\rho>1$ 可知 $\lim_{n\to\infty}|u_n| \neq 0$,从而 $\lim_{n\to\infty} u_n \neq 0$,因此 $\sum_{n=1}^{\infty} u_n$ 必发散.

可以看出,对于任意项级数的敛散性问题,总是要做判断其通项是否趋于零和考察其各项取绝对值后所得正项级数的敛散性这两个重要工作.

例 10.17 判定级数 $\sum_{n=1}^{\infty} \frac{1}{n^2}\sin\frac{n\pi}{3}$ 的敛散性.

解 这是一个任意项级数. 由于

$$|u_n| = \left|\frac{1}{n^2}\sin\frac{n\pi}{3}\right| \leqslant \frac{1}{n^2},$$

而 $\sum_{n=1}^{\infty} \frac{1}{n^2}$ 收敛,于是 $\sum_{n=1}^{\infty} \left|\frac{1}{n^2}\sin\frac{n\pi}{3}\right|$ 收敛,从而 $\sum_{n=1}^{\infty} \frac{1}{n^2}\sin\frac{n\pi}{3}$ 收敛,且绝对收敛.

例 10.18 判定级数 $\sum_{n=1}^{\infty} \frac{(-1)^n}{\sqrt{n(n+1)}}$ 的敛散性.

解 这是一个交错级数. 由于 $\{u_n\} = \left\{\frac{1}{\sqrt{n(n+1)}}\right\}$ 单调递减,且

$$\lim_{n\to\infty} u_n=\lim_{n\to\infty}\frac{1}{\sqrt{n(n+1)}}=0,$$

由莱布尼茨审敛法可知级数 $\sum\limits_{n=1}^{\infty}\frac{(-1)^n}{\sqrt{n(n+1)}}$ 收敛. 又级数 $\sum\limits_{n=1}^{\infty}\left|\frac{(-1)^n}{\sqrt{n(n+1)}}\right|$ 即 $\sum\limits_{n=1}^{\infty}\frac{1}{\sqrt{n(n+1)}}$ 发散,因此级数 $\sum\limits_{n=1}^{\infty}\frac{(-1)^n}{\sqrt{n(n+1)}}$ 条件收敛.

例 10.19 判定级数 $\sum\limits_{n=2}^{\infty}\frac{(-3)^n}{\left(1-\frac{1}{n}\right)^{n^2}}$ 的敛散性.

解 这是一个交错级数. 记 $u_n=\frac{(-3)^n}{\left(1-\frac{1}{n}\right)^{n^2}}$,由于

$$\lim_{n\to\infty}\sqrt[n]{|u_n|}=\lim_{n\to\infty}\frac{3}{\left(1-\frac{1}{n}\right)^n}=3\mathrm{e}>1,$$

可知 $\lim\limits_{n\to\infty}|u_n|\neq 0$,从而 $\lim\limits_{n\to\infty}u_n\neq 0$,因此所给级数发散.

习 题 10.2

1. 判定下列级数的敛散性:

(1) $\sum\limits_{n=1}^{\infty}\frac{n}{n^3+1}$;

(2) $\sum\limits_{n=1}^{\infty}\frac{1}{\sqrt[3]{n(n+1)}}$;

(3) $\sum\limits_{n=1}^{\infty}\frac{\sin^2 n}{2^n}$;

(4) $\sum\limits_{n=1}^{\infty}\frac{1}{\ln(1+n)}$;

(5) $\sum\limits_{n=1}^{\infty}\frac{1}{(n+1)(n+3)}$;

(6) $\sum\limits_{n=1}^{\infty}(\sqrt[n]{3}-1)$;

(7) $\sum\limits_{n=1}^{\infty}2^n\sin\frac{\pi}{3^n}$;

(8) $\sum\limits_{n=2}^{\infty}\frac{1}{\sqrt{n}}\ln\frac{n+1}{n-1}$.

2. 判定下列级数的敛散性:

(1) $\sum\limits_{n=1}^{\infty}\frac{n!}{100^n}$;

(2) $\sum\limits_{n=1}^{\infty}\frac{n!}{n^n}$;

(3) $\sum\limits_{n=1}^{\infty}n\left(\frac{\mathrm{e}}{3}\right)^n$;

(4) $\sum\limits_{n=1}^{\infty}n\tan\frac{\pi}{3^n}$;

(5) $\sum\limits_{n=1}^{\infty}\frac{n^{n-1}}{(n+1)^{n+1}}$;

(6) $\sum\limits_{n=1}^{\infty}\frac{1}{n^n}$;

(7) $\sum\limits_{n=1}^{\infty}\left(\frac{8n+14}{9n+13}\right)^n$;

(8) $\sum\limits_{n=1}^{\infty}\left(\frac{n}{3n-1}\right)^{3n-1}$.

3. 判定下列级数的敛散性:

(1) $\sum_{n=1}^{\infty}\frac{(-1)^{n+1}}{n\cdot 3^n}$;　　(2) $\sum_{n=1}^{\infty}\frac{(-1)^n n^2}{e^n}$;

(3) $\sum_{n=1}^{\infty}(-1)^{n-1}\sin\frac{1}{n}$;　　(4) $\sum_{n=1}^{\infty}(-1)^n\ln\left(1+\frac{1}{n}\right)$;

(5) $\sum_{n=1}^{\infty}\frac{(-1)^n n}{6n+1}$;　　(6) $\sum_{n=1}^{\infty}\frac{(-3)^n}{n^3}$;

(7) $\sum_{n=1}^{\infty}\frac{(-1)^n e^{n^2}}{n!}$;　　(8) $\sum_{n=1}^{\infty}\frac{(-1)^n}{n^p}\ (0<p\leqslant 1)$.

10.3 幂 级 数

如果一个无穷级数的各项都是定义在某区间上的函数,则称其为**函数项级数**.本节研究一类重要而特殊的函数项级数,即幂级数,它虽然形式简单,但具有良好的运算性质和广泛的应用价值.

10.3.1 幂级数及其收敛域

定义 10.7 形如

$$\sum_{n=0}^{\infty}a_n(x-x_0)^n=a_0+a_1(x-x_0)+a_2(x-x_0)^2+\cdots+a_n(x-x_0)^n+\cdots \tag{10.4}$$

的级数称为**关于$(x-x_0)$的幂级数**,其中常数 $a_n(n=0,1,2,\cdots)$ 称为幂级数的**系数**.特别地,取 $x_0=0$,得

$$\sum_{n=0}^{\infty}a_nx^n=a_0+a_1x+a_2x^2+\cdots+a_nx^n+\cdots, \tag{10.5}$$

称之为**关于 x 的幂级数**.它的各项均为幂函数.

因为只要作变换 $t=x-x_0$,就可将幂级数(10.4)转化为幂级数(10.5)的形式,所以下面着重研究幂级数(10.5).对于给定的 $x=x_0$,幂级数(10.5)成为常数项级数

$$\sum_{n=0}^{\infty}a_nx_0^n=a_0+a_1x_0+a_2x_0^2+\cdots+a_nx_0^n+\cdots.$$

定义 10.8 若 $\sum_{n=0}^{\infty}a_nx_0^n$ 收敛,则称 x_0 为幂级数 $\sum_{n=0}^{\infty}a_nx^n$ 的**收敛点**;若 $\sum_{n=0}^{\infty}a_nx_0^n$

发散,则称 x_0 为幂级数 $\sum_{n=0}^{\infty} a_n x^n$ 的**发散点**. 全体收敛点(发散点)的集合称为幂级数 $\sum_{n=0}^{\infty} a_n x^n$ 的**收敛域**(**发散域**).

定义 10.9 对幂级数 $\sum_{n=0}^{\infty} a_n x^n$ 收敛域内的每一个 x,数项级数 $\sum_{n=0}^{\infty} a_n x^n$ 收敛,记其和为 $s(x)$,因此当 x 在此幂级数的收敛域内变动时,$s(x)$ 定义了一个函数,称之为幂级数 $\sum_{n=0}^{\infty} a_n x^n$ 的**和函数**,记为 $s(x)$,即

$$s(x)=\sum_{n=0}^{\infty} a_n x^n.$$

例 10.20 求幂级数

$$\sum_{n=0}^{\infty} 6x^n = 6+6x+6x^2+\cdots+6x^n+\cdots$$

的收敛域及和函数.

解 它是一个公比为 x 的等比级数,当 $|x|<1$ 时收敛,当 $|x|\geqslant 1$ 时发散,即全体收敛点的集合是$(-1,1)$,这就是它的收敛域. 于是对任意 $x\in(-1,1)$,有

$$\sum_{n=0}^{\infty} 6x^n = \frac{6}{1-x}.$$

即幂级数 $\sum_{n=0}^{\infty} 6x^n$ 在$(-1,1)$内有和函数

$$s(x)=\frac{6}{1-x}.$$

例 10.20 给我们启示,幂级数 $\sum_{n=0}^{\infty} a_n x^n$ 的收敛域含有一个关于原点对称的最大开区间$(-R,R)$,称其为幂级数的**收敛区间**,其中 R 为**收敛半径**. 下面定理不仅给出收敛半径 R 的求法,而且说明上述结论正是所有幂级数的共性.

定理 10.9 若幂级数 $\sum_{n=0}^{\infty} a_n x^n$ 的系数满足

$$\lim_{n\to\infty}\left|\frac{a_{n+1}}{a_n}\right|=\rho,$$

则

(1) 当 $0<\rho<+\infty$ 时,$R=\frac{1}{\rho}$;

(2) 当 $\rho=0$ 时,$R=+\infty$;

(3) 当 $\rho=+\infty$ 时,$R=0$.

证 记幂级数的通项为 $u_n(x)=a_nx^n$,则

$$\lim_{n\to\infty}\left|\frac{u_{n+1}(x)}{u_n(x)}\right|=\lim_{n\to\infty}\left|\frac{a_{n+1}x^{n+1}}{a_nx^n}\right|=\lim_{n\to\infty}\left|\frac{a_{n+1}}{a_n}\right|\cdot|x|=\rho|x|.$$

由正项级数的比值审敛法及定理 10.8,可得

(1) 当 $0<\rho<+\infty$ 时,① 若 $\rho|x|<1$,即 $|x|<\frac{1}{\rho}$,则幂级数绝对收敛;② 若 $\rho|x|>1$,即 $|x|>\frac{1}{\rho}$,则幂级数发散;③ 若 $\rho|x|=1$,即 $|x|=\frac{1}{\rho}$,比值审敛法失效,幂级数的敛散性需另择其他方法进行判别. 因此 $R=\frac{1}{\rho}$.

(2) 当 $\rho=0$ 时,有 $\rho|x|=0<1$,此时幂级数对任意 x 都收敛,因此 $R=+\infty$.

(3) 当 $\rho=+\infty$ 时,对一切 $x\neq0$,有 $\lim\limits_{n\to\infty}\left|\frac{u_{n+1}(x)}{u_n(x)}\right|=+\infty$,此时幂级数发散,唯独只有在 $x=0$ 处幂级数收敛. 因此 $R=0$.

注 幂级数的收敛区间特指开区间 $(-R,R)$. 在两端点 $x=\pm R$ 处的敛散性需另行判断. 收敛域是收敛区间 $(-R,R)$ 并上该区间的收敛端点,因此收敛域可能为 $(-R,R)$, $[-R,R)$, $(-R,R]$, $[-R,R]$ 中的某一个.

例 10.21 求幂级数 $\sum\limits_{n=0}^{\infty}n!\,x^n$ 的收敛半径.

解 由

$$\lim_{n\to\infty}\left|\frac{a_{n+1}}{a_n}\right|=\lim_{n\to\infty}\frac{(n+1)!}{n!}=\lim_{n\to\infty}(n+1)=+\infty$$

可知收敛半径 $R=0$,即原级数仅在 $x=0$ 处收敛.

例 10.22 求幂级数 $\sum\limits_{n=1}^{\infty}\frac{x^n}{6^n\cdot n^3}$ 的收敛半径和收敛域.

解 由

$$\lim_{n\to\infty}\left|\frac{a_{n+1}}{a_n}\right|=\lim_{n\to\infty}\frac{6^n\cdot n^3}{6^{n+1}\cdot(n+1)^3}=\frac{1}{6}$$

可知收敛半径 $R=6$,即收敛区间为 $(-6,6)$.

当 $x=-6$ 时,级数成为交错级数 $\sum\limits_{n=1}^{\infty}\frac{(-1)^n}{n^3}$,收敛;当 $x=6$ 时,级数成为 p-级数 $\sum\limits_{n=1}^{\infty}\frac{1}{n^3}$,收敛. 因此,原级数的收敛域为 $[-6,6]$.

例 10.23 求幂级数 $\sum\limits_{n=1}^{\infty}\frac{(3x-1)^n}{n}$ 的收敛半径和收敛域.

解 令 $t=3x-1$,原级数成为 $\sum_{n=1}^{\infty}\frac{t^n}{n}$. 由

$$\lim_{n\to\infty}\left|\frac{a_{n+1}}{a_n}\right|=\lim_{n\to\infty}\frac{\frac{1}{n+1}}{\frac{1}{n}}=\lim_{n\to\infty}\frac{n}{n+1}=1$$

可知当 $|t|<1$,即 $\left|x-\frac{1}{3}\right|<\frac{1}{3}$时,原级数绝对收敛;当 $|t|>1$,即 $\left|x-\frac{1}{3}\right|>\frac{1}{3}$时,原级数发散. 所以,原级数的收敛半径 $R=\frac{1}{3}$,收敛区间为$\left(0,\frac{2}{3}\right)$.

当 $x=0$ 时,级数成为交错级数 $\sum_{n=1}^{\infty}\frac{(-1)^n}{n}$,收敛;当 $x=\frac{2}{3}$时,级数成为调和级数 $\sum_{n=1}^{\infty}\frac{1}{n}$,发散. 因此,原级数的收敛域为$\left[0,\frac{2}{3}\right)$.

例 10.24 求幂级数 $\sum_{n=1}^{\infty}\frac{2n-1}{2^n}x^{2n-2}$的收敛半径和收敛域.

解 级数中缺 x 的奇次幂,不能直接用定理 10.9 来求 R,但仍可用比值审敛法.

记 $u_n(x)=\frac{2n-1}{2^n}x^{2n-2}$,由

$$\lim_{n\to\infty}\left|\frac{u_{n+1}(x)}{u_n(x)}\right|=\lim_{n\to\infty}\left|\frac{\frac{2n+1}{2^{n+1}}x^{2n}}{\frac{2n-1}{2^n}x^{2n-2}}\right|=\frac{x^2}{2}$$

可知当$\frac{x^2}{2}<1$,即 $|x|<\sqrt{2}$时,幂级数绝对收敛;当$\frac{x^2}{2}>1$,即 $|x|>\sqrt{2}$时,幂级数发散. 故收敛半径 $R=\sqrt{2}$,收敛区间为$(-\sqrt{2},\sqrt{2})$.

当 $x=\pm\sqrt{2}$时,级数成为 $\sum_{n=1}^{\infty}\frac{2n-1}{2}$,发散. 因此,原级数的收敛域是$(-\sqrt{2},\sqrt{2})$.

10.3.2 幂级数的性质

这里不加证明地简要介绍幂级数的一些基本性质.

性质 10.6(加减运算) 若幂级数 $f(x)=\sum_{n=0}^{\infty}a_nx^n$,$g(x)=\sum_{n=0}^{\infty}b_nx^n$ 的收敛半径分别为 R_1,R_2,则

$$f(x)\pm g(x)=\sum_{n=0}^{\infty}a_nx^n\pm\sum_{n=0}^{\infty}b_nx^n=\sum_{n=0}^{\infty}(a_n\pm b_n)x^n.$$

且幂级数 $\sum\limits_{n=0}^{\infty}(a_n\pm b_n)x^n$ 的收敛半径 $R=\min\{R_1,R_2\}$，其中 $R_1\neq R_2$.

下面介绍和函数的性质.

性质 10.7 幂级数 $\sum\limits_{n=0}^{\infty}a_nx^n$ 的和函数 $s(x)$ 在其收敛域上连续.

性质 10.8 幂级数 $\sum\limits_{n=0}^{\infty}a_nx^n$ 的和函数 $s(x)$ 在其收敛区间 $(-R,R)$ 上可导，且

$$s'(x)=\left(\sum_{n=0}^{\infty}a_nx^n\right)'=\sum_{n=0}^{\infty}(a_nx^n)'=\sum_{n=1}^{\infty}na_nx^{n-1}.$$

即幂级数可以逐项求导，求导后所得幂级数的收敛半径不变，仍然为 R.

性质 10.9 幂级数 $\sum\limits_{n=0}^{\infty}a_nx^n$ 的和函数 $s(x)$ 在其收敛区间 $(-R,R)$ 上可积，且

$$\int_0^x s(x)\,\mathrm{d}x=\int_0^x\left(\sum_{n=0}^{\infty}a_nx^n\right)\mathrm{d}x=\sum_{n=0}^{\infty}\int_0^x a_nx^n\,\mathrm{d}x=\sum_{n=0}^{\infty}\frac{a_n}{n+1}x^{n+1}.$$

即幂级数可以逐项积分，积分后所得幂级数的收敛半径不变，仍然为 R.

例 10.25 求幂级数 $\sum\limits_{n=1}^{\infty}nx^n$ 的和函数.

解 由

$$\lim_{n\to\infty}\left|\frac{a_{n+1}}{a_n}\right|=\lim_{n\to\infty}\frac{n+1}{n}=1$$

可知收敛半径 $R=1$. 当 $x=\pm1$ 时，级数显然发散，故收敛域为 $(-1,1)$. 设和函数为

$$\begin{aligned}s(x)&=\sum_{n=1}^{\infty}nx^n=x+2x^2+3x^3+\cdots+nx^n+\cdots\\&=x(1+2x+3x^2+\cdots+nx^{n-1}+\cdots).\end{aligned}$$

先求

$$s_1(x)=1+2x+3x^2+\cdots+nx^{n-1}+\cdots.$$

对 $s_1(x)$ 两边从 0 到 x 积分得

$$\int_0^x s_1(t)\,\mathrm{d}t=x+x^2+x^3+\cdots+x^n+\cdots=\frac{x}{1-x}.$$

对上式两边关于 x 求导得

$$s_1(x)=\left(\frac{x}{1-x}\right)'=\frac{1}{(1-x)^2}.$$

从而

$$s(x)=xs_1(x)=\frac{x}{(1-x)^2},\ x\in(-1,1).$$

例 10.26 求幂级数 $\sum_{n=0}^{\infty}\frac{x^{2n+1}}{2n+1}$ 在其收敛域 $(-1,1)$ 内的和函数，并求 $\sum_{n=0}^{\infty}\frac{1}{2n+1}\left(\frac{1}{2}\right)^{2n}$ 的和.

解 设和函数为

$$s(x)=\sum_{n=0}^{\infty}\frac{x^{2n+1}}{2n+1}=x+\frac{1}{3}x^3+\frac{1}{5}x^5+\cdots+\frac{x^{2n+1}}{2n+1}+\cdots.$$

对 $s(x)$ 两边关于 x 求导得

$$s'(x)=1+x^2+x^4+\cdots+x^{2n}+\cdots=\frac{1}{1-x^2}.$$

对上式两边从 0 到 x 积分得

$$s(x)-s(0)=\int_0^x\frac{1}{1-t^2}\mathrm{d}t=\frac{1}{2}\ln\frac{1+x}{1-x}.$$

注意到 $s(0)=0$，从而

$$s(x)=\sum_{n=0}^{\infty}\frac{x^{2n+1}}{2n+1}=\frac{1}{2}\ln\frac{1+x}{1-x},\ x\in(-1,1).$$

因为 $\frac{1}{2}$ 在收敛域内，代入上式得

$$\sum_{n=0}^{\infty}\frac{1}{2n+1}\left(\frac{1}{2}\right)^{2n+1}=\frac{1}{2}\ln\frac{1+\frac{1}{2}}{1-\frac{1}{2}}=\frac{1}{2}\ln 3.$$

因此

$$\sum_{n=0}^{\infty}\frac{1}{2n+1}\left(\frac{1}{2}\right)^{2n}=\ln 3.$$

习 题 10.3

1. 求下列幂级数的收敛域：

(1) $\sum_{n=1}^{\infty}\frac{x^n}{n(n+1)}$；

(2) $\sum_{n=1}^{\infty}\frac{(-x)^n}{n^3}$；

(3) $\sum_{n=1}^{\infty}\frac{(2x+2)^n}{\sqrt{n+1}}$；

(4) $\sum_{n=0}^{\infty}\frac{x^{2n}}{6^n+1}$；

(5) $\sum_{n=1}^{\infty}\frac{3^{2n-1}}{\sqrt{n}}(1-x)^n$；

(6) $\sum_{n=2}^{\infty}\frac{x^{n-2}}{n\cdot 3^n}$；

(7) $\sum_{n=1}^{\infty}\frac{x^n}{2\cdot 4\cdot \cdots \cdot (2n)}$;　　(8) $\sum_{n=0}^{\infty}\frac{n!}{2\,014^n}x^n$.

2. 求下列幂级数的和函数：

(1) $\sum_{n=0}^{\infty}\frac{x^n}{n+1}$;　　(2) $\sum_{n=1}^{\infty}n(x-1)^{n-1}$;

(3) $\sum_{n=1}^{\infty}2nx^{2n-1}$;　　(4) $\sum_{n=0}^{\infty}(-1)^n\frac{x^{2n+1}}{2n+1}$.

3. 求下列级数的和：

(1) $\sum_{n=1}^{\infty}\frac{(-1)^{n-1}}{n}$;　　*(2) $\sum_{n=1}^{\infty}\frac{n^2}{2^n}$.

10.4 函数展开成幂级数

上节我们看到,幂级数在其收敛区间内具有诸多良好性质,因此自然会问,什么样的函数能成为幂级数的和函数？若给定的函数 $f(x)$ 正好是幂级数的和函数,可以利用幂级数的诸多良好性质对它进行研究. 若在某个区间上,函数 $f(x)$ 正好是一个幂级数的和函数,则称这个函数在该区间内**能展开成幂级数**. 本节讨论给定的函数展开成幂级数的问题.

10.4.1 一元函数泰勒公式

作为微分中值定理的自然推广,有如下定理.

定理 10.10（泰勒（Taylor）中值定理） 若函数 $f(x)$ 在点 x_0 的某邻域 $U(x_0)$ 内具有直到 $(n+1)$ 阶导数,则对于任一点 $x\in U(x_0)$,有

$$f(x)=f(x_0)+f'(x_0)(x-x_0)+\frac{f''(x_0)}{2!}(x-x_0)^2+\cdots+\frac{f^{(n)}(x_0)}{n!}(x-x_0)^n+\frac{f^{(n+1)}(\xi)}{(n+1)!}(x-x_0)^{n+1}\quad(\xi\text{ 介于 }x_0\text{ 与 }x\text{ 之间}).\tag{10.6}$$

记

$$P_n(x)=f(x_0)+f'(x_0)(x-x_0)+\frac{f''(x_0)}{2!}(x-x_0)^2+\cdots+\frac{f^{(n)}(x_0)}{n!}(x-x_0)^n,$$

称其为 $f(x)$ 的**泰勒多项式**,

$$R_n(x)=\frac{f^{(n+1)}(\xi)}{(n+1)!}(x-x_0)^{n+1}$$

为**泰勒余项**.

这个定理的证明从略. 有兴趣的读者可参考数学专业教材.

注　(1) 公式(10.6)称为$f(x)$按$(x-x_0)$的幂展开的**带有拉格朗日型余项的 n 阶泰勒公式**. 而$R_n(x)$的表达式称为**拉格朗日型余项**.

(2) 当 $n=0$ 时,泰勒公式变成微分中值公式,因此泰勒中值定理是微分中值定理的推广.

(3) 由泰勒中值定理可知,以$(x-x_0)$的 n 次多项式近似表达函数$f(x)$时,其误差为$|R_n(x)|$. 若对于某个固定的 n,当 $x\in U(x_0)$时,$|f^{(n+1)}(x)|\leqslant M$,则有估计式

$$|R_n(x)|=\left|\frac{f^{(n+1)}(\xi)}{(n+1)!}(x-x_0)^{n+1}\right|\leqslant\frac{M}{(n+1)!}|x-x_0|^{n+1},$$

且$\lim\limits_{x\to x_0}\dfrac{R_n(x)}{(x-x_0)^n}=0$.

由此可见,当 $x\to x_0$ 时误差$|R_n(x)|$是比$(x-x_0)^n$高阶的无穷小,即$R_n(x)=o[(x-x_0)^n]$,称其为**佩亚诺(Peano)型余项**. 当不需要余项的精确表达式时,可采用此余项.

(4) 在泰勒公式(10.6)中,如果取 $x_0=0$,则 ξ 介于 0 与 x 之间. 因此可令 $\xi=\theta x\ (0<\theta<1)$,从而泰勒公式变成较简单的形式,即**麦克劳林(Maclaurin)公式**

$$f(x)=f(0)+f'(0)x+\frac{f''(0)}{2!}x^2+\cdots+\frac{f^{(n)}(0)}{n!}x^n+\frac{f^{(n+1)}(\theta x)}{(n+1)!}x^{n+1}. \tag{10.7}$$

误差估计式相应地变成

$$|R_n(x)|\leqslant\frac{M}{(n+1)!}|x|^{n+1}.$$

10.4.2　泰勒级数

从泰勒公式中可以看出,如果$|R_n(x)|$随着 n 的无限增大而趋于 0,则可以用增加泰勒多项式项数的办法来不断提高精度,此时可以设想多项式的项数趋于无穷大而成为幂级数.

定义 10.10　若函数$f(x)$在点 x_0 的某邻域内任意阶可导,则称级数

$$\sum_{n=0}^{\infty}\frac{f^{(n)}(x_0)}{n!}(x-x_0)^n=f(x_0)+f'(x_0)(x-x_0)+\frac{f''(x_0)}{2!}(x-x_0)^2+\cdots+\frac{f^{(n)}(x_0)}{n!}(x-x_0)^n+\cdots \tag{10.8}$$

为函数 $f(x)$ 在 $x=x_0$ 处的**泰勒级数**. 特别地,当 $x_0=0$ 时,称级数

$$\sum_{n=0}^{\infty}\frac{f^{(n)}(0)}{n!}x^n=f(0)+f'(0)x+\frac{f''(0)}{2!}x^2+\cdots+\frac{f^{(n)}(0)}{n!}x^n+\cdots \tag{10.9}$$

为函数 $f(x)$ 的**麦克劳林级数**.

定理 10.11 设函数 $f(x)$ 在点 x_0 的某邻域 $U(x_0)$ 内任意阶可导,则 $f(x)$ 在该邻域内能展开成泰勒级数,即展开式

$$f(x)=f(x_0)+f'(x_0)(x-x_0)+\frac{f''(x_0)}{2!}(x-x_0)^2+\cdots+\frac{f^{(n)}(x_0)}{n!}(x-x_0)^n+\cdots$$

成立的充分必要条件是 $f(x)$ 的泰勒公式中的余项满足

$$\lim_{n\to\infty}R_n(x)=0\ (x\in U(x_0)).$$

注 可由泰勒公式结合级数收敛的定义来证明此定理.

下面的定理告诉我们,若函数 $f(x)$ 能展开成幂级数,则它的展开式唯一,并且这唯一的展开式就是 $f(x)$ 的泰勒级数.

定理 10.12 若函数 $f(x)$ 在点 x_0 的某邻域内能展开成 $(x-x_0)$ 的幂级数,即

$$f(x)=\sum_{n=0}^{\infty}a_n(x-x_0)^n,$$

则

$$a_n=\frac{f^{(n)}(x_0)}{n!}\ (n=0,1,2,\cdots).$$

证 因幂级数可逐项求任意阶导数,故 $f(x)=\sum\limits_{n=0}^{\infty}a_n(x-x_0)^n$ 两边对 x 求导得

$$f'(x)=a_1+2a_2(x-x_0)+3a_3(x-x_0)^2+\cdots+na_n(x-x_0)^{n-1}+\cdots,$$

$$f''(x)=2!a_2+3!a_3(x-x_0)+\cdots+n(n-1)a_n(x-x_0)^{n-2}+\cdots,$$

$$f'''(x)=3!a_3+4!a_4(x-x_0)+\cdots+n(n-1)(n-2)a_n(x-x_0)^{n-3}+\cdots,$$

$$\cdots\cdots\cdots\cdots$$

$$f^{(n)}(x)=n!a_n+(n+1)!a_{n+1}(x-x_0)+\cdots.$$

把 $x=x_0$ 分别代入 $f(x)$ 及以上各等式,得

$$a_0=f(x_0),a_1=f'(x_0),a_2=\frac{1}{2!}f''(x_0),\cdots,a_n=\frac{1}{n!}f^{(n)}(x_0),\cdots.$$

10.4.3 某些初等函数的幂级数展开式

1. 直接展开法

利用泰勒公式或麦克劳林公式将函数展开成幂级数的方法称为**直接展开**

法,步骤如下:

第一步　按公式 $a_n=\dfrac{f^{(n)}(x_0)}{n!}$或 $a_n=\dfrac{f^{(n)}(0)}{n!}$求出各阶导数值,计算出系数 a_n,在形式上写出相应的幂级数,并求出其收敛域. 若某阶导数不存在,则停止计算,该函数不能展开成$(x-x_0)$或 x 的幂级数.

第二步　在收敛区间内,若$\lim\limits_{n\to\infty} R_n(x)=0$,则第一步写出的幂级数有意义,且在收敛区间内就是$f(x)$的展开式;否则,尽管可以写出第一步中的幂级数,但它并不是$f(x)$的展开式,此时$f(x)$不能展开成幂级数.

例 10.27　(1) 求函数$f(x)=\mathrm{e}^x$ 的带有拉格朗日型余项的 n 阶麦克劳林公式;

(2) 将函数$f(x)=\mathrm{e}^x$ 展开成 x 的幂级数.

微视频
函数直接展开成幂级数

解　(1) 因为

$$f'(x)=f''(x)=\cdots=f^{(n)}(x)=\mathrm{e}^x,$$

所以

$$f(0)=f'(0)=f''(0)=\cdots=f^{(n)}(0)=1.$$

把这些值代入式(10.7),并注意到$f^{(n+1)}(\theta x)=\mathrm{e}^{\theta x}$,得

$$\mathrm{e}^x=1+x+\frac{x^2}{2!}+\cdots+\frac{x^n}{n!}+\frac{\mathrm{e}^{\theta x}}{(n+1)!}x^{n+1}\ (0<\theta<1).$$

由这个公式可知,若把 e^x 用它的 n 次近似多项式表达为

$$\mathrm{e}^x\approx 1+x+\frac{x^2}{2!}+\cdots+\frac{x^n}{n!},$$

这时所产生的误差为

$$|R_n(x)|=\left|\frac{\mathrm{e}^{\theta x}}{(n+1)!}x^{n+1}\right|<\frac{\mathrm{e}^{|x|}}{(n+1)!}|x|^{n+1}\ (0<\theta<1).$$

如果取 $x=1$,则得无理数 e 的近似式为

$$\mathrm{e}\approx 1+1+\frac{1}{2!}+\cdots+\frac{1}{n!},$$

其误差

$$|R_n|<\frac{\mathrm{e}}{(n+1)!}<\frac{3}{(n+1)!}.$$

当 $n=10$ 时,可算出 $\mathrm{e}\approx 2.718\,282$,其误差不超过$10^{-6}$.

(2) 由(1)可得幂级数

$$1+x+\frac{x^2}{2!}+\cdots+\frac{x^n}{n!}+\cdots,$$

易知其收敛域为$(-\infty,+\infty)$.

$e^{|x|}$因 x 有限而有限. 由比值审敛法可知 $\sum\limits_{n=0}^{\infty}\frac{|x|^{n+1}}{(n+1)!}$收敛,故 $\lim\limits_{n\to\infty}\frac{|x|^{n+1}}{(n+1)!}=0$,从而 $\lim\limits_{n\to\infty}R_n(x)=0$. 因此得到 $f(x)=e^x$ 的幂级数展开式:

$$e^x=\sum_{n=0}^{\infty}\frac{x^n}{n!}$$

$$=1+x+\frac{x^2}{2!}+\cdots+\frac{x^n}{n!}+\cdots,\ x\in(-\infty,+\infty).$$

多项式 $1+x+\frac{x^2}{2!}+\cdots+\frac{x^n}{n!}$ $(n=1,2,3)$ 及 $y=e^x$的图像画在图 10.5 中,以便比较.

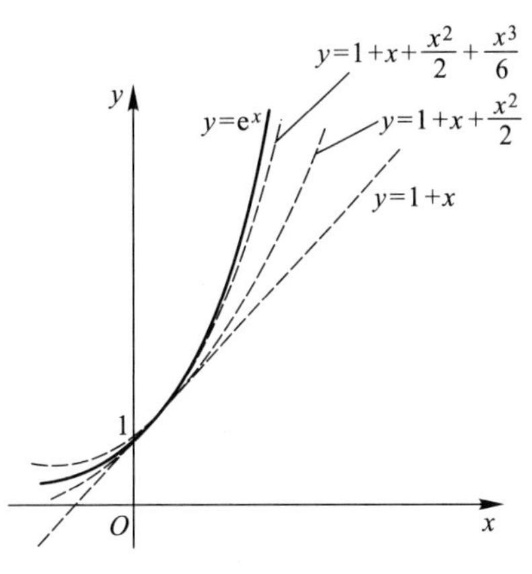

图 10.5

例 10.28 (1) 求函数 $f(x)=\sin x$ 的带有拉格朗日型余项的 n 阶麦克劳林公式;

(2) 将函数 $f(x)=\sin x$ 展开成 x 的幂级数.

解 (1) 因为

$$f'(x)=\cos x,\quad f''(x)=-\sin x,\quad f'''(x)=-\cos x,$$

$$f^{(4)}(x)=\sin x,\ \cdots,\ f^{(n)}(x)=\sin\left(x+\frac{n\pi}{2}\right),$$

所以

$$f(0)=0,f'(0)=1,f''(0)=0,f'''(0)=-1,f^{(4)}(0)=0,\ \cdots.$$

它们顺序循环地取四个数 0,1,0,-1. 于是,按式(10.7)得(令 $n=2m+2$)

$$\sin x=x-\frac{x^3}{3!}+\frac{x^5}{5!}-\cdots+(-1)^m\frac{x^{2m+1}}{(2m+1)!}+R_{2m+2}(x),$$

其中

$$R_{2m+2}(x)=\frac{\sin\left[\theta x+(2m+3)\frac{\pi}{2}\right]}{(2m+3)!}x^{2m+3}\ (0<\theta<1).$$

如果取 $m=0$, 则得近似式 $\sin x\approx x$,其误差为

$$|R_2|=\left|\frac{\sin\left(\theta x+\frac{3}{2}\pi\right)}{3!}x^3\right|\leqslant\frac{|x|^3}{6}\ (0<\theta<1).$$

如果 m 分别取 1 和 2,则可得 $\sin x$ 的 3 次和 5 次近似多项式

$$\sin x\approx x-\frac{1}{3!}x^3\quad 和\quad \sin x\approx x-\frac{1}{3!}x^3+\frac{1}{5!}x^5,$$

其误差的绝对值依次不超过$\frac{1}{5!}|x|^5$ 和 $\frac{1}{7!}|x|^7$. 为便于比较,将几个近似多项

式及正弦函数的图形都画在图10.6中,图中 n 次近似多项式简记为 P_n.

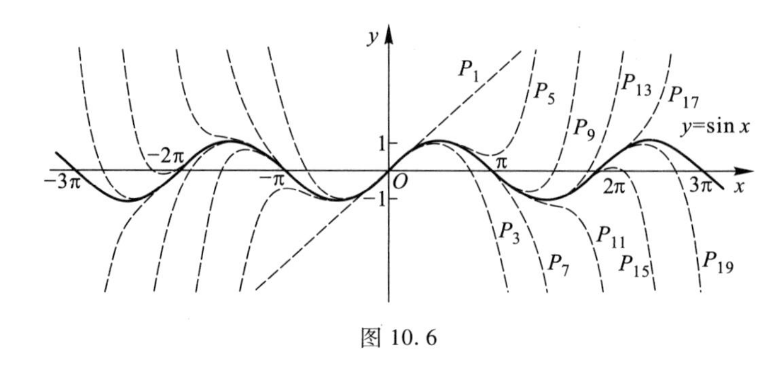

图10.6

(2) 由(1)可得幂级数

$$x-\frac{x^3}{3!}+\frac{x^5}{5!}-\cdots+(-1)^m\frac{x^{2m+1}}{(2m+1)!}+\cdots,$$

易知其收敛域为 $(-\infty,+\infty)$.

由于 $\lim\limits_{m\to\infty}|R_{2m+2}(x)|\leqslant\lim\limits_{m\to\infty}\frac{|x|^{2m+3}}{(2m+3)!}=0$,因此得到 $f(x)=\sin x$ 的幂级数展开式

$$\begin{aligned}\sin x&=\sum_{n=0}^{\infty}(-1)^n\frac{x^{2n+1}}{(2n+1)!}\\&=x-\frac{x^3}{3!}+\frac{x^5}{5!}-\cdots+(-1)^n\frac{x^{2n+1}}{(2n+1)!}+\cdots,\quad x\in(-\infty,+\infty).\end{aligned}$$

数学软件中有专门的幂级数展开命令. 例如在 Maple 中,用

```
s:=convert(series(e^x,x=0,6),polynom);plot(s,x=-1..3);
```

既可以将 $y=e^x$ 轻松地展开为5阶麦克劳林公式,还可以画出其图形. 上述两例的图形都是用计算机画出的,从图中可以看出,在 $x=0$ 附近,用幂级数的部分和(即多项式)近似代替函数,随着项数的增加,它们越来越接近函数,甚至一个小小的阶数,就足以与函数"惊人地相似",人眼无法辨清其图形差别.

函数 $f(x)=(1+x)^\alpha$ 的幂级数展开式也是一个有重要应用价值的展开式,它也可以用直接展开法得到. 但通过前两例,我们已经看出,用直接展开法不仅计算量大,而且需要讨论余项,这绝非一件轻松的事. 所以本书略去具体展开过程,而给出其在收敛区间 $(-1,1)$ 内的幂级数展开式:

$$(1+x)^\alpha=1+\alpha x+\frac{\alpha(\alpha-1)}{2!}x^2+\cdots+\frac{\alpha(\alpha-1)\cdots(\alpha-n+1)}{n!}x^n+\cdots\quad(-1<x<1),$$

称之为**二项展开式**,其中 α 为实数. 在区间端点处,展开式是否成立取决于 α 的值. 可以证明:当 $\alpha\leqslant-1$ 时,收敛域为 $(-1,1)$;当 $-1<\alpha<0$ 时,收敛域为 $(-1,1]$;

当 $\alpha>0$ 时,收敛域为$[-1,1]$. 特别地,当 α 为正整数时,就是初等数学中的二项式公式.

2. 间接展开法

正因为直接展开法不容易,所以我们今后采用的往往是间接展开法,即利用已知函数的展开式以及幂级数的性质来求另一些函数的幂级数展开式.

我们已经知道三个函数的幂级数展开式:

$$e^x=\sum_{n=0}^{\infty}\frac{x^n}{n!}\ (-\infty<x<+\infty),\tag{10.10}$$

$$\sin x=\sum_{n=0}^{\infty}(-1)^n\frac{x^{2n+1}}{(2n+1)!}\ (-\infty<x<+\infty),\tag{10.11}$$

$$\frac{1}{1-x}=\sum_{n=0}^{\infty}x^n\quad(-1<x<1).\tag{10.12}$$

只需熟记这三个最基本的展开式,就可以求得许多函数的幂级数展开式. 例如

把式(10.12)中 x 分别换成$-x$ 和$-x^2$,可得

$$\frac{1}{1+x}=\sum_{n=0}^{\infty}(-1)^n x^n\quad(-1<x<1),$$

$$\frac{1}{1+x^2}=\sum_{n=0}^{\infty}(-1)^n x^{2n}\quad(-1<x<1).$$

对上两式两边分别从 0 到 x 积分,可得

$$\ln(1+x)=\sum_{n=0}^{\infty}(-1)^n\frac{x^{n+1}}{n+1}=\sum_{n=1}^{\infty}(-1)^{n-1}\frac{x^n}{n}\quad(-1<x\leqslant 1),$$

$$\arctan x=\sum_{n=0}^{\infty}(-1)^n\frac{x^{2n+1}}{2n+1}\quad(-1\leqslant x\leqslant 1).$$

将式(10.11)两边关于 x 求导,可得

$$\cos x=\sum_{n=0}^{\infty}(-1)^n\frac{x^{2n}}{(2n)!}\ (-\infty<x<+\infty).$$

把式(10.10)中的 x 换成 $x\ln a$,可得

$$a^x=\sum_{n=0}^{\infty}\frac{(\ln a)^n}{n!}x^n\quad(-\infty<x<+\infty).$$

更进一步,再举几例.

例 10.29　将函数 $f(x)=\sin^2 x$ 展开成 x 的幂级数.

解　因为$\sin^2 x=\frac{1}{2}(1-\cos 2x)$,于是利用

$$\cos 2x=\sum_{n=0}^{\infty}(-1)^n\frac{(2x)^{2n}}{(2n)!},$$

得

$$
\begin{aligned}
\sin^2 x &= \frac{1}{2}(1-\cos 2x) \\
&= \frac{1}{2}\left[1-1+\frac{(2x)^2}{2!}-\frac{(2x)^4}{4!}+\cdots+(-1)^{n+1}\frac{(2x)^{2n}}{(2n)!}+\cdots\right] \\
&= \sum_{n=1}^{\infty}(-1)^{n+1}\frac{(2x)^{2n}}{2\cdot(2n)!} \quad (-\infty<x<+\infty).
\end{aligned}
$$

注 考虑到$(\sin^2 x)'=\sin 2x$,本题也可以用 $\sin 2x$ 的展开式逐项积分求得结果.

例 10.30 将函数$f(x)=(1+x)\ln(1+x)$展开成 x 的幂级数.

解 因为

$$
\ln(1+x)=\sum_{n=1}^{\infty}(-1)^{n-1}\frac{x^n}{n}\ (-1<x\leqslant 1),
$$

所以

$$
\begin{aligned}
f(x) &= (1+x)\sum_{n=1}^{\infty}(-1)^{n-1}\frac{x^n}{n} \\
&= \sum_{n=1}^{\infty}(-1)^{n-1}\frac{x^n}{n}+\sum_{n=1}^{\infty}(-1)^{n-1}\frac{x^{n+1}}{n} \\
&= \sum_{n=1}^{\infty}(-1)^{n-1}\frac{x^n}{n}+\sum_{n=2}^{\infty}(-1)^{n}\frac{x^n}{n-1} \\
&= x+\sum_{n=2}^{\infty}(-1)^{n}\frac{x^n}{n(n-1)}\ (-1<x\leqslant 1).
\end{aligned}
$$

例 10.31 将函数$f(x)=\dfrac{1}{x^2+x-6}$展开成$(x+1)$的幂级数.

解 因为

$$
f(x)=\frac{1}{x^2+x-6}=\frac{1}{(x-2)(x+3)}=\frac{1}{5}\left(\frac{1}{x-2}-\frac{1}{x+3}\right),
$$

其中

$$
\frac{1}{x-2}=-\frac{1}{3}\frac{1}{1-\frac{x+1}{3}}=-\frac{1}{3}\sum_{n=0}^{\infty}\frac{(x+1)^n}{3^n}\quad\left(\left|\frac{x+1}{3}\right|<1,\text{即}-4<x<2\right),
$$

$$
\frac{1}{x+3}=\frac{1}{2}\frac{1}{1-\frac{x+1}{-2}}=\frac{1}{2}\sum_{n=0}^{\infty}\frac{(x+1)^n}{(-2)^n}\quad\left(\left|\frac{x+1}{-2}\right|<1,\text{即}-3<x<1\right),
$$

所以

$$
\frac{1}{x^2+x-6}=\frac{1}{5}\left[-\frac{1}{3}\sum_{n=0}^{\infty}\frac{(x+1)^n}{3^n}-\frac{1}{2}\sum_{n=0}^{\infty}\frac{(x+1)^n}{(-2)^n}\right]
$$

$$=\sum_{n=0}^{\infty}\left[\frac{(-1)^{n+1}}{5\cdot 2^{n+1}}-\frac{1}{5\cdot 3^{n+1}}\right](x+1)^n \quad (-3<x<1).$$

注 请思考如何将该函数展开成 x 的幂级数,即麦克劳林级数.

习 题 10.4

1. 将下列函数展开成 x 的幂级数:

(1) $f(x)=\ln(1-x)$;

(2) $f(x)=\dfrac{1}{1-x^2}$;

(3) $f(x)=\dfrac{e^x-e^{-x}}{2}$;

(4) $f(x)=\cos^2 x$;

(5) $f(x)=(1-x)\ln(1+x)$;

(6) $f(x)=(1+x)e^{-x}$;

(7) $f(x)=\arctan\dfrac{1+x}{1-x}$;

(8) $f(x)=\ln(6x^2+7x+2)$;

(9) $f(x)=\dfrac{x^2}{2-x-x^2}$;

(10) $f(x)=\dfrac{1}{(2-x)^2}$.

2. 将下列函数展开成关于 $(x-x_0)$ 的幂级数:

(1) $f(x)=\dfrac{1}{x^2+3x+2}$, $x_0=1$;

(2) $f(x)=\dfrac{1}{x+1}$, $x_0=3$;

(3) $f(x)=\sin x$, $x_0=\pi$;

(4) $f(x)=\lg x$, $x_0=2$.

10.5 幂级数的应用

10.5.1 近似计算

例 10.32 求 $f(x)=e^{-x^2}$ 的一个原函数,并求积分 $\int_0^1 e^{-x^2}dx$ 的近似值,精确到 10^{-4}.

解 $\int_0^x f(t)\,dt$ 是 $f(x)$ 的一个原函数. 因为

$$e^{-t^2}=\sum_{n=0}^{\infty}\frac{(-t^2)^n}{n!}=\sum_{n=0}^{\infty}\frac{(-1)^n}{n!}t^{2n} \quad (-\infty<t<+\infty),$$

所以其原函数为

$$\int_0^x e^{-t^2}dt=\sum_{n=0}^{\infty}\frac{(-1)^n}{n!}\int_0^x t^{2n}dt=\sum_{n=0}^{\infty}\frac{(-1)^n}{n!}\cdot\frac{x^{2n+1}}{2n+1} \quad (-\infty<x<+\infty).$$

从而

$$\int_0^1 e^{-x^2}dx=1-\frac{1}{3}+\frac{1}{2!}\cdot\frac{1}{5}-\frac{1}{3!}\cdot\frac{1}{7}+\frac{1}{4!}\cdot\frac{1}{9}-\frac{1}{5!}\cdot\frac{1}{11}+\frac{1}{6!}\cdot\frac{1}{13}-\frac{1}{7!}\cdot\frac{1}{15}+\cdots.$$

由于$\frac{1}{7!}\cdot\frac{1}{15}=\frac{1}{75\ 600}<10^{-4}$,所以为了达到精确到$10^{-4}$的要求,有

$$\int_0^1 e^{-x^2}dx\approx 1-\frac{1}{3}+\frac{1}{10}-\frac{1}{42}+\frac{1}{216}-\frac{1}{1\ 320}+\frac{1}{9\ 360}\approx 0.746\ 84.$$

注 在第5章中,e^{-x^2}的原函数(或不定积分)无法用初等函数表示,现在可以用幂级数展开式来表示.

例 10.33 求$\sqrt{e}$的近似值.

解 在 e^x 的麦克劳林级数展开式中,令 $x=\frac{1}{2}$,得

$$\sqrt{e}=e^{\frac{1}{2}}=1+\frac{1}{2}+\frac{1}{2!}\left(\frac{1}{2}\right)^2+\frac{1}{3!}\left(\frac{1}{2}\right)^3+\cdots+\frac{1}{n!}\left(\frac{1}{2}\right)^n+\cdots.$$

若取前5项作为$\sqrt{e}$的近似值,则

$$\sqrt{e}\approx 1+\frac{1}{2}+\frac{1}{8}+\frac{1}{48}+\frac{1}{384}\approx 1.648.$$

其误差

$$\begin{aligned}|R|&=\frac{1}{5!}\left(\frac{1}{2}\right)^5+\frac{1}{6!}\left(\frac{1}{2}\right)^6+\frac{1}{7!}\left(\frac{1}{2}\right)^7+\cdots\\&\leqslant\frac{1}{5!}\left(\frac{1}{2}\right)^5\left[1+\frac{1}{6}\cdot\frac{1}{2}+\frac{1}{6\cdot 6}\cdot\left(\frac{1}{2}\right)^2+\cdots\right]\\&=\frac{1}{5!}\left(\frac{1}{2}\right)^5\frac{1}{1-\frac{1}{12}}<\frac{1}{1\ 000}.\end{aligned}$$

注意其中不等式成立,是因为两端的级数均为收敛的正项级数.

注 可以用数学软件帮助我们快速得到上面两题的结果.

10.5.2 实际应用

例 10.34 某合同规定,从签约之日起,由甲方永不停止地每年支付给乙方或其后代3万元.设年利率为5%,有以下两种计算利息的方案可供选择:

(1) 按年复利计息; (2) 按连续复利计息.

分别求两种方案下的合同现值,并据此分析哪种方案对甲方有利.

解 (1) 按年复利计息,则

第一笔付款发生在签约当天,第一笔付款的现值为 3 万元;

第二笔付款在一年后实现,第二笔付款的现值为 $\frac{3}{1+0.05}=\frac{3}{1.05}$ 万元;

第三笔付款在两年后实现,第三笔付款的现值为 $\frac{3}{1.05^2}$ 万元;

如此连续进行下去直至永远,此合同总的现值为

$$3+\frac{3}{1.05}+\frac{3}{1.05^2}+\cdots+\frac{3}{1.05^n}+\cdots=\frac{3}{1-\frac{1}{1.05}}\approx 63.$$

换句话说,若按年复利计息,甲方需存入约 63 万元,即可支付给乙方或他的后代每年 3 万元直至永远.

(2) 按连续复利计息,同(1)的分析,可知

第一笔付款的现值为 3 万元;

第二笔付款的现值为 $3e^{-0.05}$ 万元;

第三笔付款的现值为 $3(e^{-0.05})^2$ 万元;

如此连续进行下去直至永远,此合同总的现值为

$$3+3e^{-0.05}+3(e^{-0.05})^2+\cdots+3(e^{-0.05})^n+\cdots=\frac{3}{1-e^{-0.05}}\approx 61.5.$$

换句话说,若按连续复利计息,甲方需存入约 61.5 万元,即可支付给乙方或他的后代每年 3 万元直至永远.

显然,按连续复利计息所需现值比按年复利计息所需现值小,即按连续复利计息比按年复利计息的年有效收益高,因此按连续复利计息对甲方有利.

例 10.35 患有某种心脏病的患者经常要服用洋地黄毒苷(digitoxin).洋地黄毒苷在体内的清除速率正比于体内洋地黄毒苷的药量.一天(24 小时)大约有 10% 的药物被清除.假设每天给某患者 0.05 mg 的维持剂量,试估算治疗几个月后该患者体内的洋地黄毒苷的总量.

微视频
幂级数的应用
——实际应用

解 依假设,初始剂量为 0.05 mg,一天后,(0.1×0.05) mg 的药物被清除,体内将残留 (0.9×0.05) mg 的药量;第二天末,体内将残留 $(0.9^2\times0.05)$ mg 的药量;如此下去,第 n 天末,体内将残留 $(0.9^n\times0.05)$ mg 的药量.

现在确定洋地黄毒苷在体内的累积残留量,注意到在第二次给药时,体内的药量为第二次给药的剂量 0.05 mg 加上第一次所给药此时在体内的残留量 (0.9×0.05) mg;在第三次给药时,体内的药量为第三次给药的剂量 0.05 mg 加上第一次所给药此时在体内的残留量 $(0.9^2\times0.05)$ mg 和第二次所给药此时在体

内的残留量(0.9×0.05) mg；以此类推，在任何一次重新给药时，体内的药量为此次给药的剂量 0.05 mg 加上以前历次所给药此时在体内的残留量.

因此，每一次重新给药时在体内的药量是下列几何级数的部分和：

$$0.05+0.9\times0.05+0.9^2\times0.05+\cdots+0.9^n\times0.05+\cdots,$$

其和为

$$\sum_{n=0}^{\infty}0.9^n\times0.05=\frac{0.05}{1-0.9}=0.5.$$

所以，每天给患者 0.05 mg 的维持剂量将最终使得患者体内的洋地黄毒苷水平达到 0.5 mg 的"坪台".

当要将"坪台"降低 10%，也就是让"坪台"水平达到 $0.9\times0.5=0.45$ mg 时，就需调整维持剂量，这在药理和临床医学中是一个重要的技术.

习　题　10.5

1. 计算近似值：

(1) $\int_0^1\frac{\sin x}{x}\mathrm{d}x$，精确到小数点后四位；

(2) $\int_0^{\frac{1}{2}}\mathrm{e}^{x^2}\mathrm{d}x$，计算前三项；

(3) $\int_0^{0.1}\cos\sqrt{t}\,\mathrm{d}t$，计算前三项；

(4) $\ln 2$，精确到10^{-5}；

(5) $\sqrt[5]{240}$，计算前三项；

(6) $\sin 18^\circ$，计算前三项.

与上册中利用微分求近似值(上册习题 3.5 第 4 题)作比较，你能感受到利用幂级数求近似值的优点吗？

2. 某运动员与一俱乐部签订一项合同，合同规定俱乐部在第 n 年年末支付给该运动员或其后代 n $(n=1,2,\cdots)$ 万元. 假定银行存款以 4% 年复利的方式计息，问俱乐部应在签约当天存入银行多少元？

3. 某企业为支持教育事业的发展，一次性存入一笔教育助学基金成立基金会，用于奖励先进工作者和资助高校贫困生顺利完成学业. 假设高校每年年末支取 10 万元，且银行的年利率为 5%，按年复利计算利息.

(1) 如果该基金供学校支取的期限为 20 年，求此企业应存入的基金总额；

(2) 如果该基金无限期地用于支持教育事业，求此企业应存入的基金总额；

(3) 用数学软件验算上述结果.

总 习 题 十

1. 有人这样判断级数 $\sum_{n=1}^{\infty}\frac{1}{n^2}\sin\frac{\pi}{n^2}$ 的敛散性：

解 因为$\frac{1}{n^2}\sin\frac{\pi}{n^2}\leqslant\frac{1}{n^2}$,并且级数$\sum_{n=1}^{\infty}\frac{1}{n^2}$收敛,所以由比较审敛法可知级数$\sum_{n=1}^{\infty}\frac{1}{n^2}\sin\frac{\pi}{n^2}$收敛.

请问他的解法正确吗?如果不正确,应该如何改正?

2. 判断下列说法的正确性:

(1) 若$\frac{a_{n+1}}{a_n}<1$,则正项级数$\sum_{n=1}^{\infty}a_n$收敛;

(2) 由级数$\sum_{n=1}^{\infty}(\sqrt{n+1}-\sqrt{n})$发散,可知$\sum_{n=1}^{\infty}(-1)^n(\sqrt{n+1}-\sqrt{n})$发散;

(3) 若正项级数$\sum_{n=1}^{\infty}u_n$收敛,则$\sum_{n=1}^{\infty}\frac{u_n}{1+u_n}$也收敛;

(4) 若级数$\sum_{n=1}^{\infty}a_n$和$\sum_{n=1}^{\infty}c_n$都收敛,且对于充分大的n有$a_n\leqslant b_n\leqslant c_n$,则级数$\sum_{n=1}^{\infty}b_n$收敛.

3. 选择题:

(1) 若级数$\sum_{n=1}^{\infty}\frac{(-1)^{n-1}}{n}(x-a)^n$当$x>0$时发散,在$x=0$处收敛,则$a=$( );

A. -1 B. 1

C. 0 D. ±1

(2) 若$0\leqslant a_n<\frac{1}{n}$ $(n=1,2,\cdots)$,则下列级数中一定收敛的是( );

A. $\sum_{n=1}^{\infty}a_n$ B. $\sum_{n=1}^{\infty}(-1)^n a_n$

C. $\sum_{n=1}^{\infty}\sqrt{a_n}$ D. $\sum_{n=1}^{\infty}(-1)^n a_n^2$

(3) 若$\lim\limits_{n\to\infty}a_n=a\neq0$,则$\sum_{n=1}^{\infty}(a_n-a_{n+1})$( );

A. 收敛于0 B. 收敛于a

C. 收敛于a_1-a D. 发散

(4) 若级数$\sum_{n=1}^{\infty}(-6)^n a_n$收敛,则级数$\sum_{n=1}^{\infty}a_n$( );

A. 条件收敛 B. 绝对收敛

C. 发散 D. 敛散性不定

(5) 若 a 为常数,则级数 $\sum\limits_{n=1}^{\infty}\dfrac{(-1)^n\cos na}{\sqrt{n^3}}$(　　);

A. 条件收敛　　B. 绝对收敛

C. 发散　　D. 敛散性取决于 a 的值

(6) 幂级数 $\sum\limits_{n=1}^{\infty}\dfrac{\ln(n+1)}{n+1}x^n$ 的收敛域是(　　).

A. $(-1,1)$　　B. $(-1,1]$

C. $[-1,1)$　　D. $[-1,1]$

4. 填空题:

(1) 若级数 $\sum\limits_{n=1}^{\infty}a_n$ 的部分和数列 $\{s_n\}$ 为 $\left\{\dfrac{3n}{n+1}\right\}$,则 $a_n=$______, $\sum\limits_{n=1}^{\infty}a_n=$______;

(2) 若级数 $\sum\limits_{n=1}^{\infty}\dfrac{(-1)^n+A}{n}$ 收敛,则常数 A 的值为________;

(3) 若 $\lim\limits_{n\to\infty}\left|\dfrac{a_n}{a_{n+1}}\right|=\dfrac{\sqrt{6}}{3}$, $\lim\limits_{n\to\infty}\left|\dfrac{b_n}{b_{n+1}}\right|=\dfrac{1}{3}$,则幂级数 $\sum\limits_{n=1}^{\infty}\dfrac{a_n^2}{b_n^2}x^n$ 的收敛半径为_____.

5. 判定下列级数的敛散性:

(1) $\sum\limits_{n=1}^{\infty}\sqrt{n+1}\left(1-\cos\dfrac{\pi}{n}\right)$;　　(2) $\sum\limits_{n=2}^{\infty}\left(\dfrac{1}{\ln n}\right)^{2\,014}$;

(3) $\sum\limits_{n=1}^{\infty}\dfrac{(n+2\,014)!}{n^{n+1}}$;　　(4) $\sum\limits_{n=2}^{\infty}\dfrac{n}{(\ln n)^n}$.

6. 求下列幂级数的和函数:

(1) $\sum\limits_{n=0}^{\infty}\dfrac{x^{2n+1}}{n!}$;　　(2) $\sum\limits_{n=1}^{\infty}\dfrac{2n-1}{2^n}x^{2n-2}$;

(3) $\sum\limits_{n=1}^{\infty}\dfrac{2n+1}{n!}x^{2n}$;　　(4) $\sum\limits_{n=1}^{\infty}\dfrac{x^n}{n(n+1)}$;

(5) $\sum\limits_{n=0}^{\infty}(n+1)(n+3)x^n$;　　(6) $\sum\limits_{n=1}^{\infty}\dfrac{(x-2)^n}{n\cdot 3^n}$;

(7) $\sum\limits_{n=1}^{\infty}(-1)^n(2n+1)x^{2n-1}$;　　(8) $\sum\limits_{n=0}^{\infty}(-1)^n\dfrac{4n^2-1}{(2n)!}x^{2n}$.

7. 求下列级数的和:

(1) $\sum\limits_{n=2}^{\infty}\dfrac{1}{(n^2-1)3^n}$;　　(2) $\sum\limits_{n=1}^{\infty}\dfrac{2^{2n+2}}{(2n+1)!}$;

(3) $\sum\limits_{n=1}^{\infty}\dfrac{1}{n!(n+2)}$;　　(4) $\sum\limits_{n=0}^{\infty}\dfrac{3n+1}{n!}$.

8. 利用 x^2e^x 关于 x 的幂级数展开式证明：

$$e=2+\sum_{n=0}^{\infty}\frac{1}{n!\,(n+3)}.$$

9. 求函数

$$f(x)=1+\sum_{n=1}^{\infty}(-1)^n\frac{x^{2n}}{2n}\quad(-1<x<1)$$

的极值.

10. 设函数

$$f(x)=\sum_{n=0}^{\infty}\frac{x^{3n}}{n!}\quad(-\infty<x<+\infty).$$

（1）证明函数 $f(x)$ 满足初值问题

$$\begin{cases}f'(x)=3x^2f(x),\\ f(0)=1;\end{cases}$$

（2）利用（1）的结果证明 $f(x)=e^{x^3}$.

11. 证明级数 $\sum\limits_{n=1}^{\infty}\int_0^1 x^2(1-x)^n\mathrm{d}x$ 收敛，并求其和.

12. 设函数

$$f(x)=\begin{cases}x, & 0\leqslant x\leqslant 1,\\ 2-x, & 1<x\leqslant 2.\end{cases}$$

记 $a_n=\int_{2n}^{2n+2}f(x-2n)e^{-x}\mathrm{d}x\quad(n=0,1,2,\cdots)$，求：

（1）a_0；　　（2）a_1；

（3）a_n；　　（4）$\sum\limits_{n=0}^{\infty}a_n$.

13. 设抛物线 $y=\frac{n}{2}x^2+\frac{3}{2n}$ 在点 $\left(\frac{1}{n},\frac{2}{n}\right)$ 处的切线为 l，记由该抛物线，y 轴及 l 围成的图形面积为 a_n，求：

（1）a_n；　　（2）$\sum\limits_{n=1}^{\infty}\frac{na_n}{n+1}$ 的和.

14. 用泰勒公式求下列极限：

（1）$\lim\limits_{x\to0}\left(\frac{1}{x}-\frac{1}{\sin x}\right)$；　　（2）$\lim\limits_{x\to0}\left(1+\frac{1}{x^2}-\frac{1}{x^3}\ln\frac{2+x}{2-x}\right)$；

（3）$\lim\limits_{x\to+\infty}\left[x-x^2\ln\left(1+\frac{1}{x}\right)\right]$；　　（4）$\lim\limits_{x\to0}\frac{\cos x-e^{-x^2/2}}{x^2[x+\ln(1-x)]}$.

附录
极坐标及空间向量知识简介

一、极坐标系

1. 极坐标的概念

在数学中，极坐标系是一个二维坐标系统. 该坐标系统中任意位置可由一个夹角和一段相对原点（极点）的距离来表示. 一般地，在平面上取一个定点 O，自点 O 引一条射线 Ox，同时确定一个长度单位和计算角度的正方向（通常取逆时针方向为正方向），这样就建立了一个极坐标系，如图 1 所示.

设 M 是平面上除了 O 以外的任一点，r 表示线段 OM 的长度，θ 表示以射线 Ox 为始边，射线 OM 为终边所成的角，那么有序数对 $M(r,\theta)$ 称为点 M 的**极坐标**，其中 O 点称为**极点**，射线 Ox 称为**极轴**，r 称为点 M 的**极径**，θ 称为点 M 的**极角**. r 也常写为 ρ.

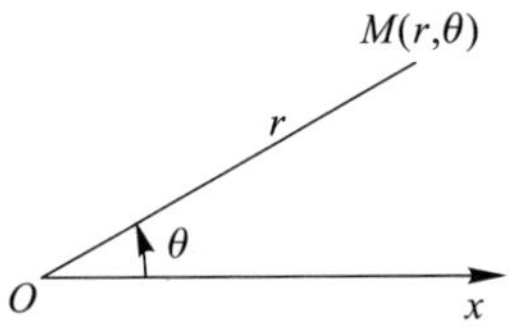

图 1

当角度按逆时针方向测量时取正值，当按顺时针方向测量时取负值. 一般地，认为 $r \geqslant 0$，但也可以将 r 的取值范围推广为 $r<0$，即规定 $(-r,\theta)$ 和 (r,θ) 关于极点 O 中心对称.

2. 极坐标与直角坐标之间的互化

若极点与原点重合，极轴方向与 x 轴的正方向一致且两轴的单位长度也一致，则极坐标化为直角坐标的公式为

$$x = r\cos\theta, \quad y = r\sin\theta;$$

直角坐标化为极坐标的公式为

$$r = \sqrt{x^2+y^2}, \quad \theta = \arctan\frac{y}{x}\ (x \neq 0).$$

3. 常见曲线的极坐标方程及图形

极坐标系的应用领域十分广泛，包括数学、物理、工程、航海、航空以及机器

人等领域. 当两点间的关系用夹角和距离很容易表示时,极坐标系显得尤为有用;而在平面直角坐标系中,这样的关系就只能用三角函数来表示. 对于很多类型的曲线,极坐标方程是最简单的表达形式,甚至对于某些曲线来说,只能用极坐标方程表示.

曲线的极坐标方程通常为 $r=r(\theta)$,这里向读者推荐一种“静态描点与动态变化相结合”的绘图法——即首先在直角坐标系中画出 $r=r(\theta)$ 的图形,确定一些特殊点并观察 r 的取值随 θ 而变化的规律,然后在极坐标系中绘出曲线图形.

例 1　描绘曲线 $r=\sin 2\theta$ 的图形.

解　首先在直角坐标系中画出 $r=\sin 2\theta$ $(0\leqslant\theta\leqslant2\pi)$ 的图形,如图 2 所示. 在直角坐标系中观察 r 的取值随 θ 而变化的规律及所在象限(当然,再多取些特殊值,可以使得图形更准确),如下表所示.

各段编号	θ 的变化	r 的变化	所在象限
①	$0\to\frac{\pi}{4}$	$0\to1$	第一象限
②	$\frac{\pi}{4}\to\frac{\pi}{2}$	$1\to0$	第一象限
③	$\frac{\pi}{2}\to\frac{3\pi}{4}$	$0\to-1$	第四象限
④	$\frac{3\pi}{4}\to\pi$	$-1\to0$	第四象限
⑤	$\pi\to\frac{5\pi}{4}$	$0\to1$	第三象限
⑥	$\frac{5\pi}{4}\to\frac{3\pi}{2}$	$1\to0$	第三象限
⑦	$\frac{3\pi}{2}\to\frac{7\pi}{4}$	$0\to-1$	第二象限
⑧	$\frac{7\pi}{4}\to2\pi$	$-1\to0$	第二象限

然后对应地在极坐标系中画出各部分图形,即得 $r=\sin 2\theta$ 的图形,如图 3.

注　如果有兴趣,可以在 Maple 中输入

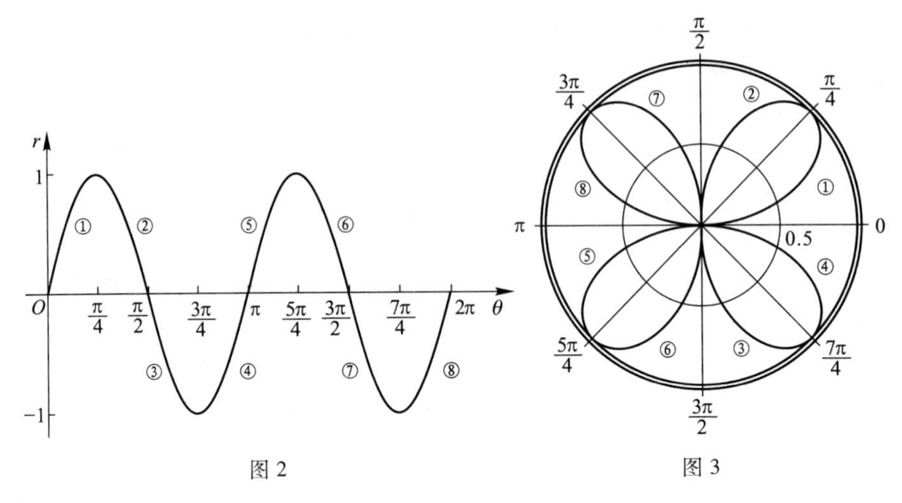

图 2　　　　　　图 3

animatecurve([sin(2 · θ) ,θ,θ=0. . 2 · π] ,coords=polar, frames=100) ;
用计算机绘出其图形并播放动画,效果极佳.

最后特别强调,计算机绘图优势明显,但并不意味着可以放松对基础知识和基本技能的训练和掌握. 建议读者自己手工绘图,再用计算机绘图,检验手工绘图的质量,这样两者相结合,才能提高学习能力,增强学习效果. 作为练习,请读者给出其他常见曲线的极坐标方程并绘出图形.

二、向量及其运算

向量在空间解析几何的研究中起着重要的作用,为研究直线、平面乃至空间曲线和曲面提供了特别简单的描述工具.

1. 向量

向量是我们熟知的速度、加速度、电场强度、力、力矩和位移等物理量的数学抽象,它们的共同特点是既有大小,又有方向. 因此,数学上把既有大小又有方向的量称为**向量**,并用一条有方向的线段,即有向线段来表示. 有向线段的长度表示向量的大小,有向线段的方向表示向量的方向. 如图 4 所示,以 M_1 为起点、M_2 为终点的有向线段所表示的向量,用记号$\overrightarrow{M_1M_2}$表示. 向量也常用单个黑体字母或上面加箭头的字母来表示,如向量 $\boldsymbol{a},\boldsymbol{b},\boldsymbol{i},\boldsymbol{u}$ 或 $\vec{a}$, $\vec{b}$, $\vec{i}$, $\vec{u}$ 等.

M_1 → M_2

图 4

在实际问题中,我们所研究的向量有些与起点有关,有些与起点无关. 因此,作为表示向量的有向线段,我们有时会关注其起点,有时则并不关心其起点. 在数学中,把与起点无关的向量称为**自由向量**. 以下主要讨论自由向量，并将自由向量简称为向量.

定义 1　如果两个向量 $\boldsymbol{a}$ 和 $\boldsymbol{b}$ 的大小相等且方向相同，则称 $\boldsymbol{a}$ 和 $\boldsymbol{b}$ 是**相等**的，记作 $\boldsymbol{a}=\boldsymbol{b}$.

因此，经过平行移动能完全重合的向量是相等的，或者说，一个向量在平行移动中都视为同一个向量.

定义 2　向量的大小叫做向量的**模**，向量 $\boldsymbol{a}$ 或 $\overrightarrow{M_1M_2}$ 的模分别记为 $|\boldsymbol{a}|$ 或 $|\overrightarrow{M_1M_2}|$；模等于 1 的向量叫做**单位向量**；模等于 0 的向量叫做**零向量**，记作 $\mathbf{0}$.

零向量的起点和终点重合，其方向可以视为任意的.

定义 3　对于空间中的任一点 M，称向量 $\overrightarrow{OM}$ 为**点 M 对于原点 O 的向径**，简称为**点 M 的向径**，记作 $\boldsymbol{r}_M$.

容易看到，任给向量 $\boldsymbol{a}$，在空间中必有唯一的点 M，使得 $\boldsymbol{a}=\overrightarrow{OM}$（$O$ 是坐标原点）. 反之，任给空间中一点 M，M 确定唯一的向量 $\overrightarrow{OM}$. 因此，令空间中任一点 M 与其向径 $\boldsymbol{r}_M$ 对应，即 $M\to\boldsymbol{r}_M$，则可建立空间中点的全体与向量的全体之间的一一对应关系. 在向量的研究和应用中这种对应关系将发挥重要作用.

定义 4　如果向量 $\boldsymbol{b}$ 与 $\boldsymbol{a}$ 的大小相同但方向相反，则称 $\boldsymbol{b}$ 是 $\boldsymbol{a}$ 的**负向量**，记作 $\boldsymbol{b}=-\boldsymbol{a}$；如果向量 $\boldsymbol{a}$ 和 $\boldsymbol{b}$ 的方向相同或相反，则称向量 $\boldsymbol{a}$ 和 $\boldsymbol{b}$ **平行**或**共线**，记作 $\boldsymbol{a}/\!/\boldsymbol{b}$.

显然有 $-\boldsymbol{a}/\!/\boldsymbol{a}$，$-(-\boldsymbol{a})=\boldsymbol{a}$. 又由于零向量的方向可看作是任意的，故可认为零向量与任何向量平行.

2. 向量的线性运算

由物理学知识可知，作用于同一质点的两个力的合力符合平行四边形法则，因此，作为力的抽象之物的向量，其加法运算也可按平行四边形法则来定义.

定义 5　设 $\boldsymbol{a}$，$\boldsymbol{b}$ 为两个非零向量，任取一点 M 作为 $\boldsymbol{a}$，$\boldsymbol{b}$ 的共同起点，以 $\boldsymbol{a}$，$\boldsymbol{b}$ 为邻边作平行四边形，把对角线向量 $\overrightarrow{MN}=\boldsymbol{c}$ 定义为 $\boldsymbol{a}$，$\boldsymbol{b}$ 的**和**，记为 $\boldsymbol{c}=\boldsymbol{a}+\boldsymbol{b}$（图 5）. 这种用平行四边形的对角线来定义两个向量的和的方法，叫做**平行四边形法则**.

由于平行四边形的对边平行且相等，所以 $\boldsymbol{a}+\boldsymbol{b}$ 也可以按下列方法得出：把 $\boldsymbol{b}$ 平行移动，使它的起点与 $\boldsymbol{a}$ 的终点重合，这时从 $\boldsymbol{a}$ 的起点到 $\boldsymbol{b}$ 的终点的有向线段 $\overrightarrow{MN}$ 就表示向量 $\boldsymbol{a}$ 与 $\boldsymbol{b}$ 的和 $\boldsymbol{a}+\boldsymbol{b}$（图 6）. 这种方法叫做向量加法的**三角形法则**. 易见，平行四边形法则适合于计算非共线向量之和；当两个向量共线时，它们的加法运算用三角形法则更简便.

定义 6　给定两个非零向量 $\boldsymbol{a}$，$\boldsymbol{b}$，称向量 $\boldsymbol{a}$ 与向量 $-\boldsymbol{b}$ 的和向量为向量 $\boldsymbol{a}$ 与向量 $\boldsymbol{b}$ 的**差向量**，简称为向量 $\boldsymbol{a}$ 与向量 $\boldsymbol{b}$ 的**差**. 即

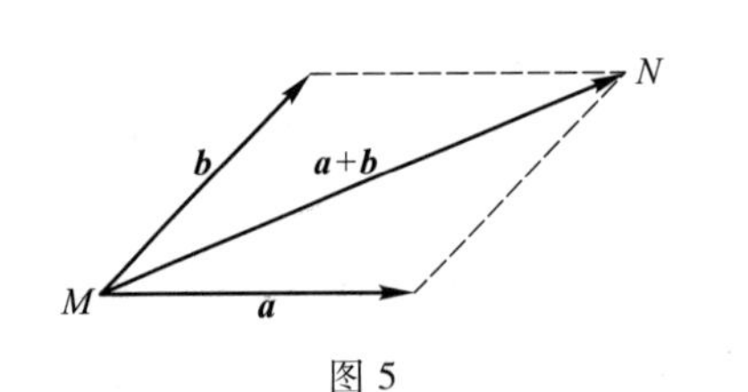

图 5

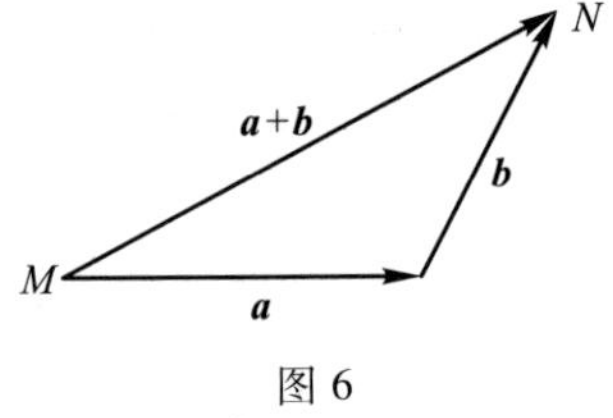

图 6

$$\boldsymbol{a}-\boldsymbol{b}=\boldsymbol{a}+(-\boldsymbol{b}).$$

根据负向量的定义及向量加法的平行四边形法则,容易用作图法得到向量 $\boldsymbol{a}$ 与向量 $\boldsymbol{b}$ 的差(图 7).

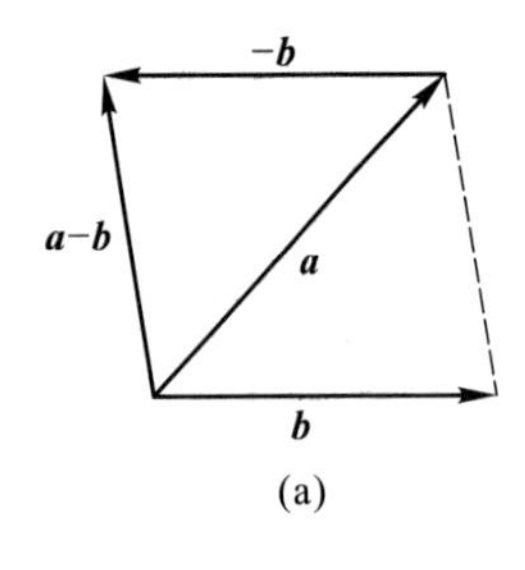

(a)

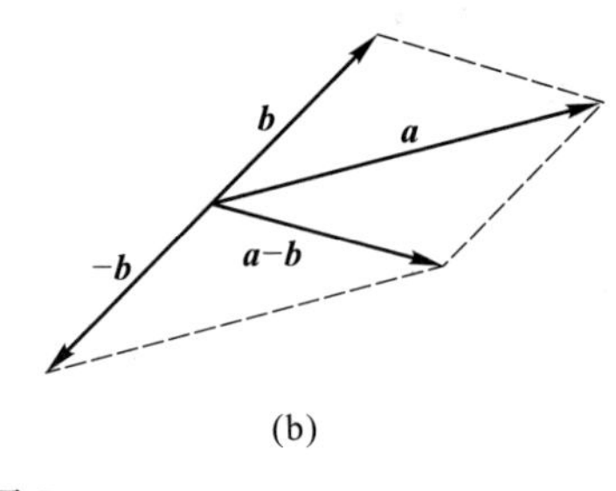

(b)

图 7

上述向量加法或减法定义中都假定了 $\boldsymbol{a},\boldsymbol{b}$ 为非零向量. 如果 $\boldsymbol{a},\boldsymbol{b}$ 中有一个为零向量,由于零向量可以看成没有方向的点,所以可以作如下约定:**任何向量与零向量的和或差都等于该向量本身**.

容易证明向量的加减法满足下述运算性质:

(1) 交换律 $\boldsymbol{a}+\boldsymbol{b}=\boldsymbol{b}+\boldsymbol{a}$;

(2) 结合律 $(\boldsymbol{a}+\boldsymbol{b})+\boldsymbol{c}=\boldsymbol{a}+(\boldsymbol{b}+\boldsymbol{c})$;

(3) 零元性质 $\boldsymbol{a}+\boldsymbol{0}=\boldsymbol{0}+\boldsymbol{a}=\boldsymbol{a}$;

(4) 负元性质 $\boldsymbol{a}+(-\boldsymbol{a})=\boldsymbol{0}$.

定义 7 设给定向量 $\boldsymbol{a}$ 和实数 λ,则称如下规定的向量为数 λ 与向量 $\boldsymbol{a}$ 的**数乘积**,记为 $\lambda\boldsymbol{a}$:

$\lambda\boldsymbol{a}$ 的模为 $|\lambda||\boldsymbol{a}|$;

当 $\lambda>0$ 时,$\lambda\boldsymbol{a}$ 与 $\boldsymbol{a}$ 同向;当 $\lambda<0$ 时,$\lambda\boldsymbol{a}$ 与 $\boldsymbol{a}$ 反向;当 $\lambda=0$ 时,$\lambda\boldsymbol{a}$ 是零向量,即 $\lambda\boldsymbol{a}=\boldsymbol{0}$.

容易验证,数与向量的数乘运算符合下述运算性质(λ,μ 为实数):

(1) 结合律 $\lambda(\mu\boldsymbol{a})=(\lambda\mu)\boldsymbol{a}$;

(2) 分配律 $(\lambda+\mu)\boldsymbol{a}=\lambda\boldsymbol{a}+\mu\boldsymbol{a}$, $\lambda(\boldsymbol{a}+\boldsymbol{b})=\lambda\boldsymbol{a}+\lambda\boldsymbol{b}$;

(3) 设 $\boldsymbol{e}_a$ 是与 $\boldsymbol{a}$ 同向的单位向量,则 $\boldsymbol{a}$ 可写成 $\boldsymbol{a}=|\boldsymbol{a}|\boldsymbol{e}_a$;

（4）设向量 $\boldsymbol{a}\neq\boldsymbol{0}$，则向量 $\boldsymbol{a}$ 与向量 $\boldsymbol{b}$ 相互平行的充要条件是存在实数 λ 使得 $\boldsymbol{b}=\lambda\boldsymbol{a}$.

关系式 $\boldsymbol{a}=|\boldsymbol{a}|\boldsymbol{e}_a$ 把一个向量 $\boldsymbol{a}$ 的大小和方向都明显地表示出来了. 由此可知，若 $\boldsymbol{a}$ 为非零向量，则 $\boldsymbol{e}_a=\dfrac{\boldsymbol{a}}{|\boldsymbol{a}|}$. 因此，$\boldsymbol{e}_a$ 也叫做非零向量 $\boldsymbol{a}$ 的**单位化向量**.

3. 向量的数量积

由物理学知识可知，若一物体在常力 $\boldsymbol{F}$ 的作用下沿直线从点 A 移动到点 B，则力 $\boldsymbol{F}$ 所做的功为

$$W=|\boldsymbol{F}|\cdot|\overrightarrow{AB}|\cos\theta,$$

其中 θ 为力 $\boldsymbol{F}$ 与 $\overrightarrow{AB}$ 的夹角. 从这种运算关系中抽去其具体背景，便得到向量的数量积（或内积）的概念.

定义 8　给定向量 $\boldsymbol{a}$ 和 $\boldsymbol{b}$，则称它们的模与两向量夹角余弦的乘积为向量 $\boldsymbol{a}$ 与 $\boldsymbol{b}$ 的**数量积**（**或内积**），记为 $\boldsymbol{a}\cdot\boldsymbol{b}$，即

$$\boldsymbol{a}\cdot\boldsymbol{b}=|\boldsymbol{a}||\boldsymbol{b}|\cos\theta,$$

其中 θ 是向量 $\boldsymbol{a}$ 和 $\boldsymbol{b}$ 之间的夹角（注意，这里向量的夹角规定为向量 $\boldsymbol{a}$ 和 $\boldsymbol{b}$ 有同一起点时所夹的取值于 0 到 π 之间的角，即 $0\leqslant\theta\leqslant\pi$）. 向量 $\boldsymbol{a}$ 和 $\boldsymbol{b}$ 之间的夹角有时也记为 $\widehat{\boldsymbol{a},\boldsymbol{b}}$ 或 $\widehat{\boldsymbol{b},\boldsymbol{a}}$，故数量积有时可表示为

$$\boldsymbol{a}\cdot\boldsymbol{b}=|\boldsymbol{a}||\boldsymbol{b}|\cos(\widehat{\boldsymbol{a},\boldsymbol{b}})=|\boldsymbol{a}||\boldsymbol{b}|\cos(\widehat{\boldsymbol{b},\boldsymbol{a}}).$$

容易验证，数量积满足下列运算性质：

（1）交换律　$\boldsymbol{a}\cdot\boldsymbol{b}=\boldsymbol{b}\cdot\boldsymbol{a}$；

（2）分配律　$\boldsymbol{a}\cdot(\boldsymbol{b}+\boldsymbol{c})=\boldsymbol{a}\cdot\boldsymbol{b}+\boldsymbol{a}\cdot\boldsymbol{c}$；

（3）结合律　$(\lambda\boldsymbol{a})\cdot\boldsymbol{b}=\lambda(\boldsymbol{a}\cdot\boldsymbol{b})=\boldsymbol{a}\cdot(\lambda\boldsymbol{b})$；

（4）$\boldsymbol{a}\cdot\boldsymbol{a}=|\boldsymbol{a}|^2$；

（5）两个非零向量 $\boldsymbol{a}$ 与 $\boldsymbol{b}$ 互相垂直的充要条件是 $\boldsymbol{a}\cdot\boldsymbol{b}=0$.

4. 向量的坐标及向量运算的坐标表示式

在空间直角坐标系中，任给向量 $\boldsymbol{a}$，设其对应点为 $M(x,y,z)$. 如图 8 所示，过点 $M(x,y,z)$ 分别作垂直于 x 轴、y 轴和 z 轴的平面，分别交 x 轴、y 轴和 z 轴于点 $P(x,0,0)$，$Q(0,y,0)$ 和 $R(0,0,z)$，则由向量加法的三角形法则可得

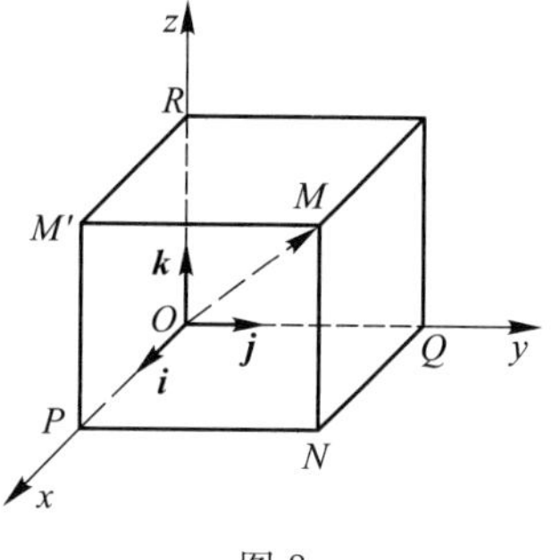

图 8

$$\begin{aligned}\boldsymbol{a}&=\boldsymbol{r}_M=\overrightarrow{OM}\\&=\overrightarrow{OP}+\overrightarrow{PN}+\overrightarrow{NM}\\&=\overrightarrow{OP}+\overrightarrow{OQ}+\overrightarrow{OR}.\end{aligned}$$

由于 $\boldsymbol{r}_M$ 与点 $M(x,y,z)$ 之间的一一对应关系,我们作出如下定义.

定义 9 称有序数组 (x,y,z) 为向量 $\boldsymbol{a}$ 在直角坐标系 $Oxyz$ 中的**坐标表示**,记为 $\boldsymbol{a}=(x,y,z)$.

设 $\boldsymbol{i},\boldsymbol{j}$ 和 $\boldsymbol{k}$ 分别为 x 轴、y 轴和 z 轴上的单位向量,容易验证下述诸式成立:

$$\boldsymbol{i}=(1,0,0),\quad \boldsymbol{j}=(0,1,0),\quad \boldsymbol{k}=(0,0,1),$$

$$\overrightarrow{OP}=x\boldsymbol{i}=(x,0,0),\quad \overrightarrow{OQ}=y\boldsymbol{j}=(0,y,0),\quad \overrightarrow{OR}=z\boldsymbol{k}=(0,0,z).$$

于是

$$\boldsymbol{a}=x\boldsymbol{i}+y\boldsymbol{j}+z\boldsymbol{k}=(x,y,z).$$

定义 10 表达式 $\boldsymbol{a}=x\boldsymbol{i}+y\boldsymbol{j}+z\boldsymbol{k}$ 称为向量 $\boldsymbol{a}$ 的**坐标分解式**,其中 $\boldsymbol{i},\boldsymbol{j}$ 和 $\boldsymbol{k}$ 称为**基本单位向量**,$x\boldsymbol{i},y\boldsymbol{j},z\boldsymbol{k}$ 称为向量沿三个坐标轴方向的**分向量**,x,y,z 分别称为向量在三个坐标轴上的**坐标**.

定理 设给定向量 $\boldsymbol{a}=(a_x,a_y,a_z)$,$\boldsymbol{b}=(b_x,b_y,b_z)$ 和实数 λ,则

(1) 向量加减法的坐标表示式为

$$\boldsymbol{a}\pm\boldsymbol{b}=(a_x\pm b_x,a_y\pm b_y,a_z\pm b_z);$$

(2) 数乘向量的坐标表示为

$$\lambda\boldsymbol{a}=(\lambda a_x,\lambda a_y,\lambda a_z);$$

(3) 向量的数量积的坐标表示为

$$\boldsymbol{a}\cdot\boldsymbol{b}=a_xb_x+a_yb_y+a_zb_z;$$

(4) 两向量夹角余弦的坐标表示为

$$\cos(\widehat{\boldsymbol{a},\boldsymbol{b}})=\frac{\boldsymbol{a}\cdot\boldsymbol{b}}{|\boldsymbol{a}||\boldsymbol{b}|}=\frac{a_xb_x+a_yb_y+a_zb_z}{\sqrt{a_x^2+a_y^2+a_z^2}\sqrt{b_x^2+b_y^2+b_z^2}},$$

其中假定 $\boldsymbol{a},\boldsymbol{b}$ 都是非零向量;

(5) 向量 $\boldsymbol{a}$ 和 $\boldsymbol{b}$ 互相垂直的充要条件为 $a_xb_x+a_yb_y+a_zb_z=0$.

证 只证(3),其余从略. 由于基本单位向量 $\boldsymbol{i},\boldsymbol{j},\boldsymbol{k}$ 两两互相垂直,从而

$$\boldsymbol{i}\cdot\boldsymbol{j}=\boldsymbol{j}\cdot\boldsymbol{k}=\boldsymbol{k}\cdot\boldsymbol{i}=\boldsymbol{j}\cdot\boldsymbol{i}=\boldsymbol{k}\cdot\boldsymbol{j}=\boldsymbol{i}\cdot\boldsymbol{k}=0.$$

又因为 $\boldsymbol{i},\boldsymbol{j},\boldsymbol{k}$ 的模都是 1,所以

$$\boldsymbol{i}\cdot\boldsymbol{i}=\boldsymbol{j}\cdot\boldsymbol{j}=\boldsymbol{k}\cdot\boldsymbol{k}=1.$$

于是,利用数量积的运算性质(1)—(3)可得

$$\begin{aligned}\boldsymbol{a}\cdot\boldsymbol{b}&=(a_x,a_y,a_z)\cdot(b_x,b_y,b_z)\\&=(a_x\boldsymbol{i}+a_y\boldsymbol{j}+a_z\boldsymbol{k})\cdot(b_x\boldsymbol{i}+b_y\boldsymbol{j}+b_z\boldsymbol{k})\\&=a_xb_x\boldsymbol{i}\cdot\boldsymbol{i}+a_yb_y\boldsymbol{j}\cdot\boldsymbol{j}+a_zb_z\boldsymbol{k}\cdot\boldsymbol{k}\\&=a_xb_x+a_yb_y+a_zb_z,\end{aligned}$$

即两向量的数量积等于它们坐标的乘积之和.

例 2 设 $P_0(x_0,y_0,z_0)$ 是一定点,$\boldsymbol{n}=(A,B,C)$ 是一非零向量,则过点 P_0 且以

$\boldsymbol{n}$ 为法向量的平面 Π 被唯一确定(图 9). 试建立 Π 的方程.

解　设 $P(x,y,z)$ 是任一点,则 $P(x,y,z)$ 在平面 Π 上的充要条件是 $\overrightarrow{P_0P}\perp\boldsymbol{n}$,即 $\overrightarrow{P_0P}\cdot\boldsymbol{n}=0$. 由于

$$\boldsymbol{r}-\boldsymbol{r}_0=\overrightarrow{P_0P}=(x-x_0,y-y_0,z-z_0),$$
$$\boldsymbol{n}=(A,B,C),$$

所以此条件为

$$A(x-x_0)+B(y-y_0)+C(z-z_0)=0.$$

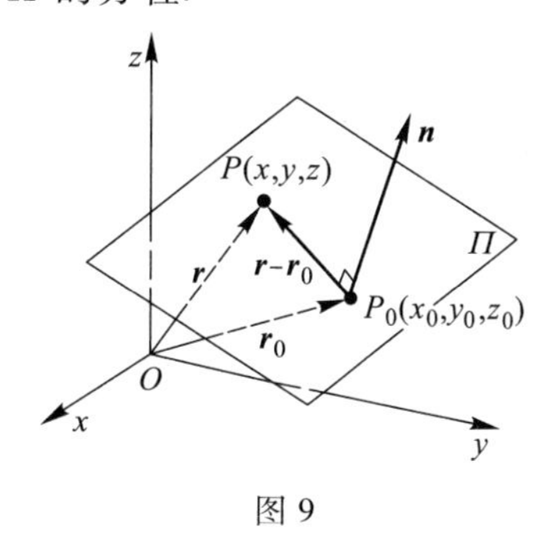

图 9

这就是平面 Π 的方程,称为平面 Π 的**点法式方程**. 其中垂直于平面的非零向量称为该平面的**法向量**. 显然可将平面 Π 的点法式方程改写成如下形式:

$$Ax+By+Cz+D=0,$$

其中 $D=-Ax_0-By_0-Cz_0$ 是常数,A,B,C 是不全为零的常数. 这说明任一平面都可以用上述三元一次方程来表示. 反过来不难证明,任一形如 $Ax+By+Cz+D=0$ 的三元一次方程一定代表一个平面.

参考文献

[1] 同济大学数学系. 高等数学[M]. 7 版. 北京:高等教育出版社,2014.
[2] 朱健民,李建平. 高等数学[M]. 2 版. 北京:高等教育出版社,2015.
[3] 朱士信,唐烁. 高等数学[M]. 北京:高等教育出版社,2014.
[4] 李继成. 数学实验[M]. 2 版. 北京:高等教育出版社,2014.
[5] 罗蕴玲,李乃华,安建业,等. 高等数学及其应用[M]. 2 版. 北京:高等教育出版社,2016.
[6] 卢兴江,陈锦辉. 微积分[M]. 北京:高等教育出版社,2018.
[7] 张顺燕. 数学的美与理[M]. 北京:北京大学出版社,2004.
[8] 朱来义. 微积分[M]. 3 版. 北京:高等教育出版社,2009.
[9] GANDER W, HREBICEK J. Solving problems in scientific computing using Maple and MATLAB[M]. 3rd ed. New York:Springer,1997.
[10] 何青,王丽芬. Maple 教程[M]. 北京:科学出版社,2006.
[11] GAYLORD R J,KAMIN S N,WELLIN P R. 数学软件 Mathematica 入门[M]. 邵勇,译. 北京:高等教育出版社,2001.
[12] ZACHARY J L. 科学程序设计引论——用 Mathematica 和 C 求解计算问题[M]. 裘宗燕,李琦,李建国,译. 北京:高等教育出版社,2003.
[13] 郭镜明,韩云端,章栋恩. 美国微积分教材精粹选编[M]. 北京:高等教育出版社,2012.
[14] 孙振绮,马俊. 俄罗斯高等数学教材精粹选编[M]. 北京:高等教育出版社,2012.
[15] THOMAS G B. Thomas' Calculus[M]. 10th ed. 北京:高等教育出版社,2004.
[16] STEWART J. Calculus[M]. 5th ed. 北京:高等教育出版社,2004.
[17] 李心灿,姚金华,邵鸿飞. 高等数学应用 205 例[M]. 北京:高等教育出版社,1997.
[18] 曾广洪,张晓霞,吴庆初,等. 高等数学习题课教程[M]. 北京:高等教育出版社,2013.

部分习题参考答案与提示